"十二五"职业教育国家规划教材
经全国职业教育教材审定委员会审定
高等职业院校精品教材系列

国家精品课
配套教材

机械制图与零部件测绘习题集（第2版）

华红芳　孙燕华　主编

刘振宇　主审

電子工業出版社
Publishing House of Electronics Industry
北京·BEIJING

内 容 简 介

本书为《机械制图与零部件测绘（第 2 版）》（ISBN: 978-7-121-25481-9）的配套习题集。该习题集的内容与主教材一一对应且相辅相成，通过基础知识训练以及多个实际零部件制图训练，可以更好地理解和消化本课程的知识点，牢固掌握机械制图和识图技能，最终能绘制和识读行业企业应用实践中典型的机械零部件的零件图和装配图。全书内容分为 2 个模块：模块 1 介绍制图基础知识，主要包括制图的基本技能、投影基础与 AutoCAD 二维绘图基础，该模块以培养制图的基本技能为重点，注重基础知识的学习及运用；模块 2 介绍机械零部件的识读与测绘方法，主要包括轴套类、盘盖类、箱壳类、叉架类典型机械零件与标准件以及机械部件的测绘、识读与造型，该模块侧重于对知识的综合应用，强化工程实际应用能力的培养。

本书为高等职业本专科院校机械类和近机械类专业机械制图课程的配套教材，也可作为开放大学、成人教育、自学考试、中职学校及培训班的教材，以及企业技术人员和绘图人员的参考工具书。

本课程配有免费成套的数字化教学资源和**精品课网站**，详见前言。

图书在版编目（CIP）数据

机械制图与零部件测绘习题集/华红芳，孙燕华主编. —2 版. —北京：电子工业出版社，2016.8（2025.7 重印）

高等职业院校精品教材系列

ISBN 978-7-121-29469-3

Ⅰ. ①机… Ⅱ. ①华… ②孙… Ⅲ. ①机械制图－高等学校－习题集②机械元件－测绘－高等学校－习题集 Ⅳ. ①TH126-44②TH13-44

中国版本图书馆 CIP 数据核字（2016）第 172458 号

策划编辑：陈健德（E-mail:chenjd@phei.com.cn）
责任编辑：徐　萍
印　　刷：北京七彩京通数码快印有限公司
装　　订：北京七彩京通数码快印有限公司
出版发行：电子工业出版社
　　　　　北京市海淀区万寿路 173 信箱　邮编　100036
开　　本：787×1 092　1/16　印张：11.5　字数：294.4 千字
版　　次：2012 年 8 月第 1 版
　　　　　2016 年 8 月第 2 版
印　　次：2025 年 8 月第 14 次印刷
定　　价：32.00 元

凡所购买电子工业出版社图书有缺损问题，请向购买书店调换。若书店售缺，请与本社发行部联系，联系及邮购电话：（010）88254888，88258888。

质量投诉请发邮件至 zlts@phei.com.cn，盗版侵权举报请发邮件至 dbqq@phei.com.cn。

本书咨询联系方式：chenjd@phei.com.cn。

第 2 版前言

本书为《机械制图与零部件测绘（第 2 版）》（华红芳、孙燕华主编，ISBN: 978-7-121-25481-9）的配套教材，内容与主教材一一对应且相辅相成。全书内容分为 2 个模块：模块 1 介绍制图基础知识，主要包括制图的基本技能、投影基础与 AutoCAD 二维绘图基础，该模块以培养制图的基本技能为重点，注重基础知识的学习及运用；模块 2 介绍机械零部件的识读与测绘方法，主要包括轴套类、盘盖类、箱壳类、叉架类典型机械零件与标准件以及机械部件的测绘、识读与造型，该模块侧重于对知识的综合应用，强化工程实际应用能力的培养。

本习题集的编写具有以下几个特点：

1．为方便教学，习题集的编排顺序与主教材体系保持一致。习题内容编排合理，由易及难，由浅入深，前后衔接，循序渐进。为便于不同类型、不同学时数的专业选用，每个单元的习题均有一定的余量，以便授课教师根据实际情况进行取舍，因材施教，满足不同层次学生的需求。

2．题型丰富，采用绘图、选择、改错、填空、上机操作及测绘等作业形式，使学生在有限的时间内能获得更多的信息量。同时，每个单元均安排有实训操作环节，选用机械设备中的典型零部件为案例，通过综合实践，强化应用能力，提高制图综合技能，力求课程能力服务于专业能力，更好地突出职业能力的培养。

3．全部采用最新的《技术制图》和《机械制图》等有关国家标准，使课程内容与行业技术的最新发展相一致。

本书为高等职业本专科院校机械类和近机械类专业机械制图课程的配套教材，也可作为开放大学、成人教育、自学考试、中职学校及培训班的教材，以及企业技术人员和绘图人员的参考工具书。

本书由无锡职业技术学院华红芳、孙燕华担任主编，参加编写的还有陈桂芬、姚民雄、马宏亮老师等，由华红芳进行统稿。全书由浙江大学工程及计算机图形学研究所刘振宇教授主审，并提出了许多宝贵意见；在编写过程中还得到张小红等学院同仁以及友好合作企业技术人员的大力支持和帮助，在此一并表示衷心感谢。

由于编写时间和水平所限，疏漏及不妥之处仍在所难免，恳请广大读者批评指正。

为了方便教师教学，本课程配有免费成套的数字化教学资源，请有需要的教师登录华信教育资源网（http://www.hxedu.com.cn）免费注册后再进行下载，有问题时请在网站留言或与电子工业出版社联系（E-mail:hxedu@phei.com.cn）。读者也可通过该精品课网站（http://jpkc.wxit.edu.cn/2008_Jxlbj/index.html）浏览和参考更多的教学资源。

编　者

目录

绪 论

0-1. 找一找，认一认

1. 根据零件的看图方向，选择相对应的方向编号。

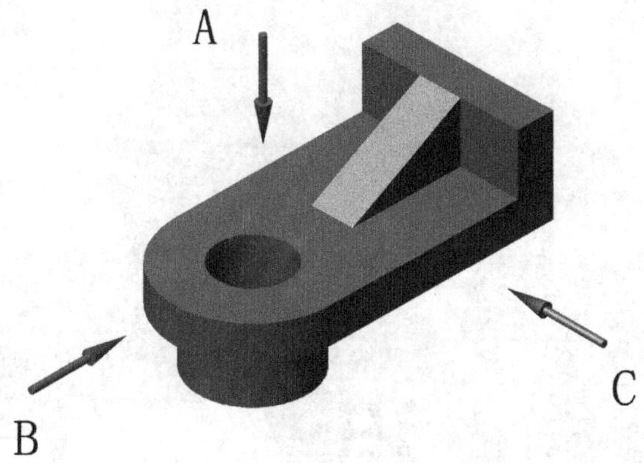

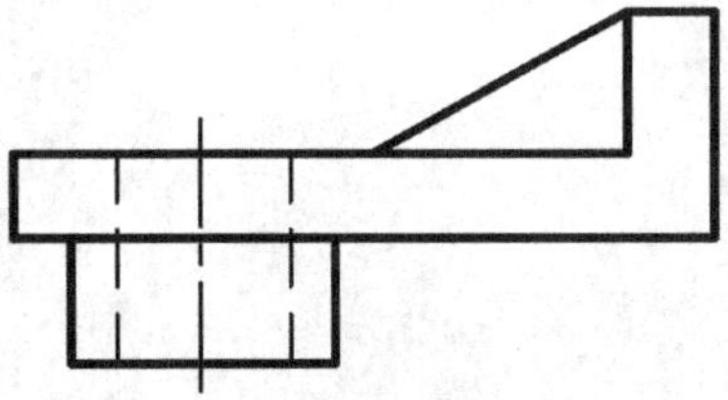

（从______方向观察得到的图）

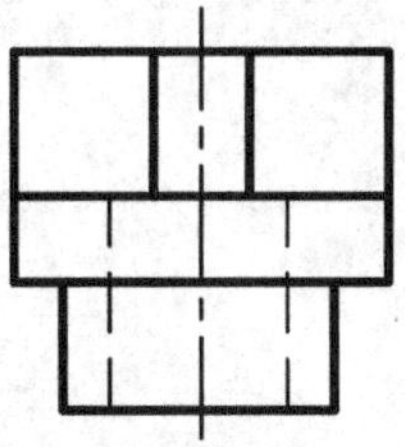

（从______方向观察得到的图）

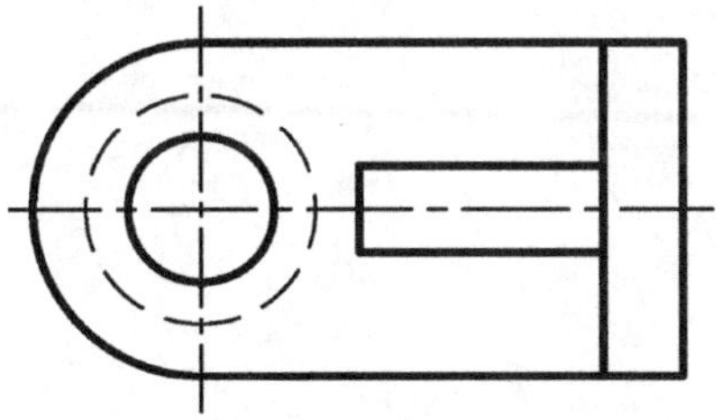

（从______方向观察得到的图）

2. 根据“滑块”零件的组成结构，选择相应的特征图编号填在空圈中。

A. 圆柱

B. 长方形块

C. 三角形块

D. 梯形块

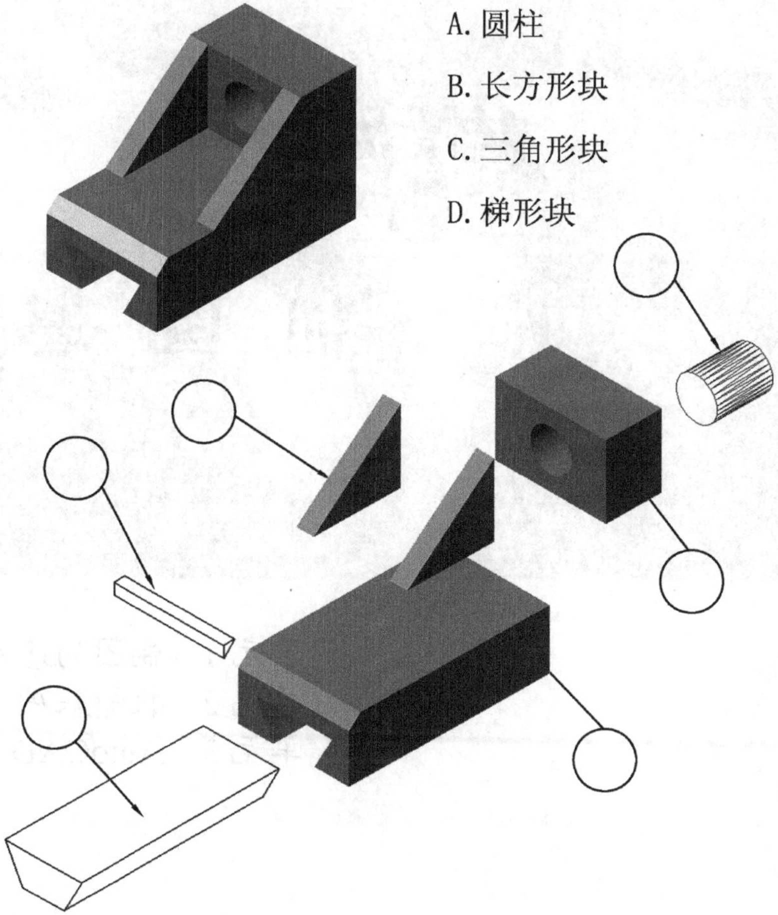

模块1 制图基础知识

单元1　制图的基本知识

单元2　投影基础

单元3　AutoCAD二维绘图基础

单元1　制图的基本知识

1-1. 字体练习(1)

机 械 制 图 样 上 文 字 必 须 做 到 字 体 端 正 笔 划 清 楚

排 列 整 齐 间 隔 均 匀 学 校 班 级 学 号 审 核 比 例 材 料

1 2 3 4 5 6 7 8 9 0　1 2 3 4 5 6 7 8 9 0　R M S A Φ

1-2. 字体练习(2)

轴 承 盘 盖 轮 箱 壳 支 架 拨 叉 套 圈 螺 栓 垫 片 钻 车 铣

镗 正 投 影 齿 距 规 定 画 法 间 隙 油 泵 直 径 减 速 倒 角

1 2 3 4 5 6 7 8 9 0 a b c d e f g h i j A B C D E

班级 姓名 学号

1-3. 图线练习

在指定位置画出对应的图线。

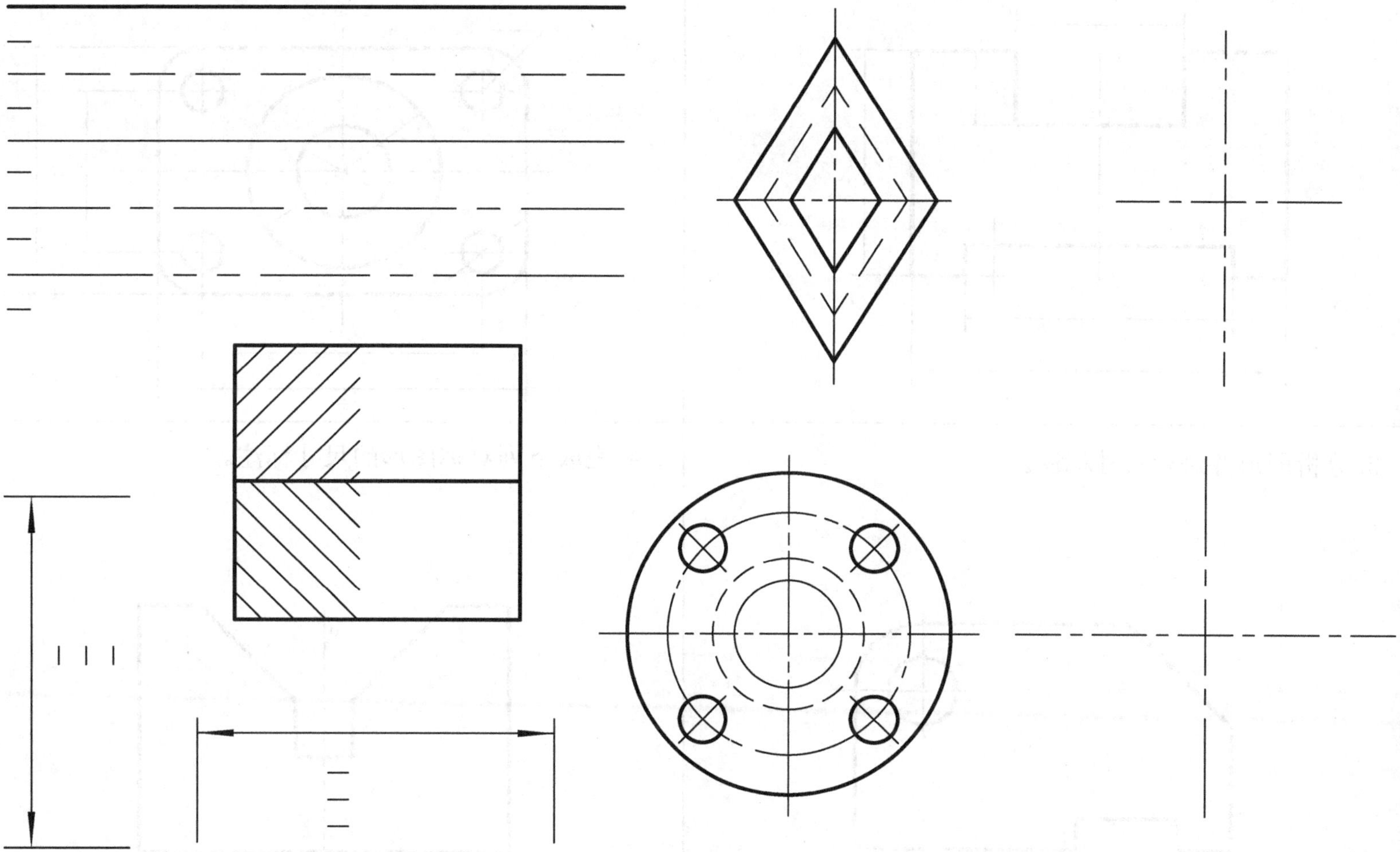

1-4. 尺寸标注（数值从图中量取，取整数）

1. 绘制尺寸箭头并填写尺寸数字。

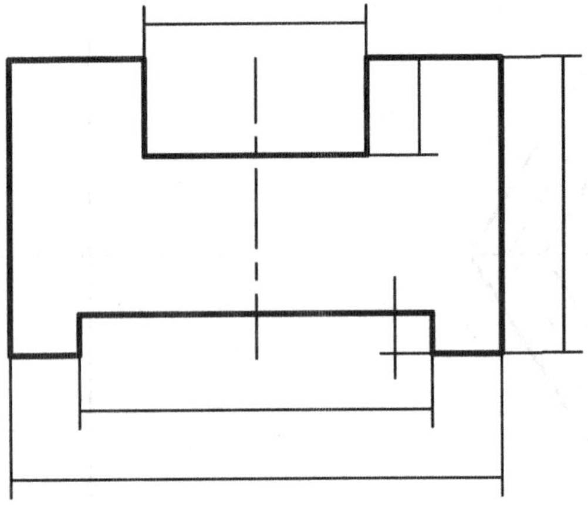

2. 绘制箭头并填写尺寸数字。

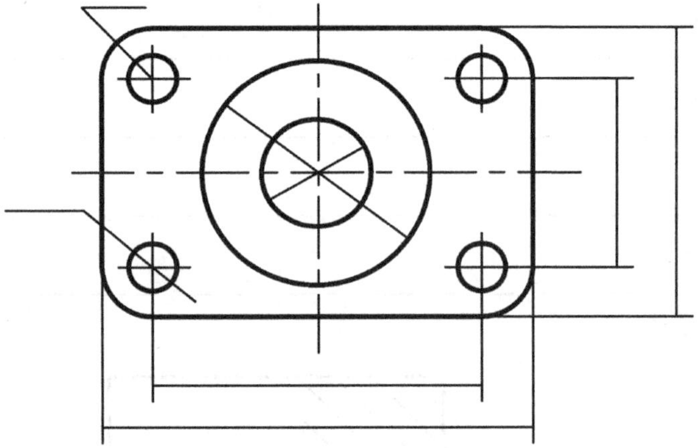

3. 分析图形并进行尺寸标注。

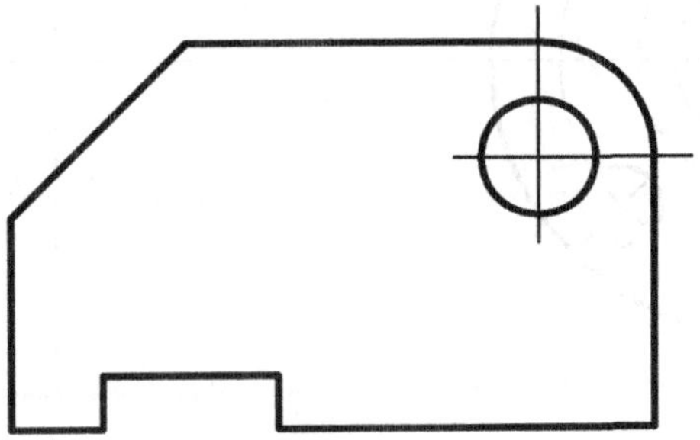

4. 完成下列对称图形的尺寸标注。

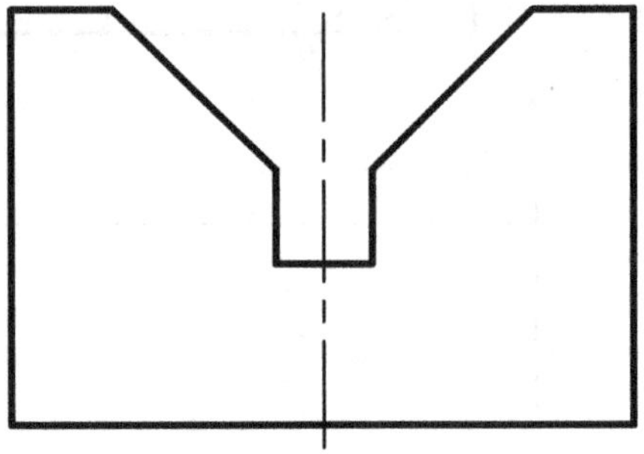

班级　　　　姓名　　　　学号

1-5. 几何作图（1）

1. 按右上角的图例绘制内接正多边形。

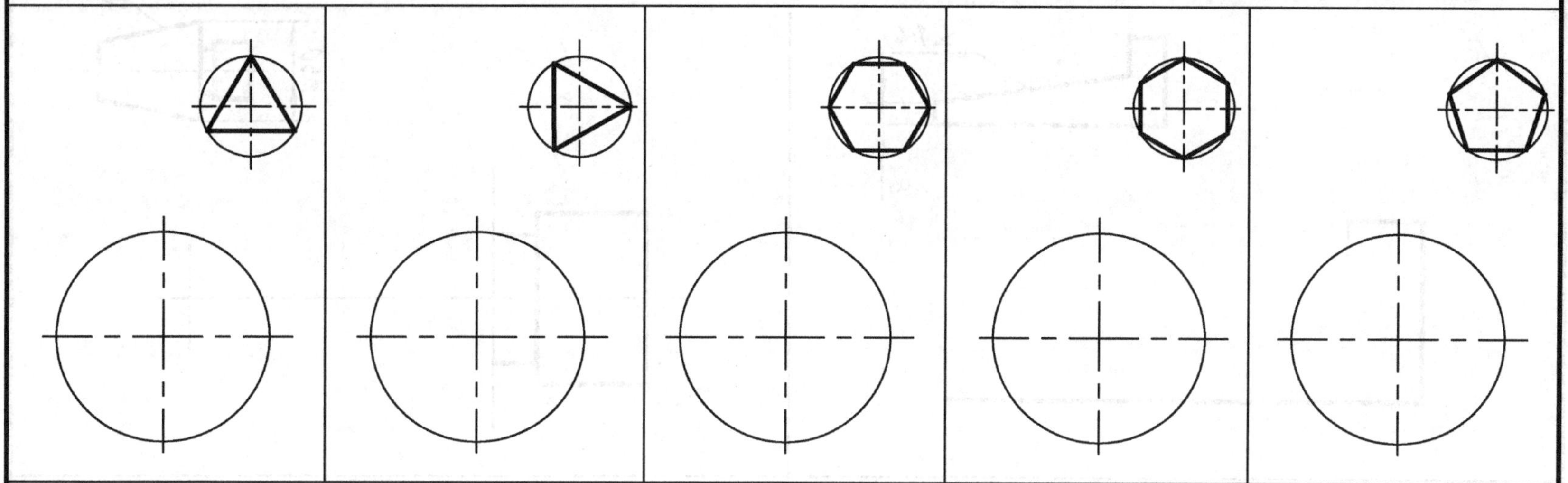

2. 将左边的图例按比例2:1绘制。

1:1

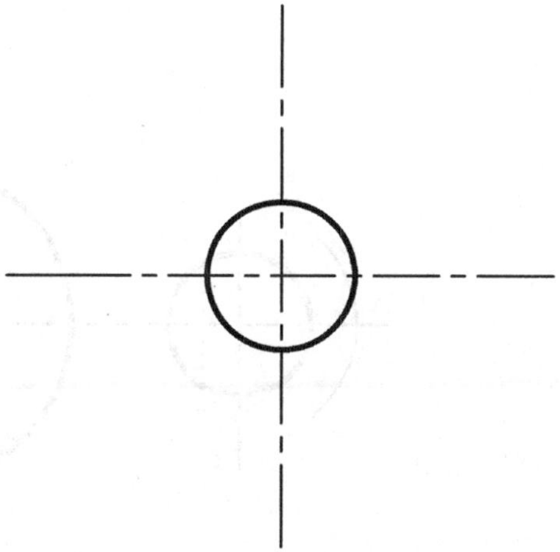

2:1

1. 参照右上角示意图作斜度并标注。

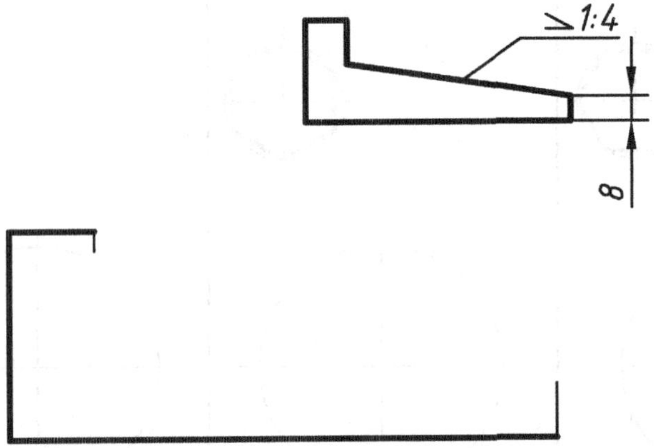

2. 参照右上角示意图作锥度并标注。

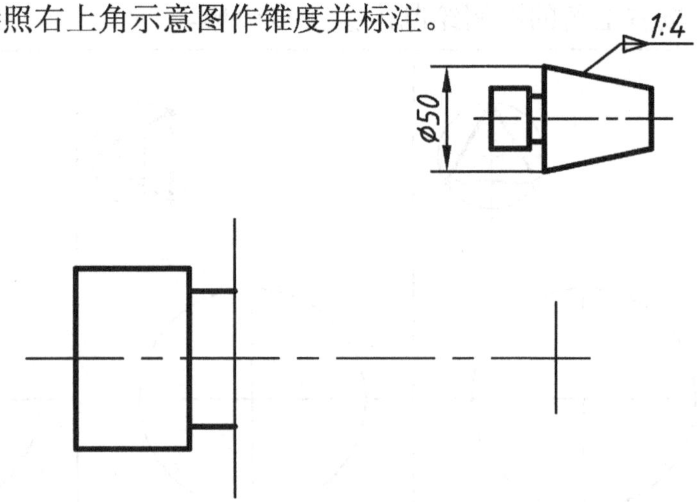

3. 参照示意图绘制圆的公切线。

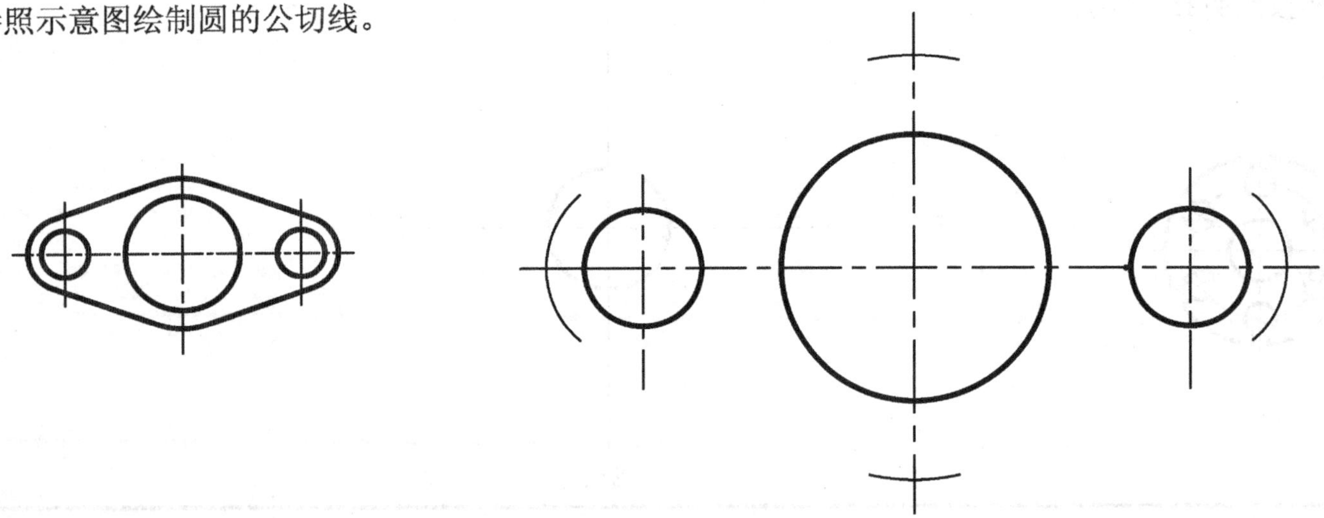

班级　　姓名　　学号

1-7. 几何作图（3）

按给定图形，完成线段连接（比例1：1），标出连接弧圆心和切点。

1.

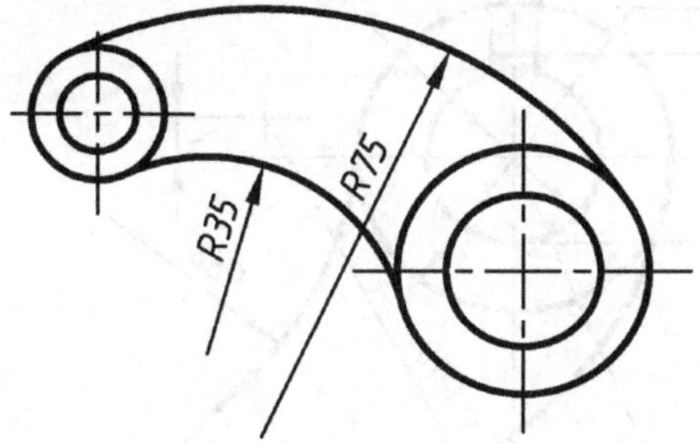

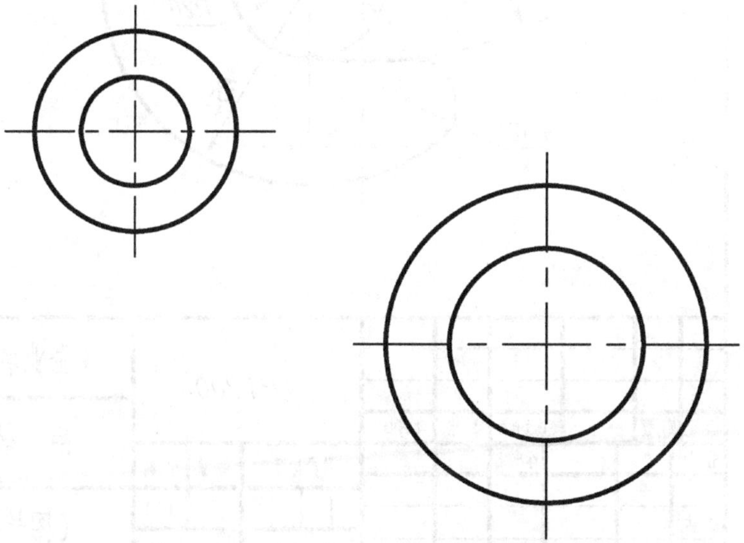

2.

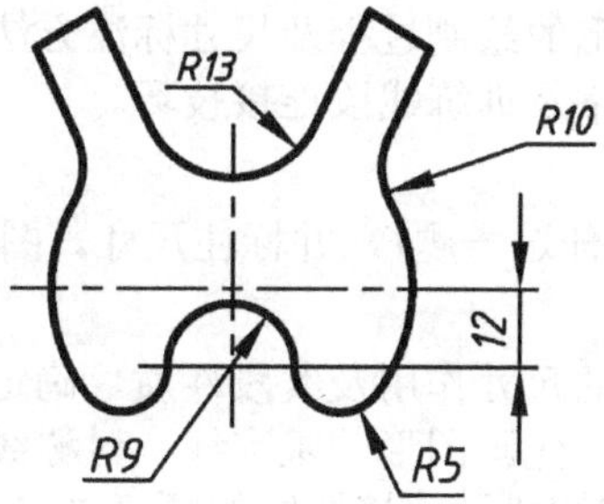

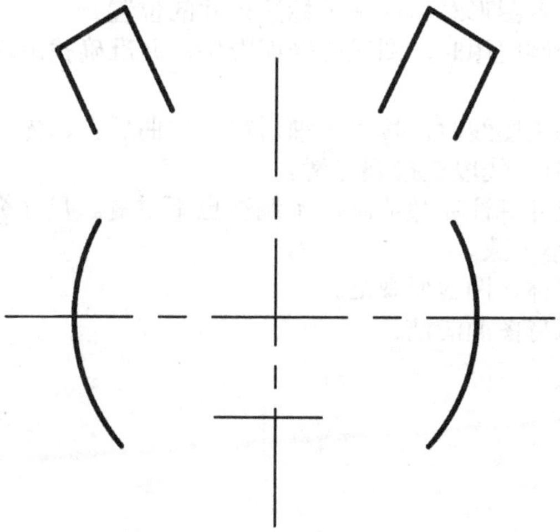

作业指导书 1

一．工作目的

1. 熟悉平面图形的绘制过程及尺寸标注方法。
2. 掌握线型规格及训练线段连接技巧。

二．工作任务

绘制平面图形(任选一题)，并标注尺寸。图幅A4，比例1:1。

三．作图步骤

1. 分析图形中的尺寸作用及线段性质，确定作图步骤。
2. 绘制底图时，先画图形的基准线、对称线及圆的中心线，再按已知线段、中间线段及连接线段的顺序画出图形。
3. 检查底稿，加工各类图线。
4. 标注尺寸，填写标题栏（如右图所示）。

四．注意事项

1. 布置图形时，应考虑标注尺寸的位置。
2. 绘制底图时，图线应轻而准确，并准确找出连接圆弧的圆心及切点。
3. 加工图线时，按“先细后粗、先曲后直、先水平后垂直”的顺序绘制，线段连接要光滑。
4. 尺寸标注完整清晰，不漏注也不重复。尺寸箭头应符合规定，并且大小一致。
5. 字体、图线要规范。
6. 保持图面清洁。

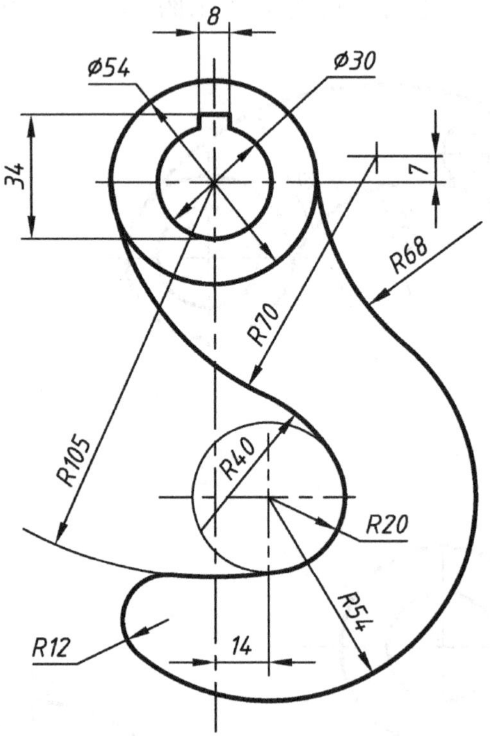

						HT200			（企业名）
标记	处数	分区	更改文件号	签名	年月日				吊　钩
设计			标准化			阶段标记	重量	比例	
审核								1:1	（图号）
工艺			批准			第　张	共　张		

　班级　　姓名　　学号

1-9. 平面图形绘制（2）

2.

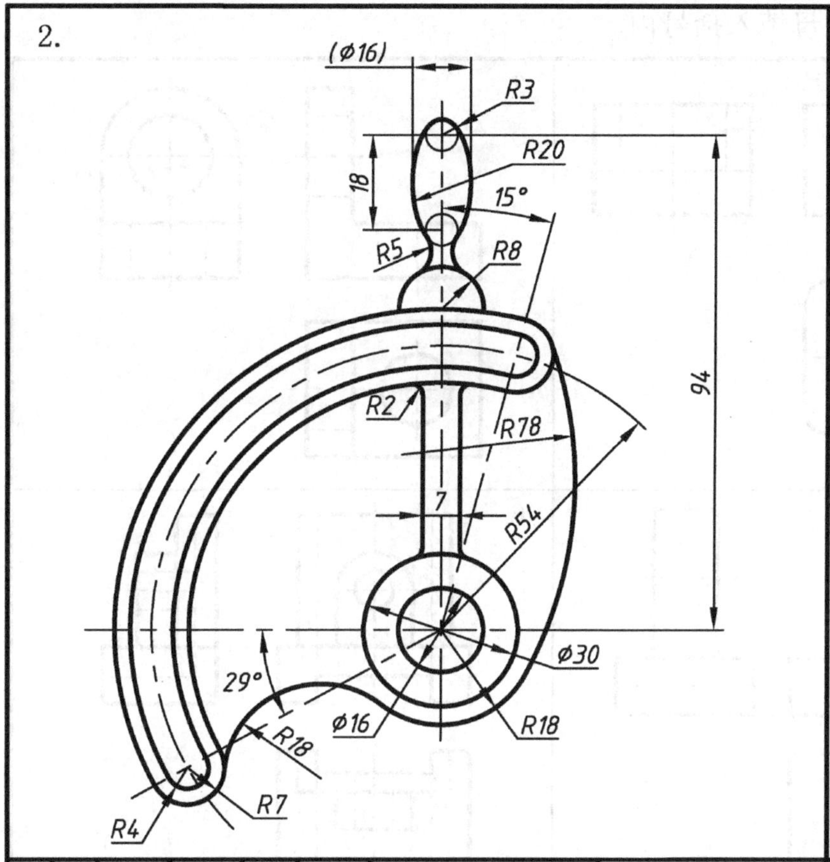

标记	处数	分区	更改文件号	签名	年月日	HT150	（企业名）
设计		标准化		阶段标记	重量	比例	挂轮架
						1:1	
审核							（图号）
工艺		批准		第 张		共 张	

3.

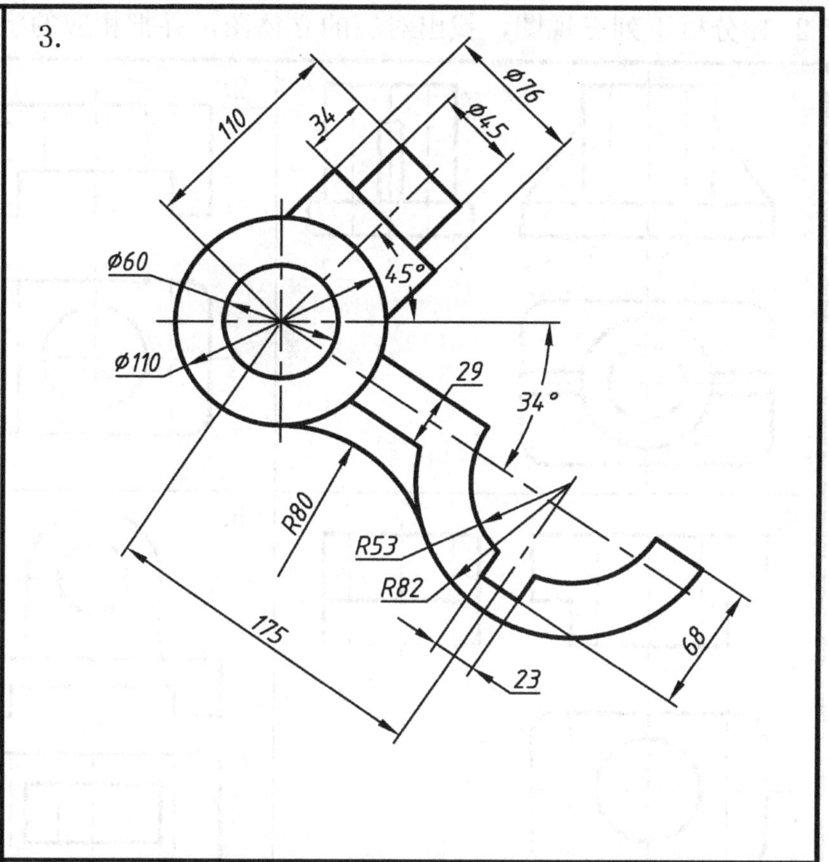

标记	处数	分区	更改文件号	签名	年月日	HT200	（企业名）
设计		标准化		阶段标记	重量	比例	拨叉
						1:2	
审核							（图号）
工艺		批准		第 张		共 张	

班级　　　　姓名　　　　学号

单元2　投影基础

2-1. 分析下列三视图，找出对应的立体图，并把相应的字母填入括号内。

1.

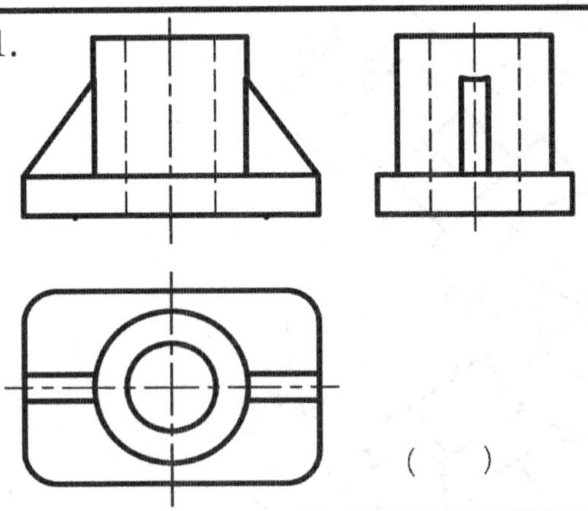

(　　)

2.

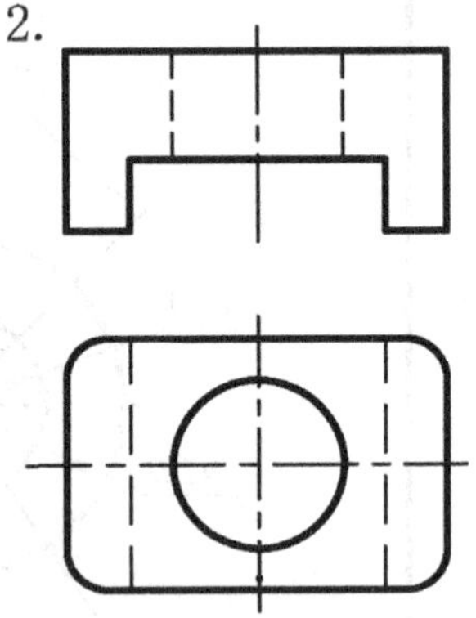

(　　)

3.

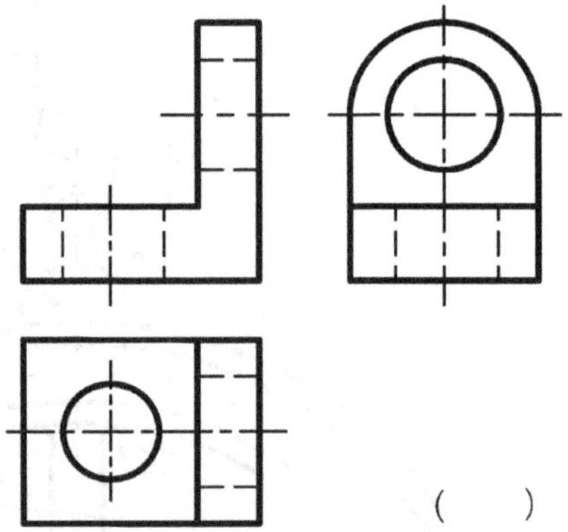

(　　)

4.

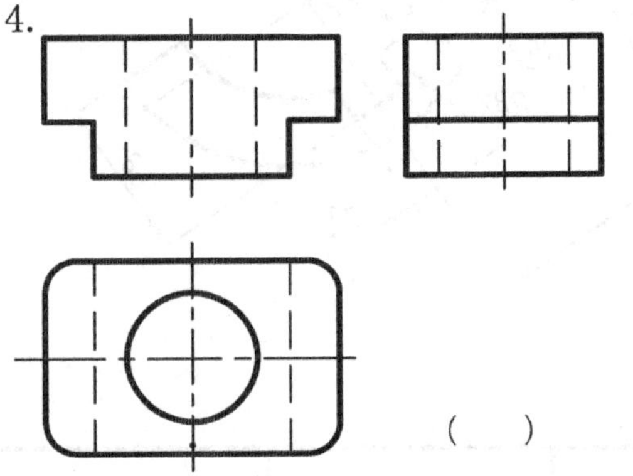

(　　)

5.

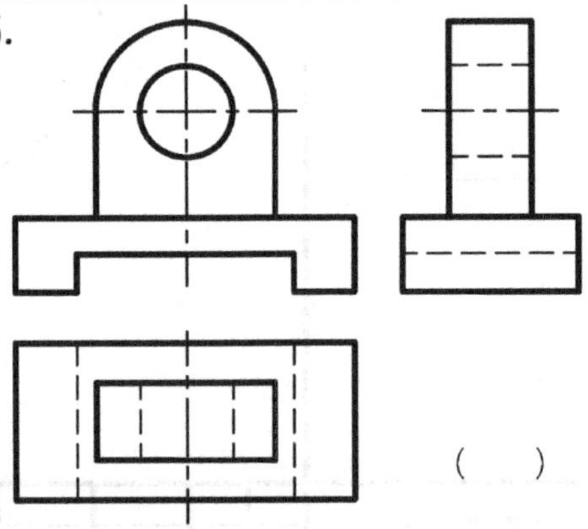

(　　)

6.

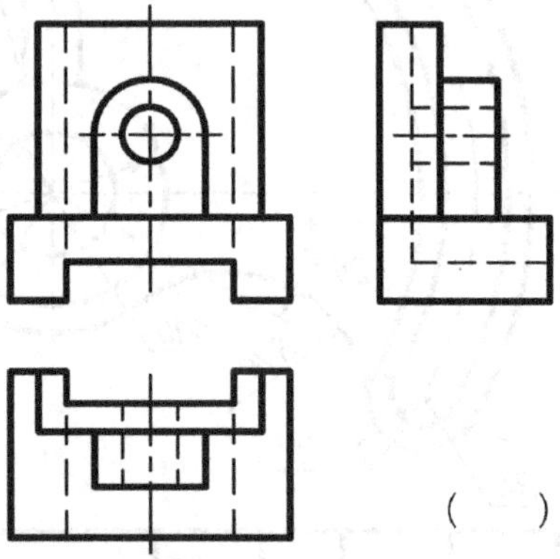

(　　)

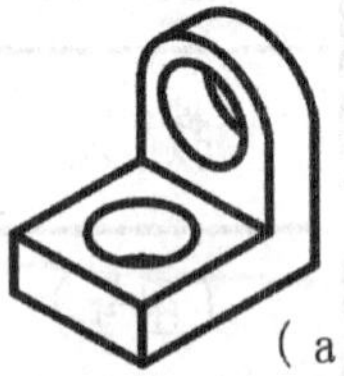

(a)

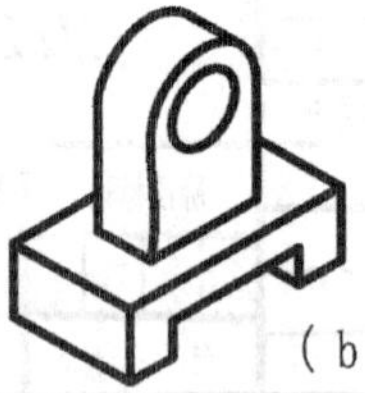

(b)

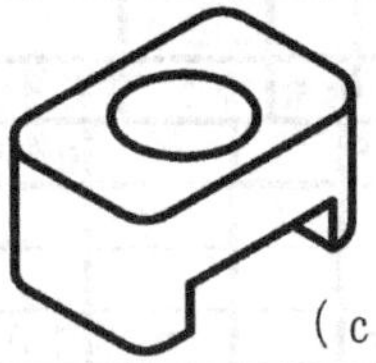

(c)

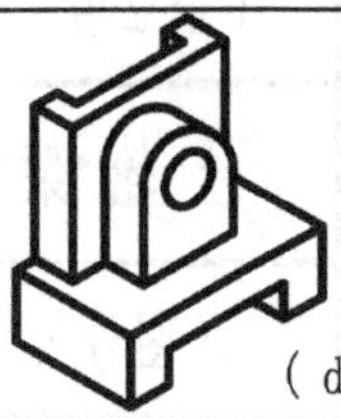

(d)

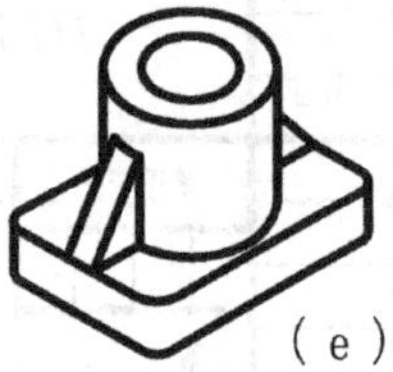

(e)

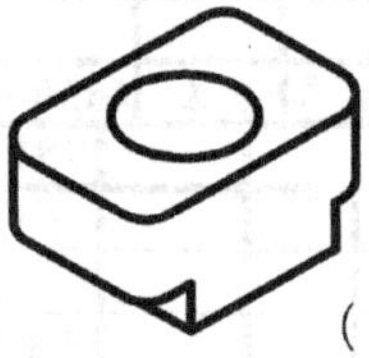

(f)

2-2.根据立体图辨认其相应的两视图（在空圈内填上相应三视图的编号），并补画所缺的第三视图

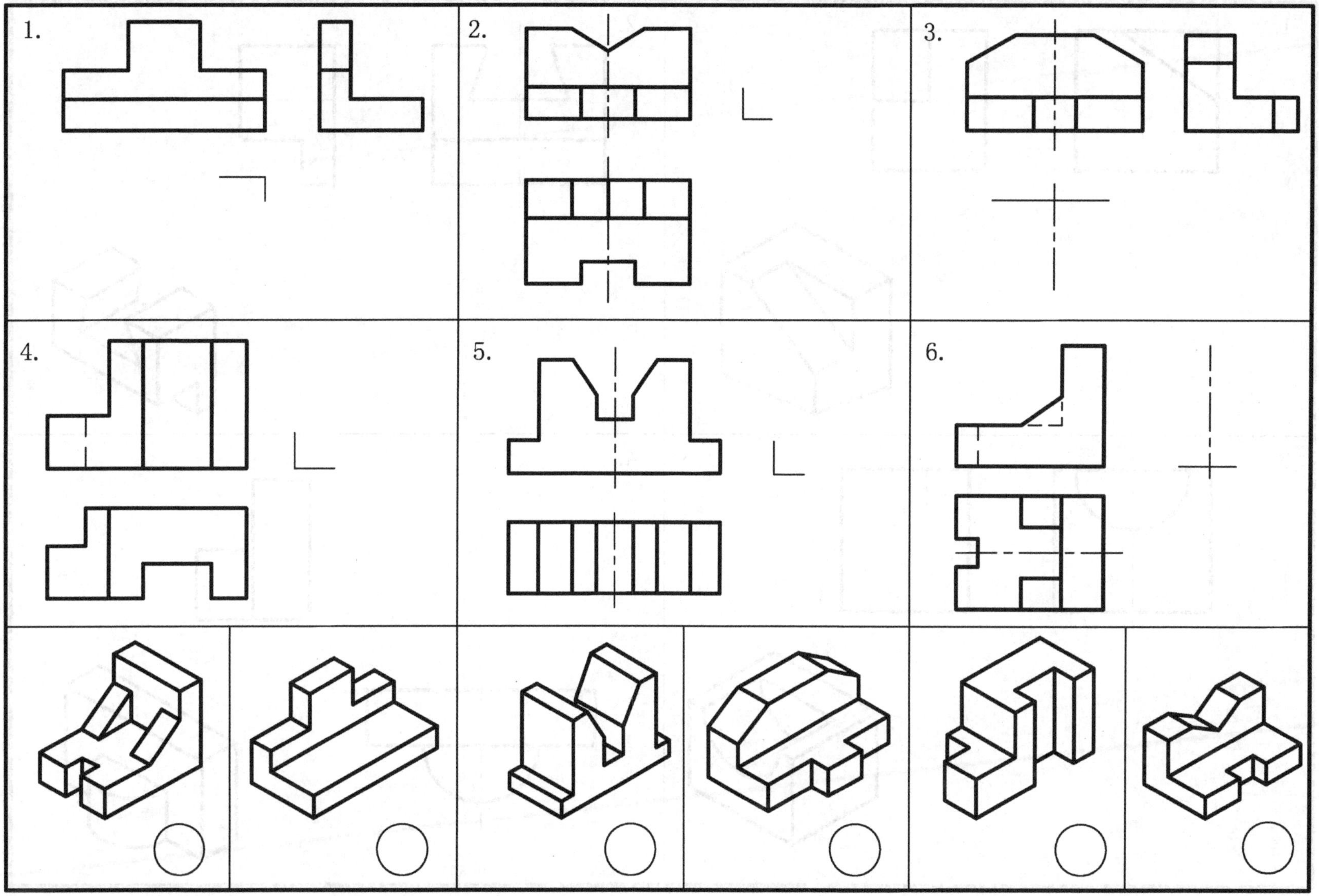

班级　　　　姓名　　　　学号

2-3. 根据物体的两视图补画第三视图

1.

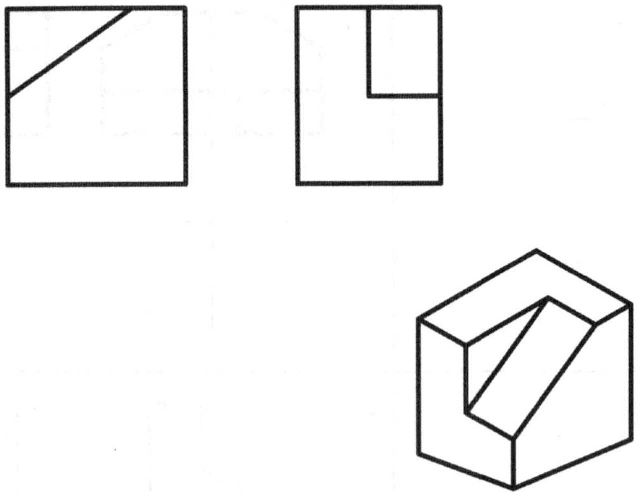

2.

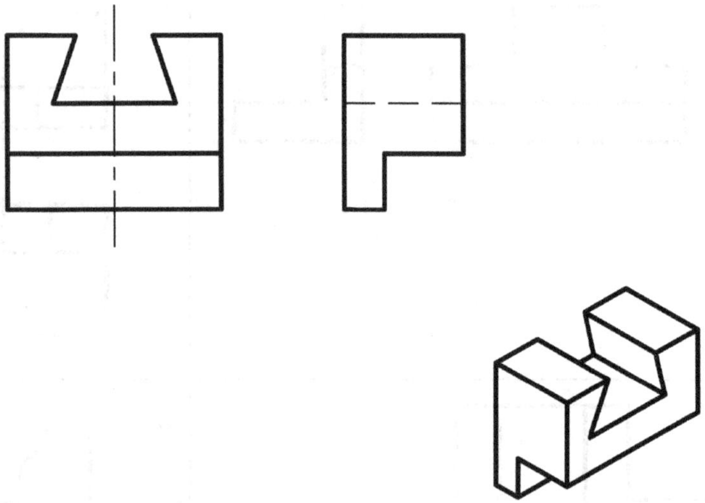

3.

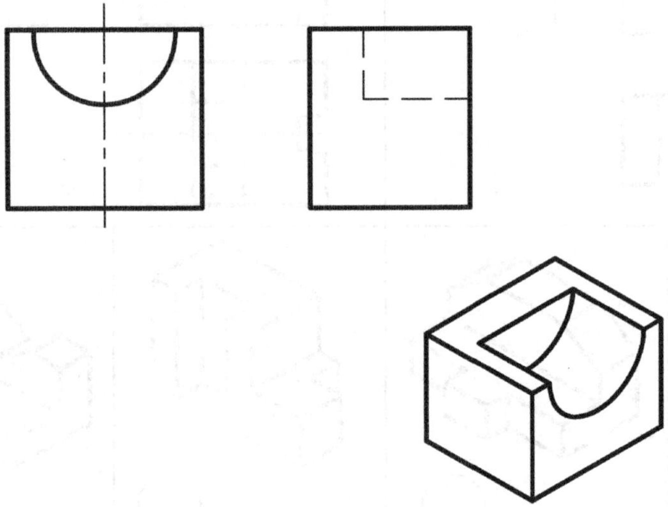

4.

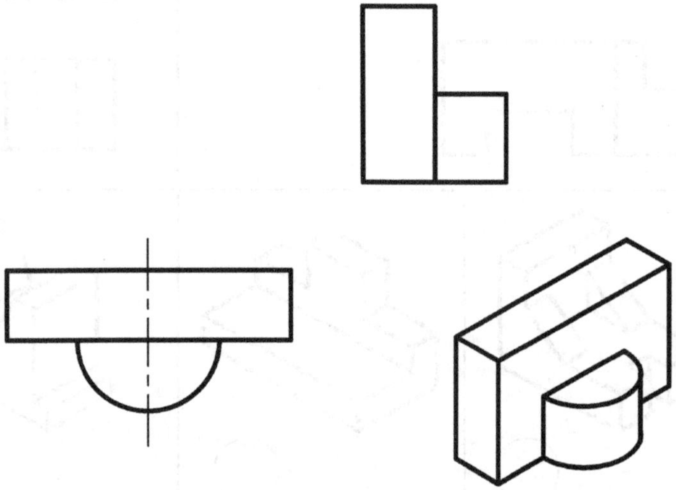

班级　　姓名　　学号

2-4. 根据立体图完成其余两个视图的投影

1.

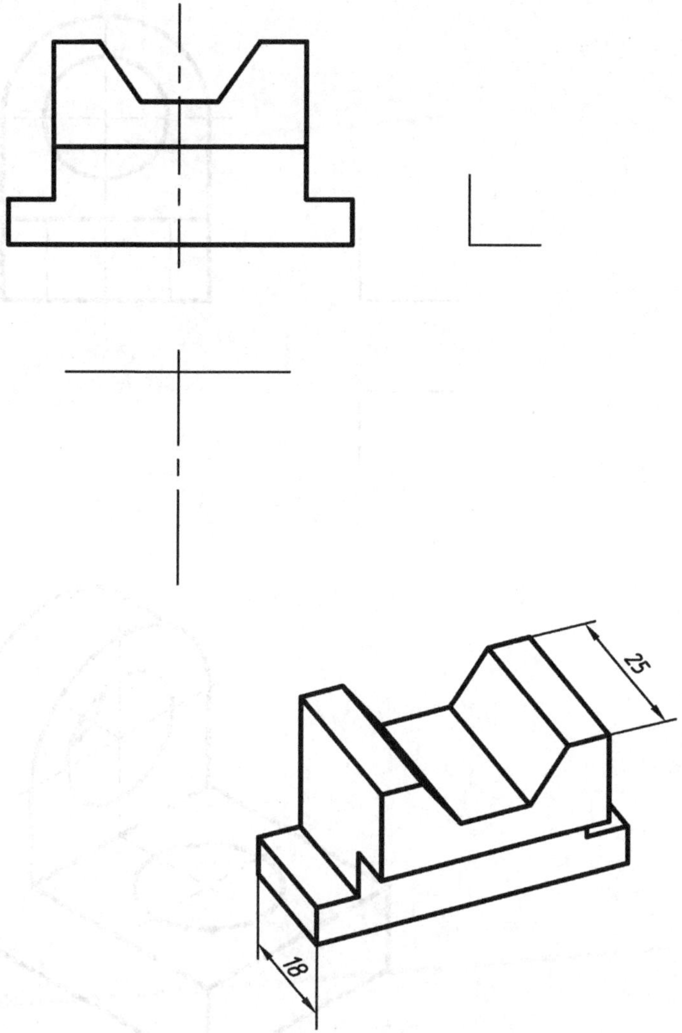

2.

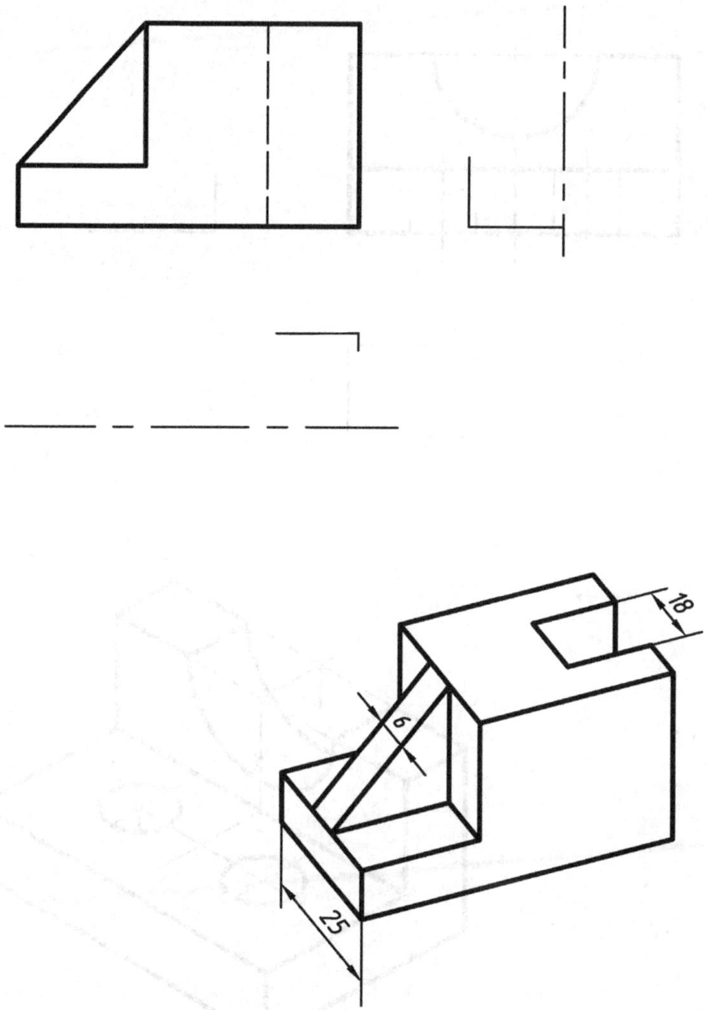

2-5. 根据立体图完成物体其它两视图的投影，所缺尺寸从立体图上按1：1量取

1.

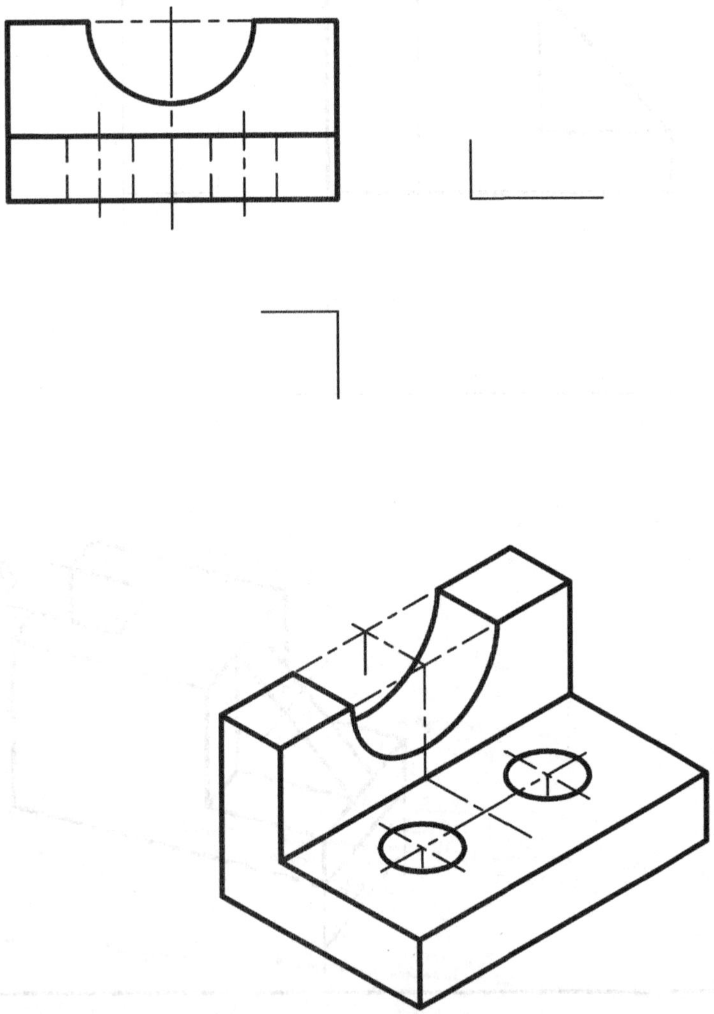

2.

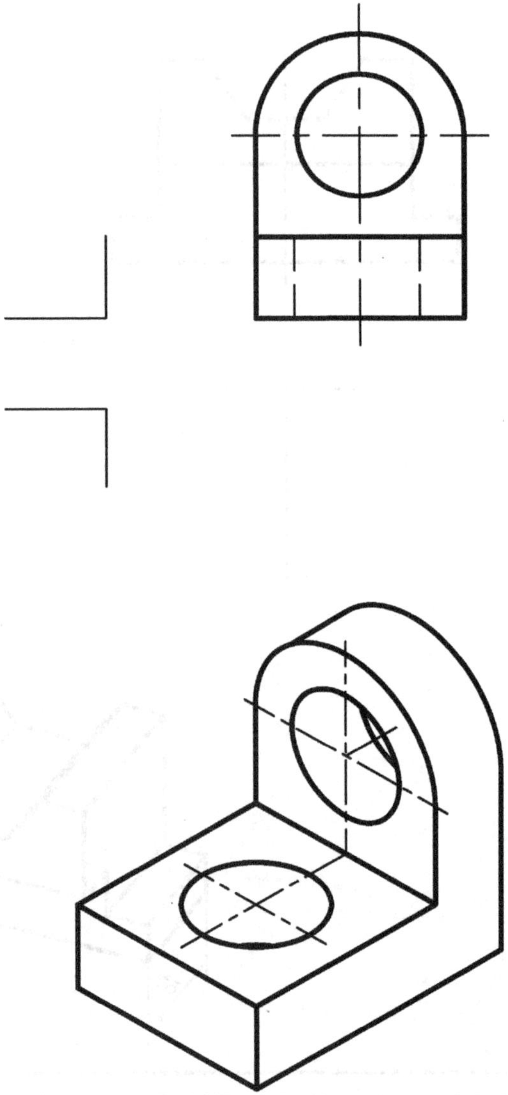

班级　　　　　　　　姓名　　　　　　　　学号

作业指导书 2

一. 工作目的

1. 理解正投影原理，掌握三视图的作图方法。
2. 掌握三视图之间的对应关系。
3. 进一步熟练制图工具的使用方法。

二. 工作内容和要求

根据模型（或立体图）绘制物体的三视图，图幅A4，比例1:1。

三. 工作任务指导

1. 先用细实线将图纸的有效作图面积均匀分成4份。布图时应做到距离适当，协调均匀。
2. 主视图的选择应能明显表现模型的形状特征，并考虑各个视图中的虚线最少。
3. 分析模型结构，由大到小依次画出各部分结构。
4. 底稿完成后，经检查后再按各种线型的要求进行加工。
5. 标题栏的填写参照右图的图样。

四. 注意事项

1. 三视图应按规定的位置配置，且符合“长对正、高平齐、宽相等”的关系。
2. 测量尺寸时应沿着X、Y、Z三坐标方向去度量尺寸， 尺寸数值精确到毫米。
3. 应注意虚线、点画线与其他图线相交时的画法。

A4样图

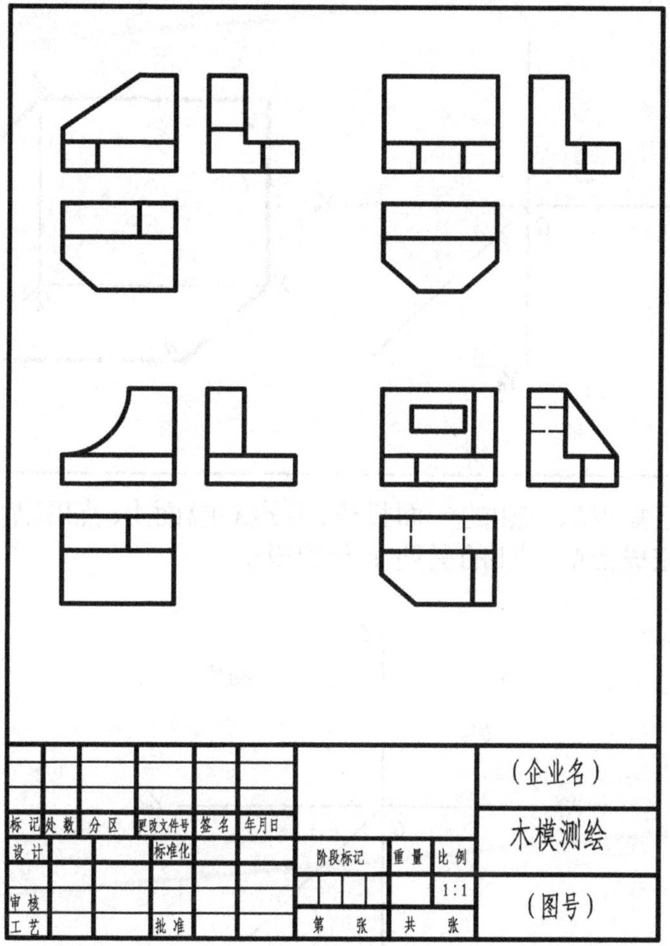

1. 求作点A(20, 10, 18)的三面投影，并完成点A的直观立体图。

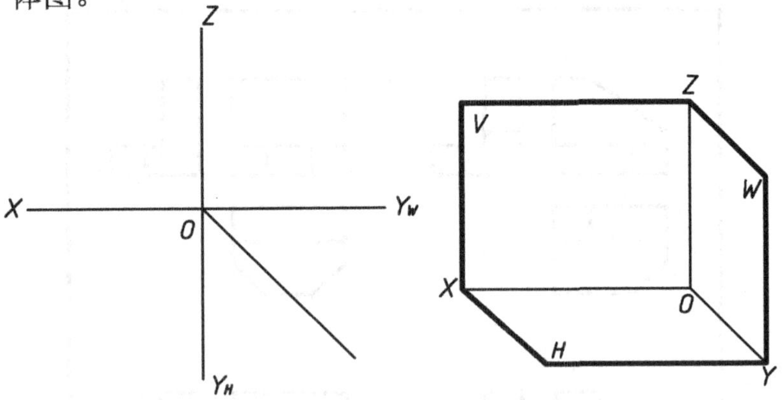

2. 已知点B距H面25、距V面15、距W面20，试作出点B的三面投影。

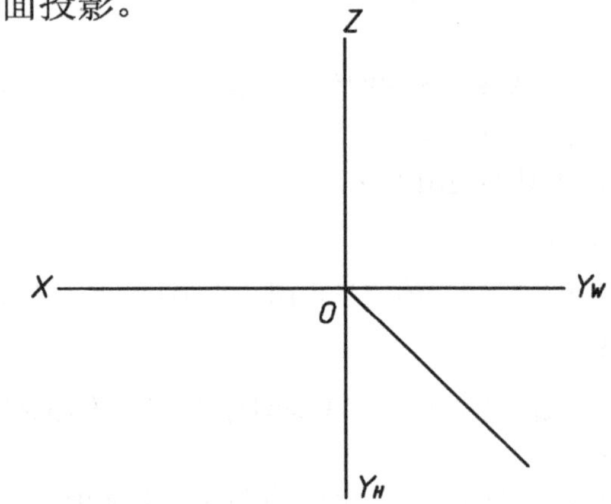

3. 已知点A、点B的一面投影，且点A在W面上，点B距V面20，试完成点A、点B的另两个面的投影。

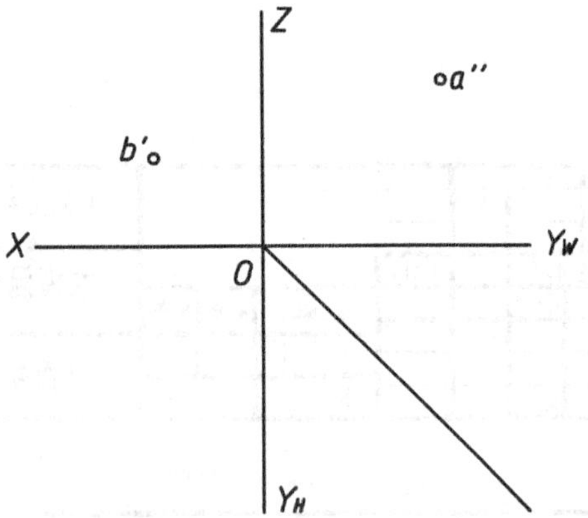

4. 已知三棱锥的两视图，分析S、A、B、C点的两面投影，画出该棱锥的左视图，并标出这四个点的W面投影。

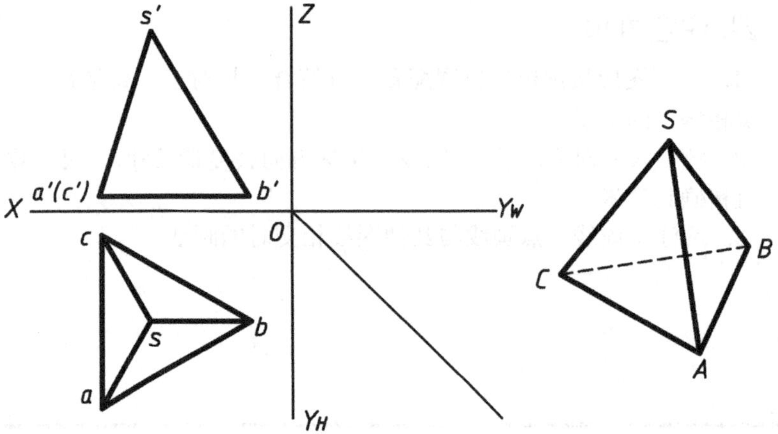

 班级 姓名 学号

2-8. 直线的投影

1. 已知直线AB、CD的两面投影，求作第三面投影，并说明空间位置。

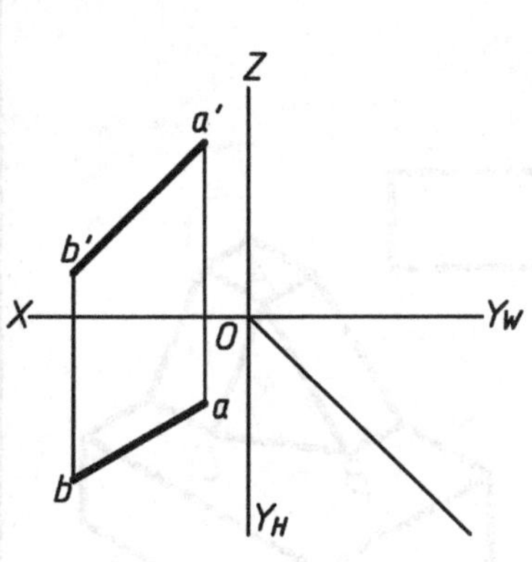

AB是________线

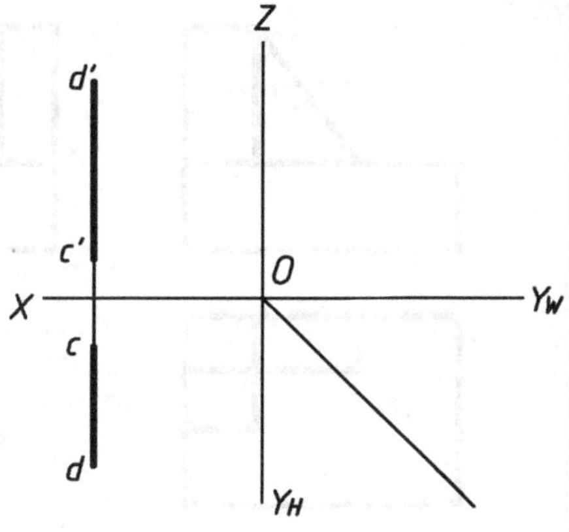

CD是________线

2. 根据物体的立体图及V、H面的两面投影，完成W面投影，并判别直线的空间位置。

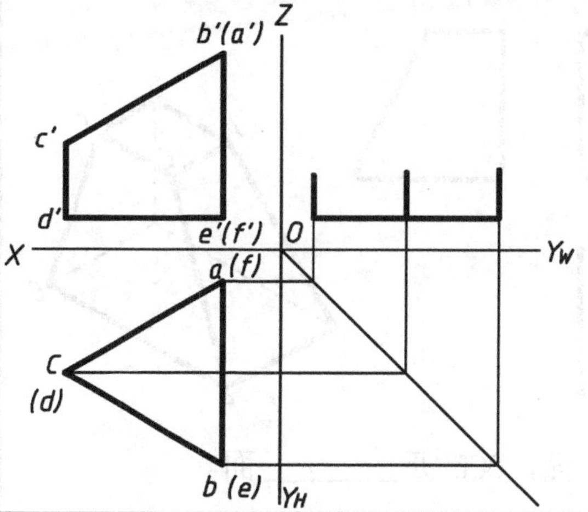

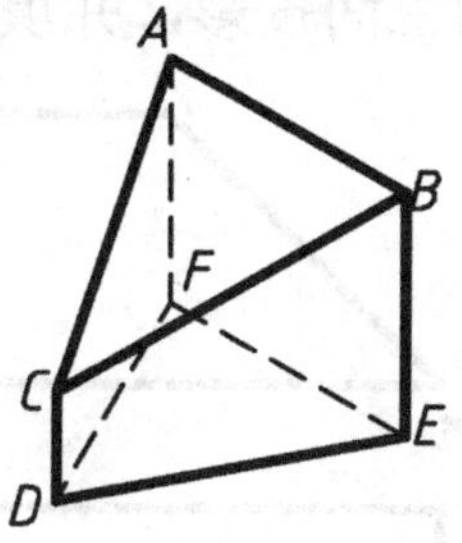

AB是________线

BC是________线

DE是________线

CD是________线

3. 已知物体的三面投影，试标出AB、AC、AD、DE的投影，并判断这四条直线与投影面的相对位置。

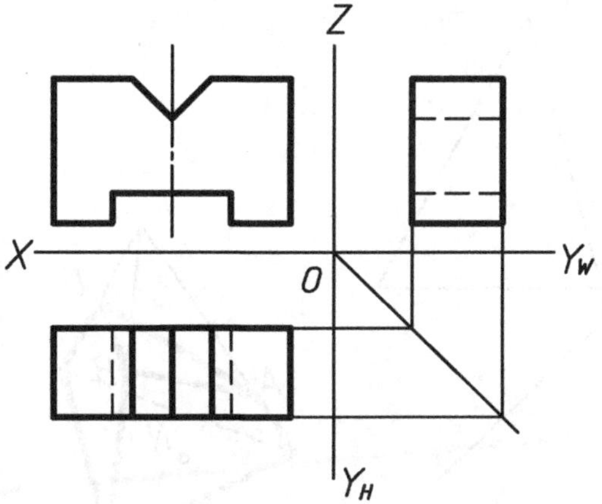

AB是________线

AC是________线

AD是________线

DE是________线

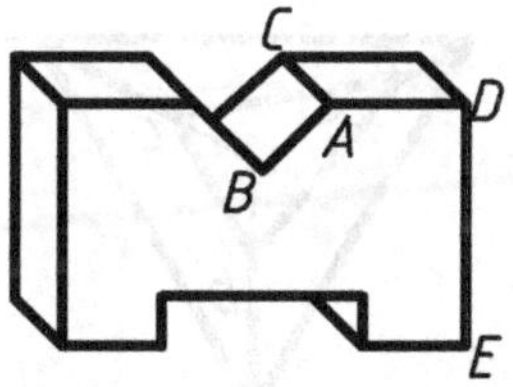

4. 根据物体的立体图以及H面、V面投影，补画W面投影，标出各直线的投影，并判断两直线的相对位置。

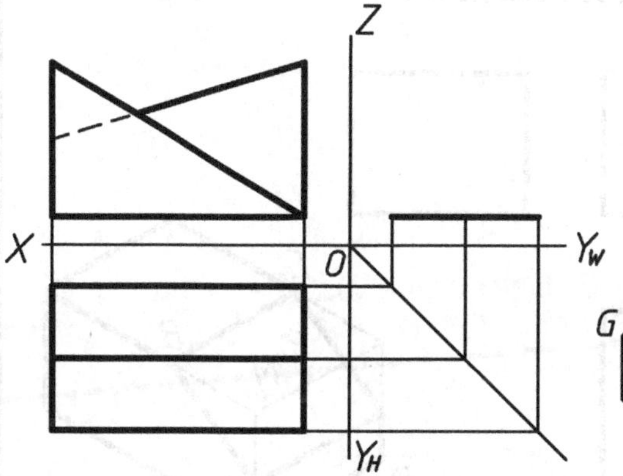

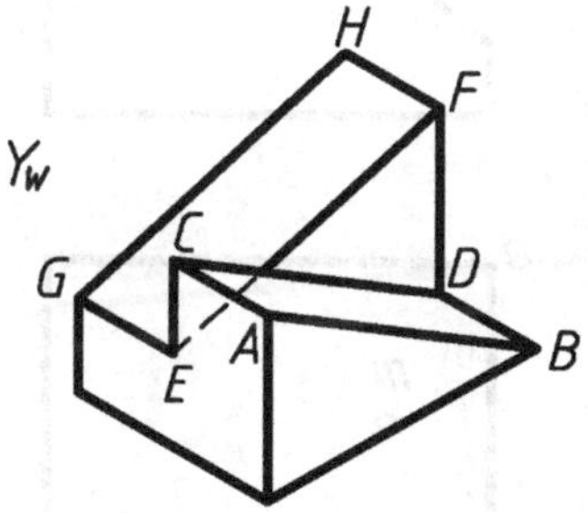

AB与CD________，CD与EF________，AB与GH________。

1. 根据物体的主、左视图，完成俯视图，标出立体图上点的三面投影，并填空。

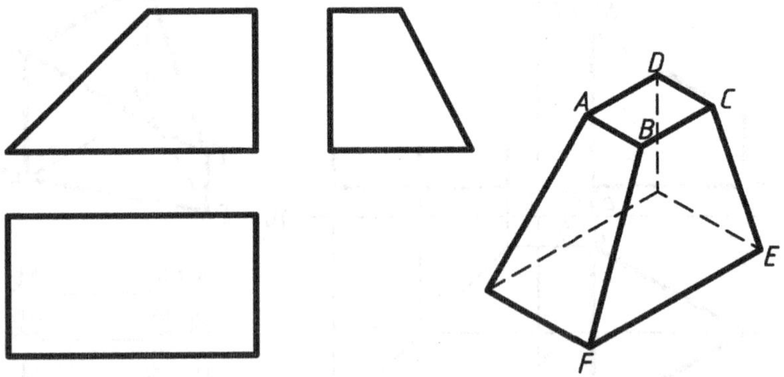

ABCD是________面，BCEF是________面。

2. 根据物体的主视图，完成平面ABC的俯、左视图投影，并指出该平面与投影面的相对位置。

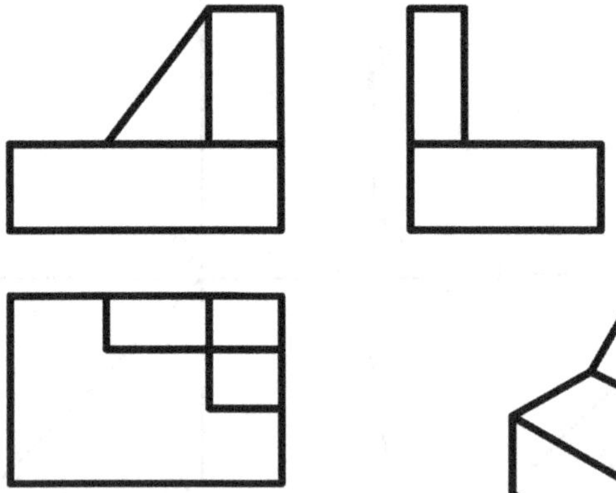

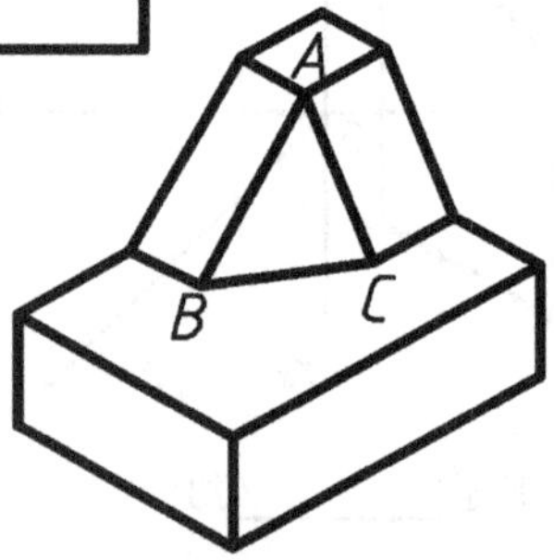

ABC是________面

3. 根据物体的主视图，完成俯视图及左视图。已知点M属于ABCD平面，求点M的另两面投影。

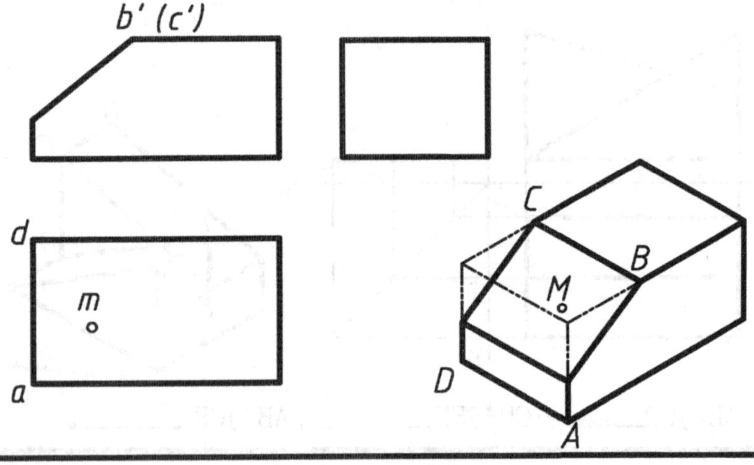

4. 根据物体的主、俯视图，完成左视图。已知属于该立体前表面点N的V面投影，求点N的另两面投影。

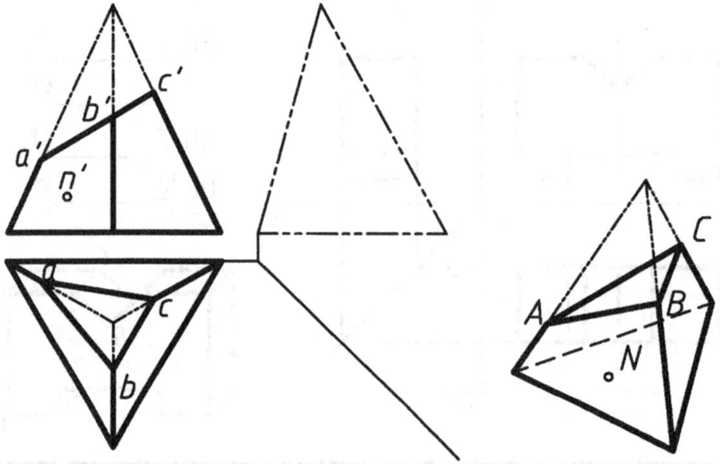

 班级 姓名 学号

1. 已知被切形体的左端面为一正垂面，试完成该形体的H面投影。

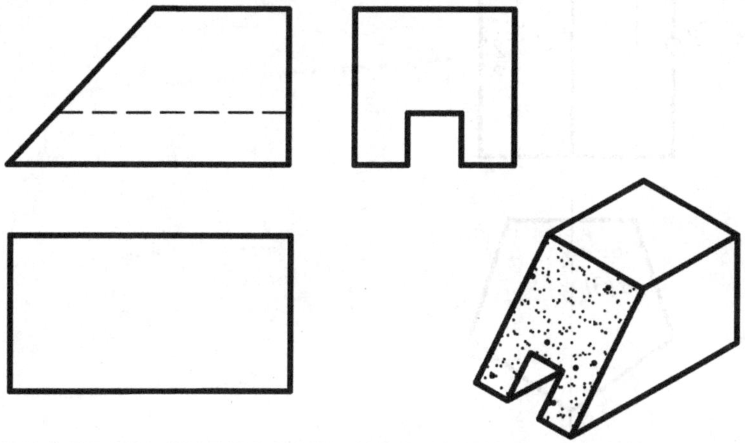

2. 已知被切"L"字形棱柱的前端面为一侧垂面，试完成该棱柱的H面投影。

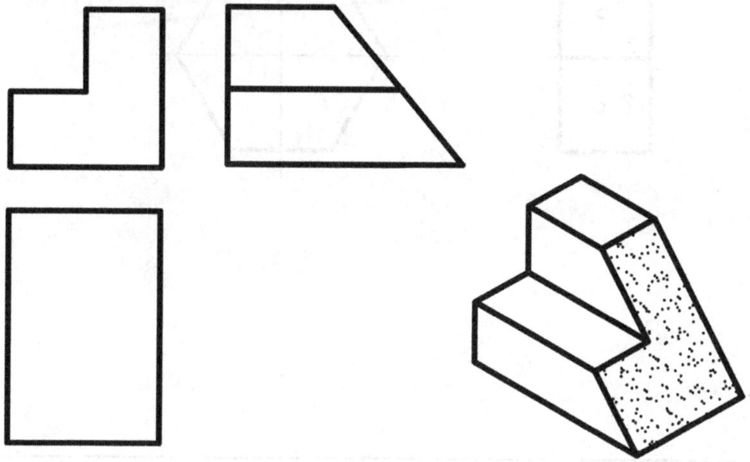

3. 已知被切正四棱柱的左端面为一铅垂面，试完成该棱柱的V面投影。

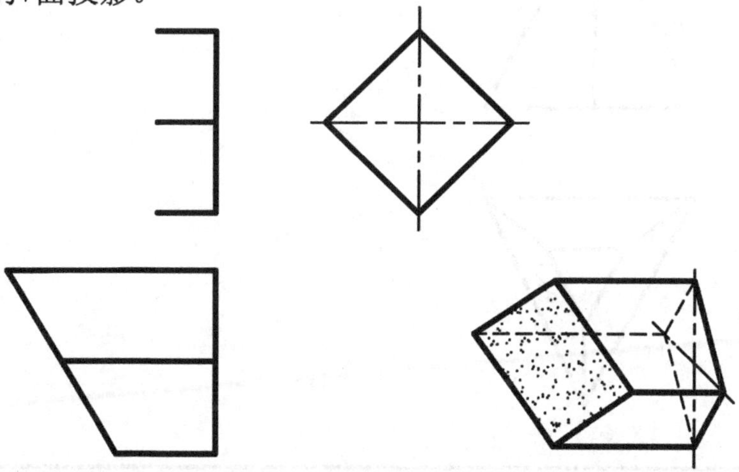

4. 已知被切"工"字形棱柱的左端面为一正垂面，试完成该棱柱的H面投影。

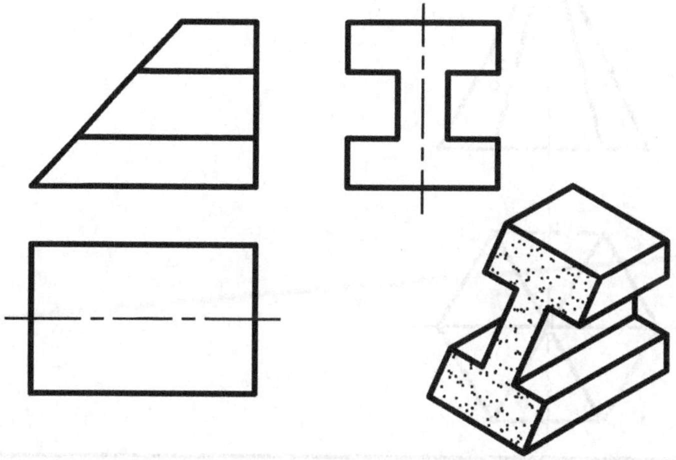

2-11. 根据平面体的两视图补画第三视图，并作出立体表面上已知点的另两个投影

1.

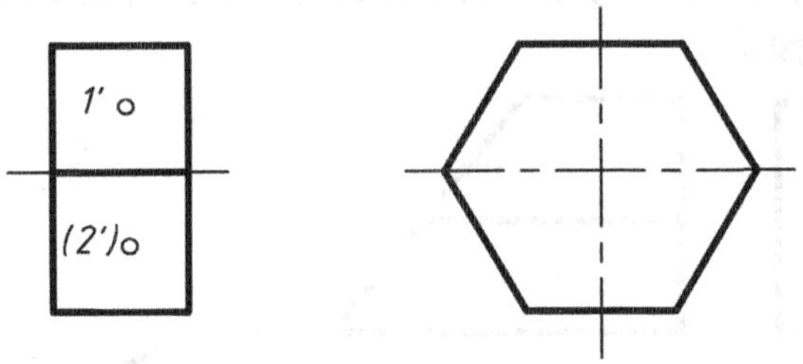

2.

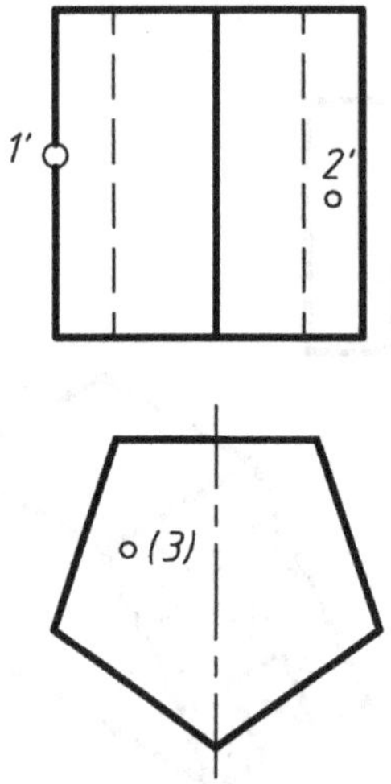

3.

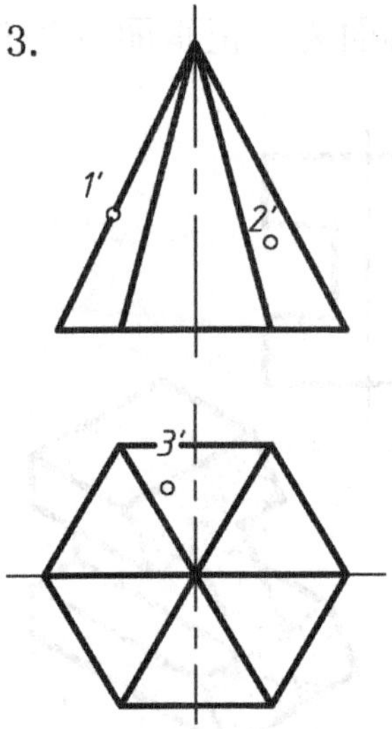

4.

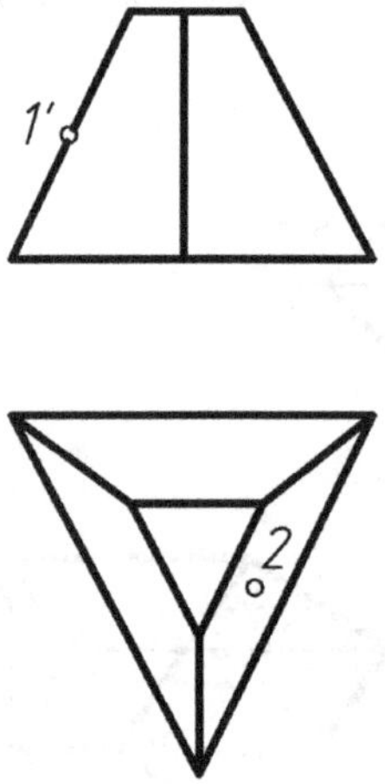

 班级 姓名 学号

2-12. 根据回转体的两视图补画第三视图，并作出立体表面上已知点的另两个投影

1. (圆柱高25)

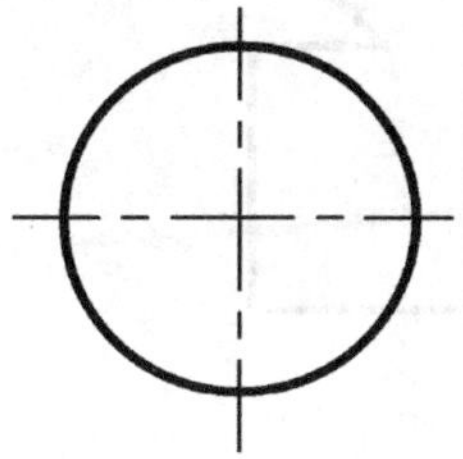

2.

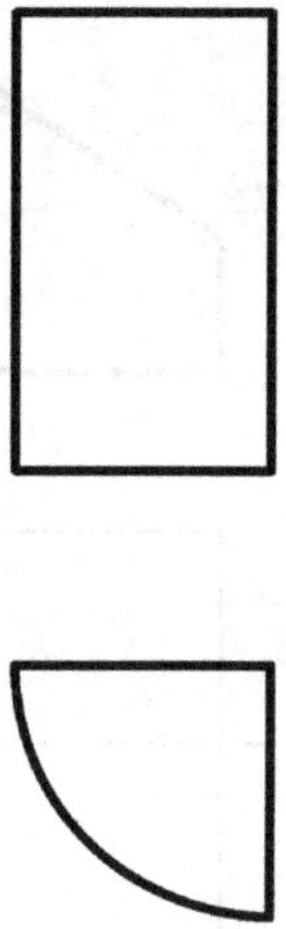

3.

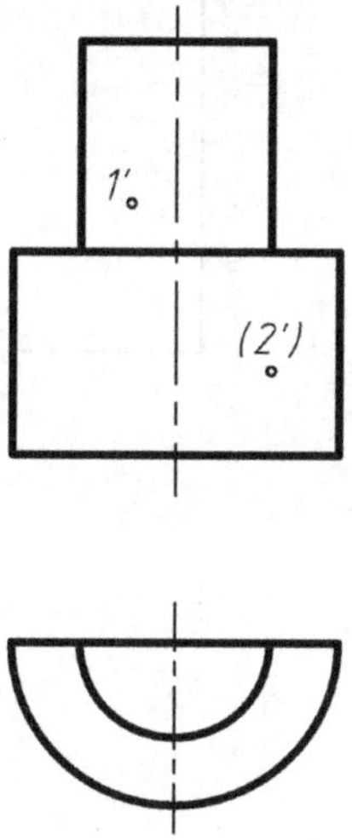

4.

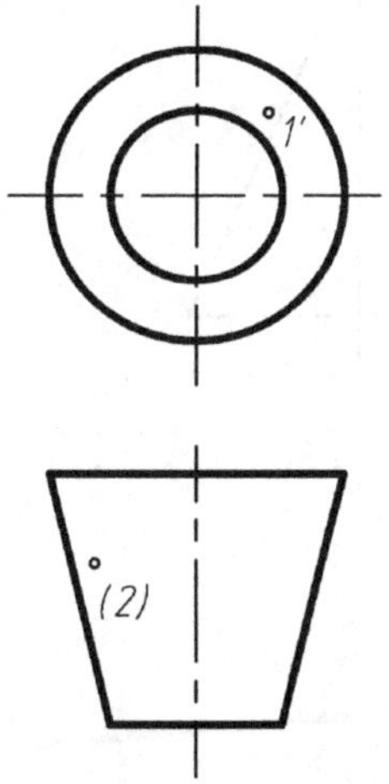

5.

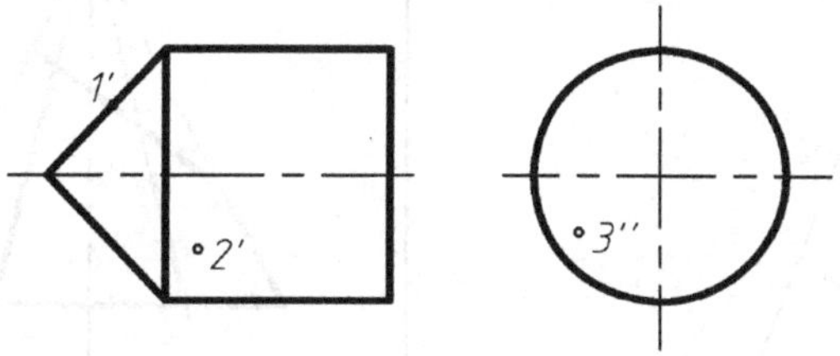

6.

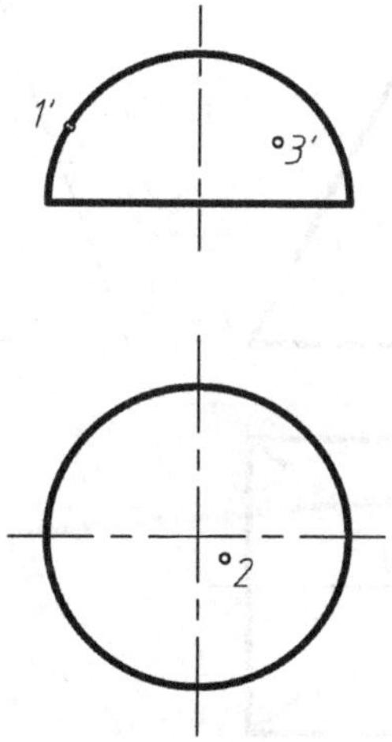

班级　　　　姓名　　　　学号

2-13. 分析平面体上截交线的投影，补画视图中所缺的图线

1.

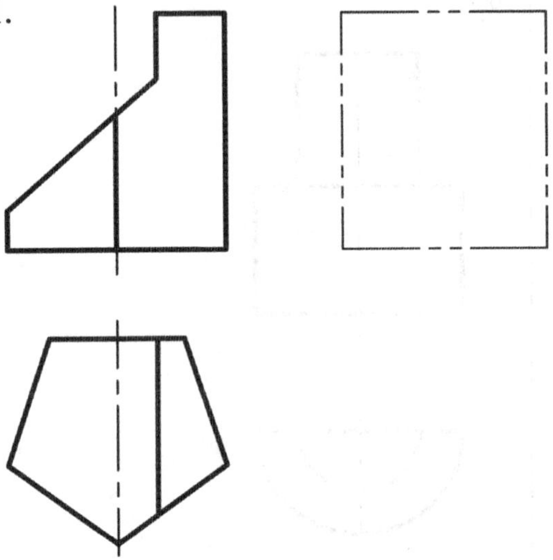

2.

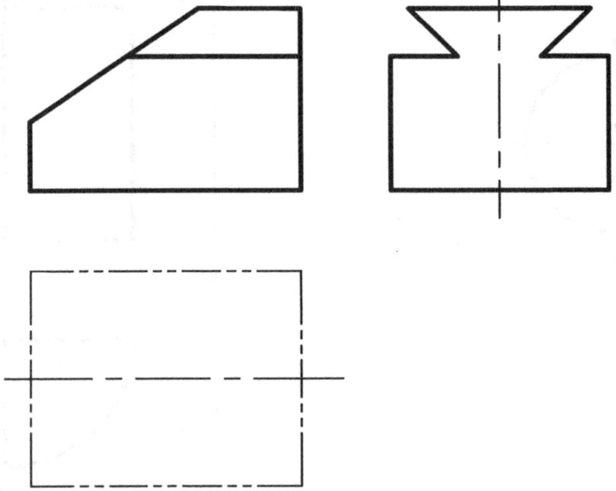

3.

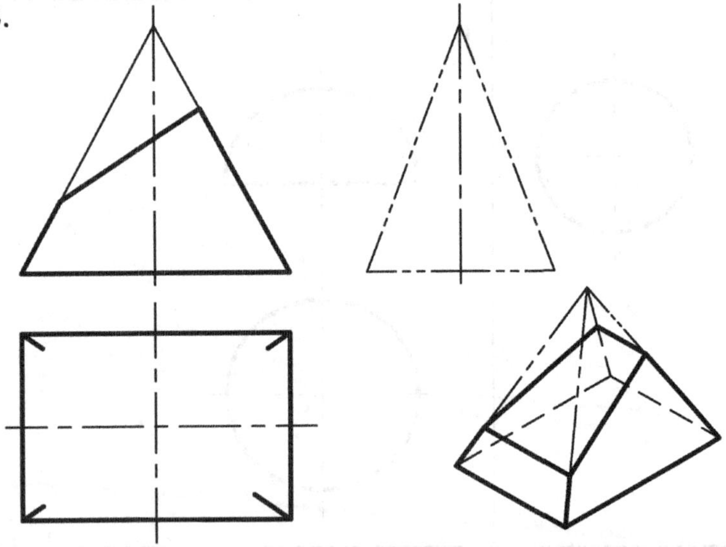

4.

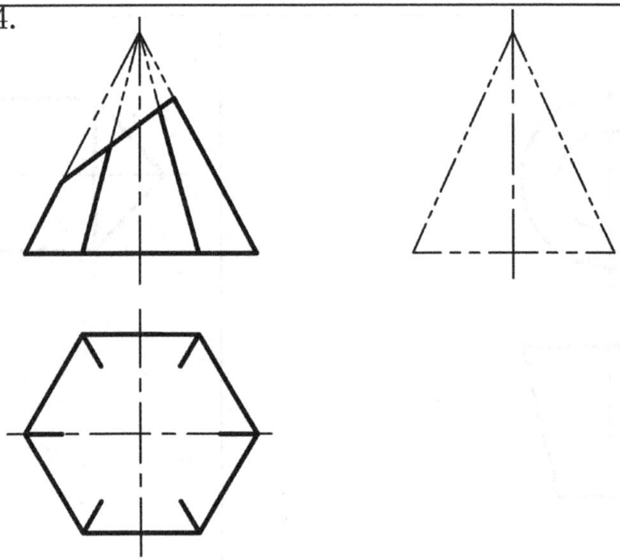

班级　　　　姓名　　　　学号

2-14. 已知带切割平面体的两视图，补画第三视图

1.

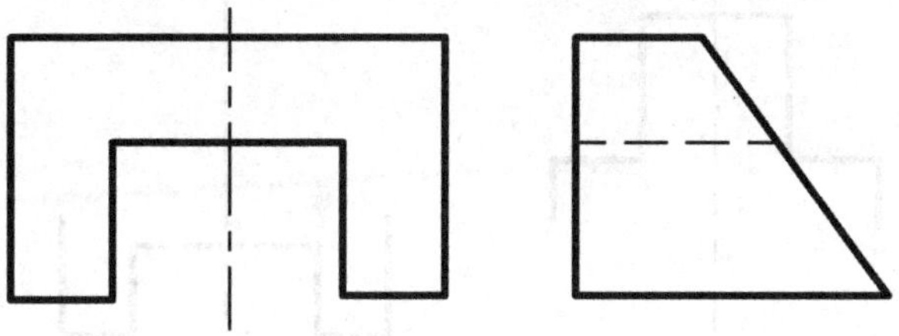

2.

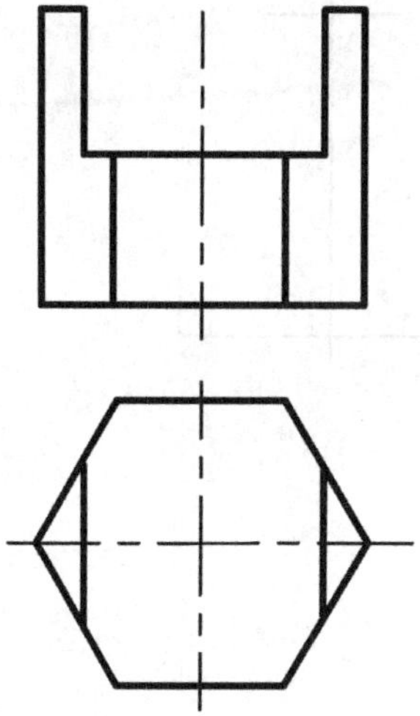

3.

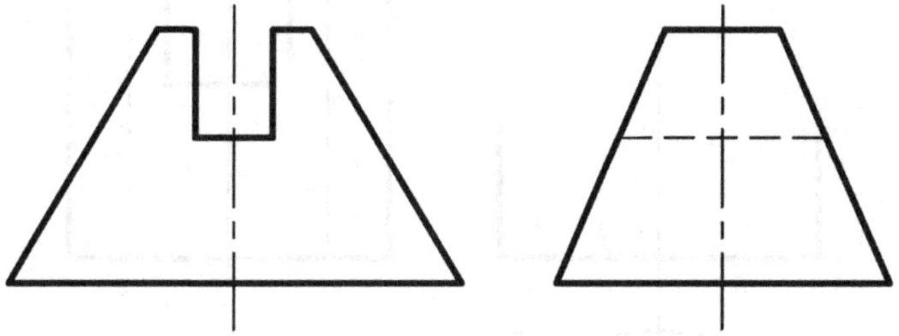

4.

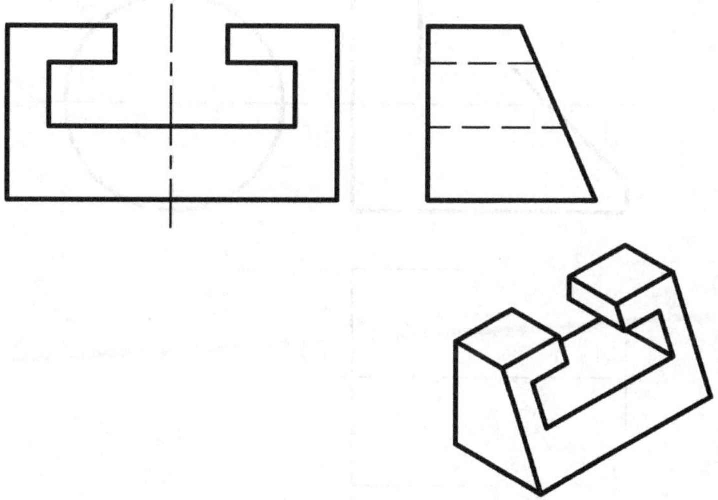

班级　　　　姓名　　　　学号

2-15. 完成带切口圆柱的三视图

1.

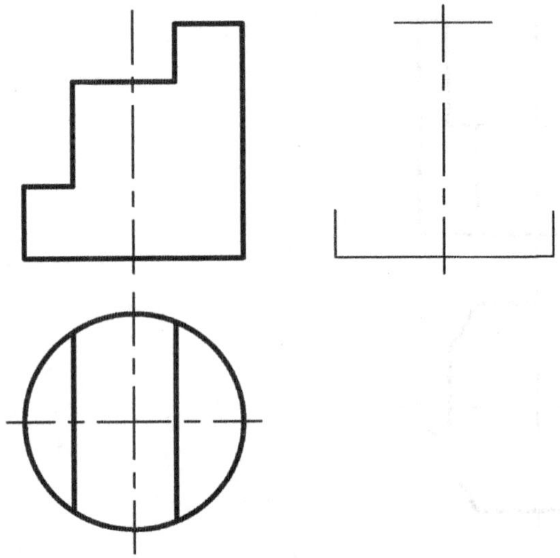

2.

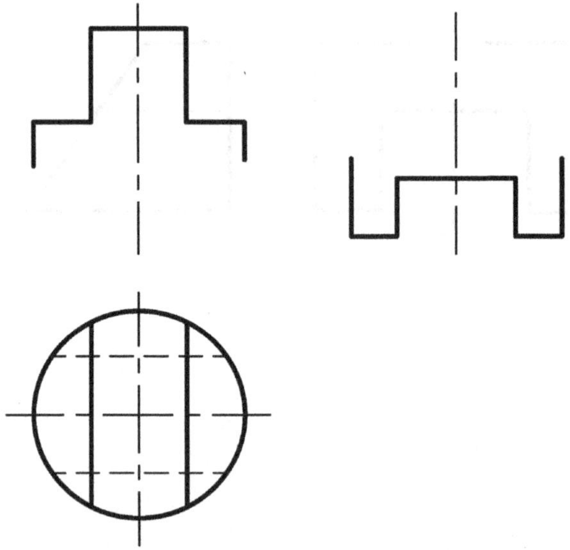

3.

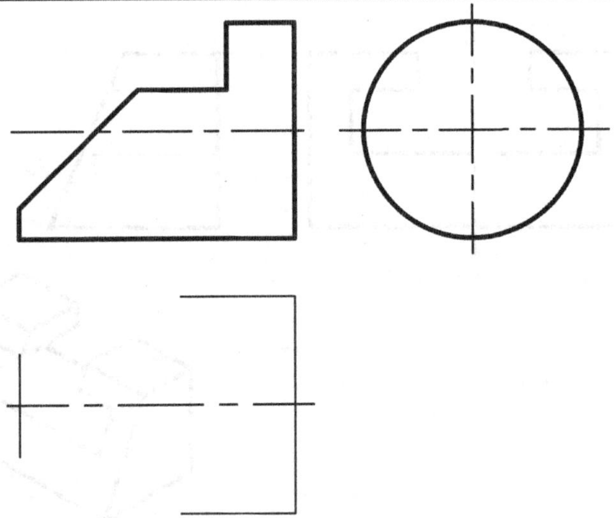

4.

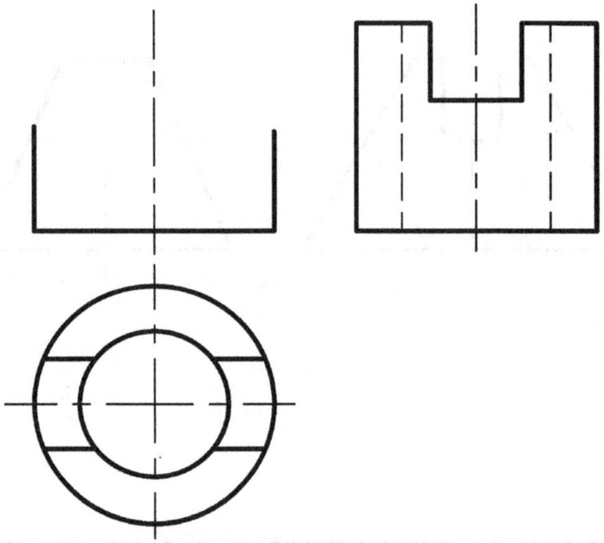

班级　　姓名　　学号

2-16. 完成带切口圆锥、圆球的三视图

1.

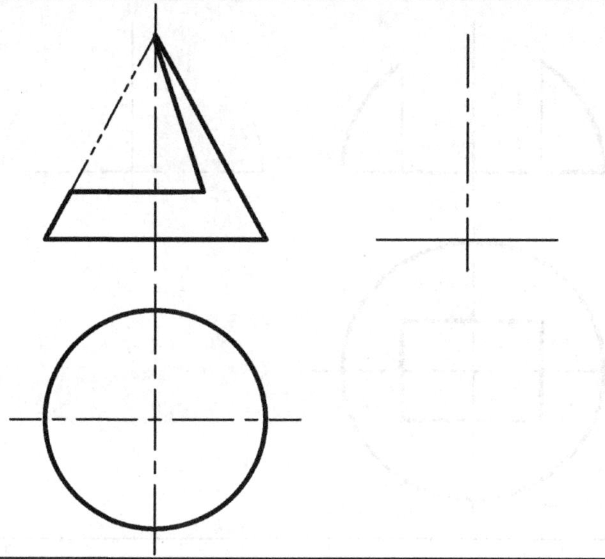

2.

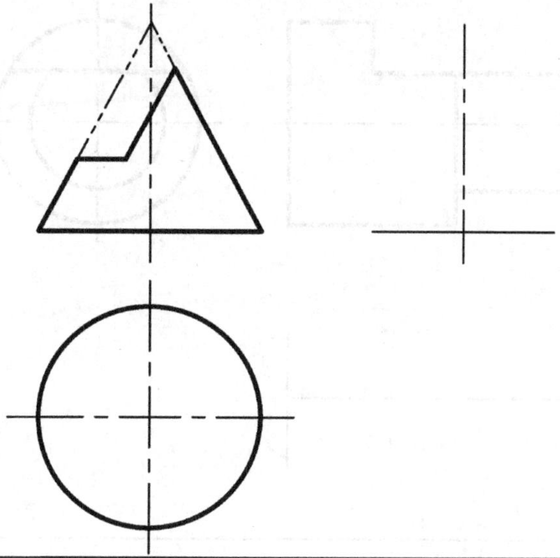

3.

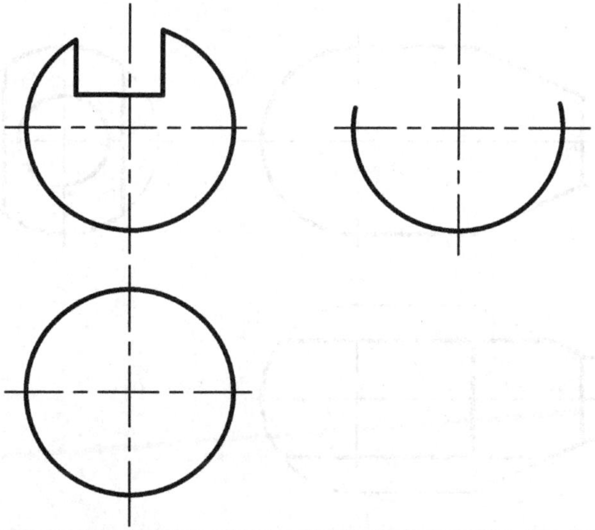

4.

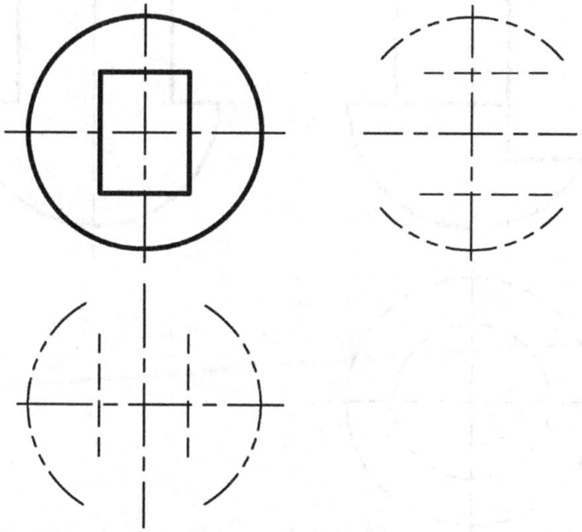

班级　姓名　学号

2-17. 补全带切割的同轴回转体的三视图

1.

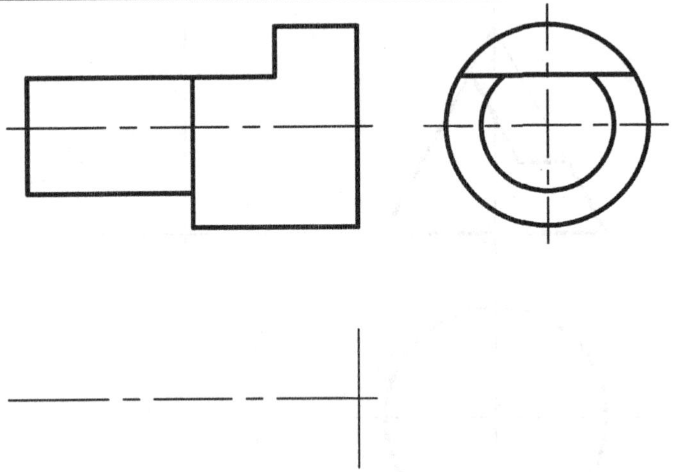

2.

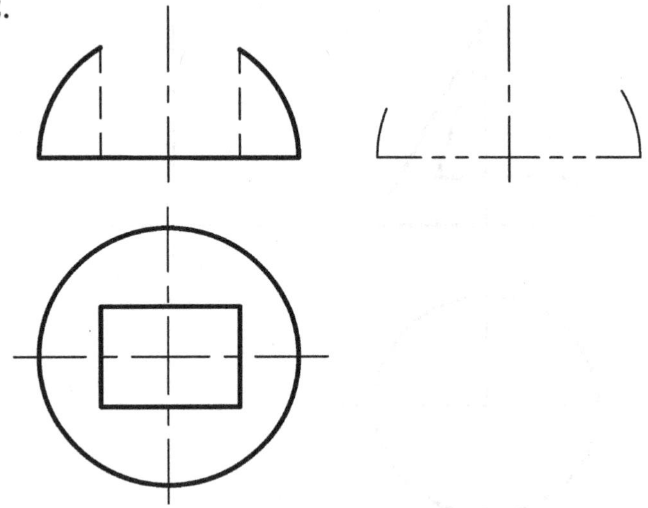

3.

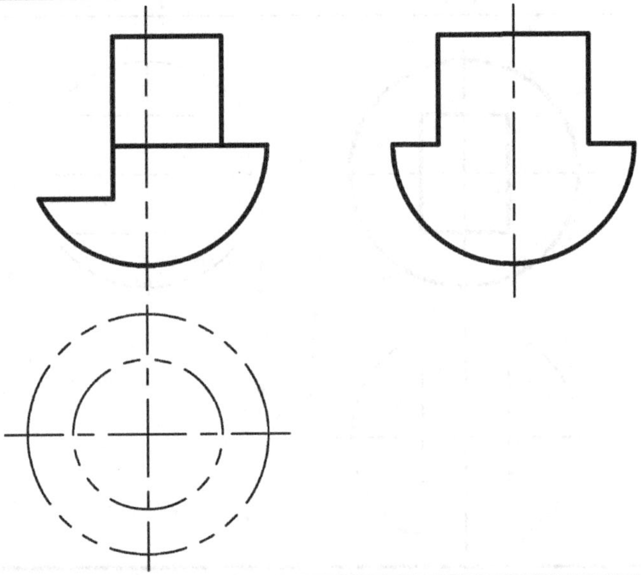

4.

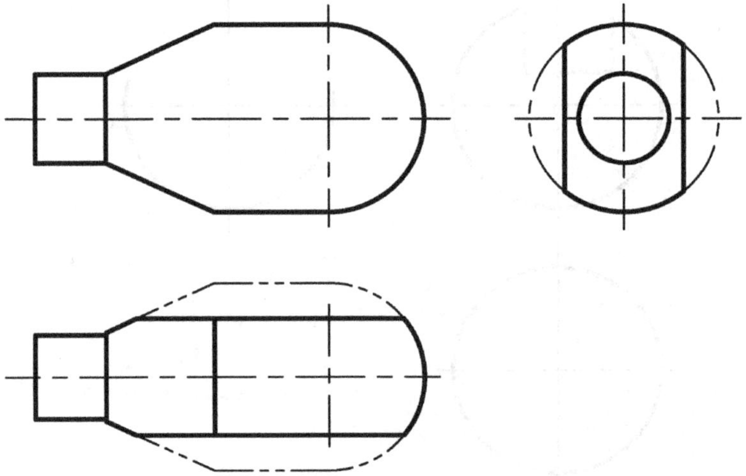

班级　　　　姓名　　　　学号

2-18. 补画相贯体视图中的漏线（1）

1.

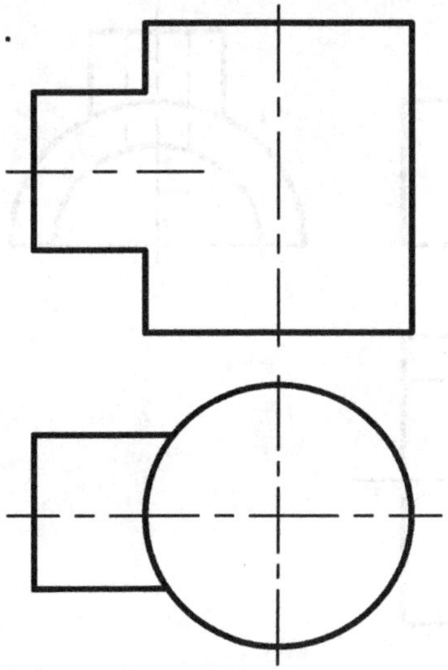

2.

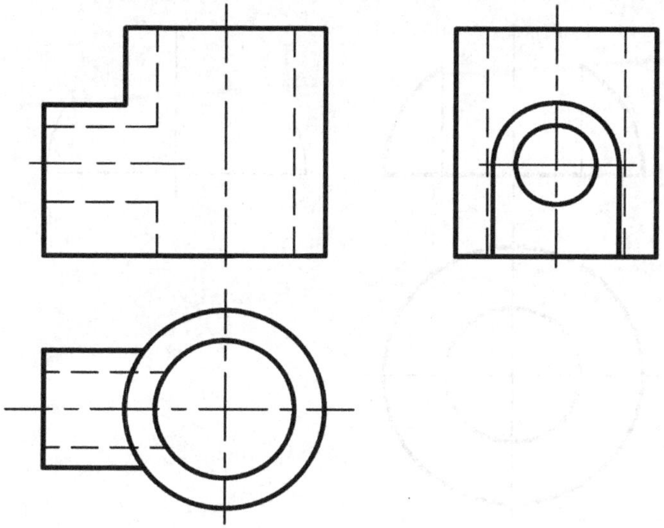

3.

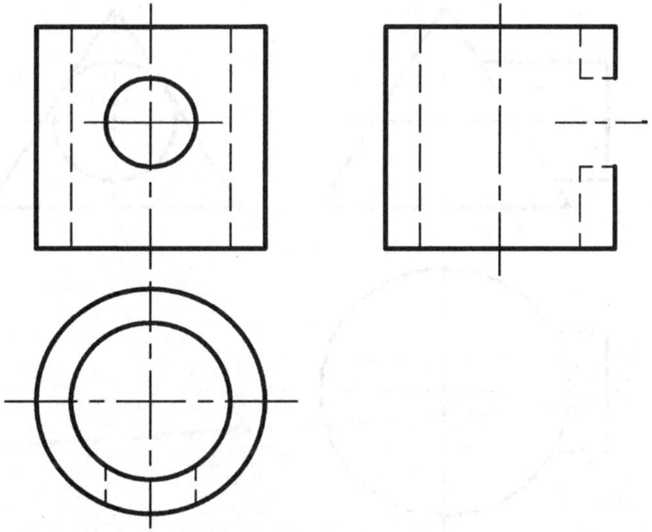

4.

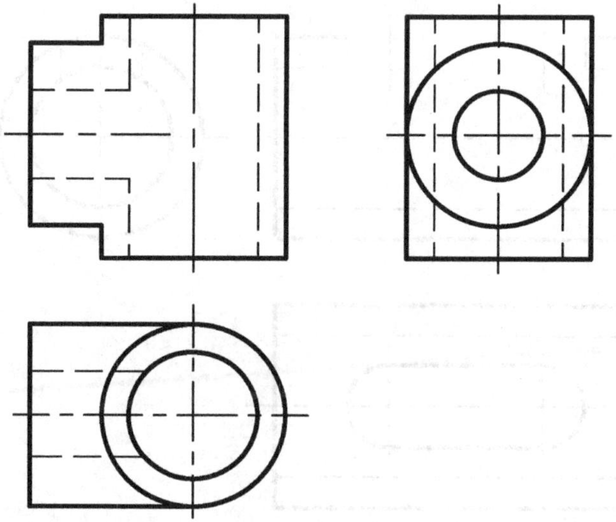

2-19. 补画相贯体视图中的漏线（2）

1.

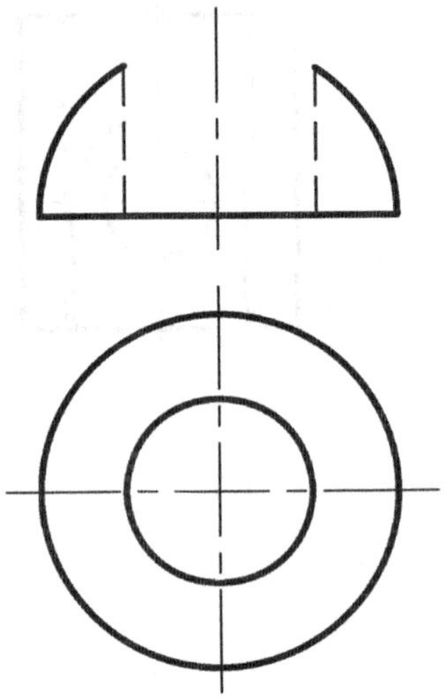

2.

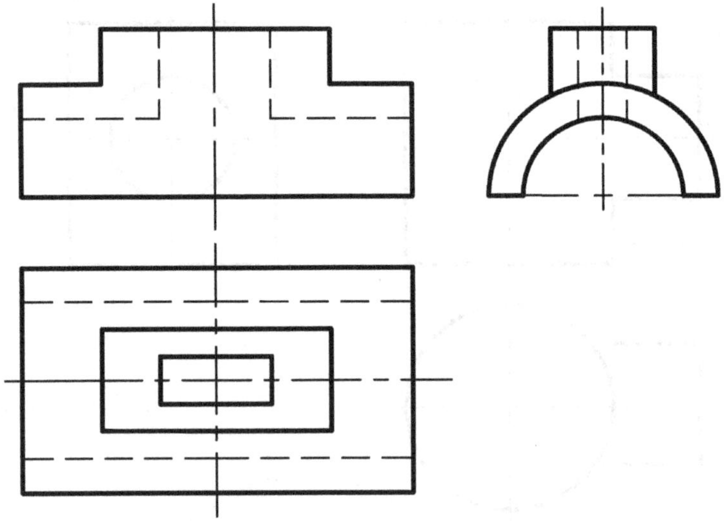

3.

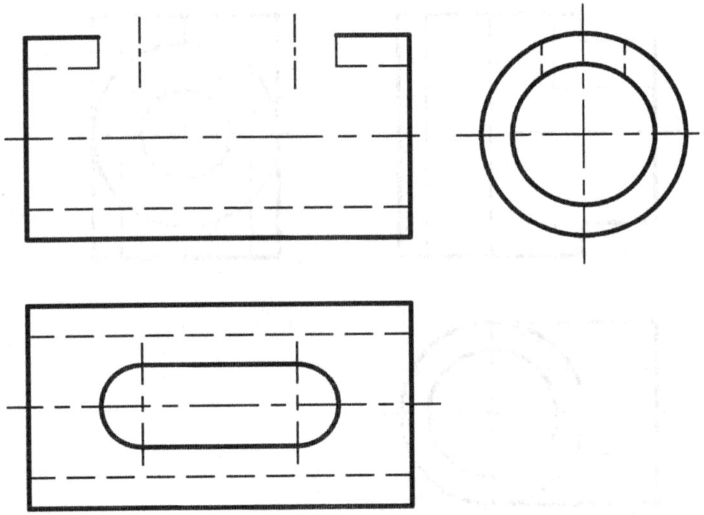

4.

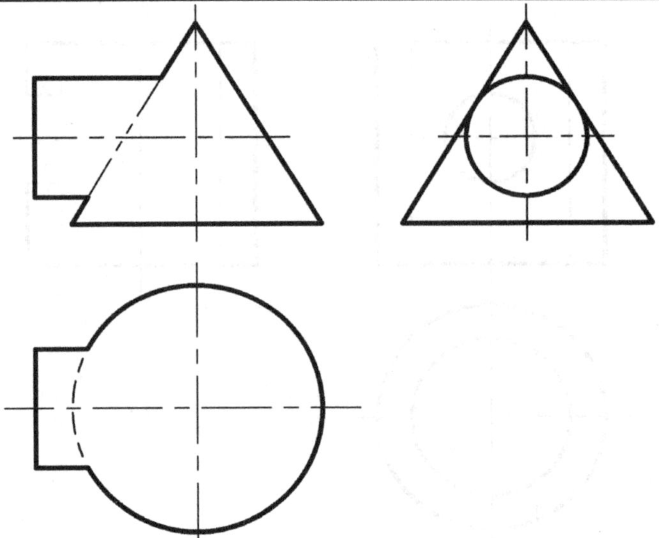

班级　　　　　　姓名　　　　　　学号

2-20. 绘制柱体的正等测轴测图

1. 下列三个柱体高度均为20，试根据其特征视图的轴测投影，完成正等测轴测图。

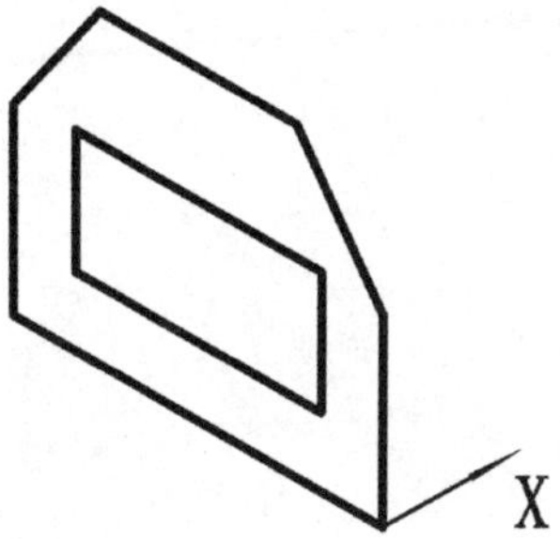

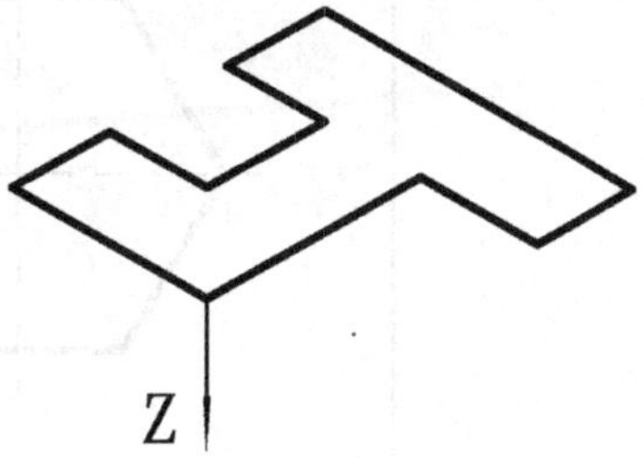

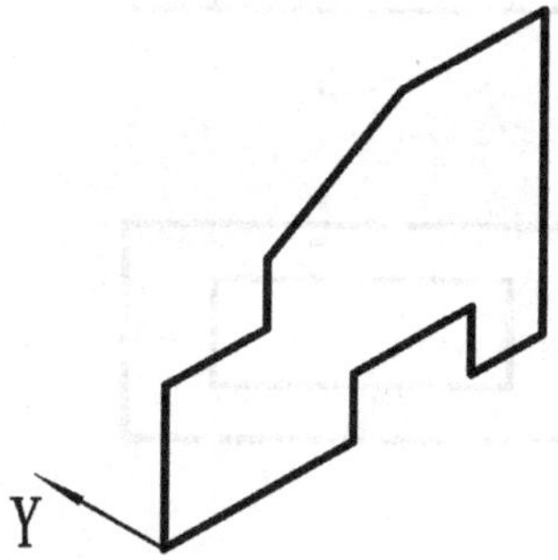

2. 根据物体的视图想象柱体的形状，画出该立体的正等轴测图。

(1)

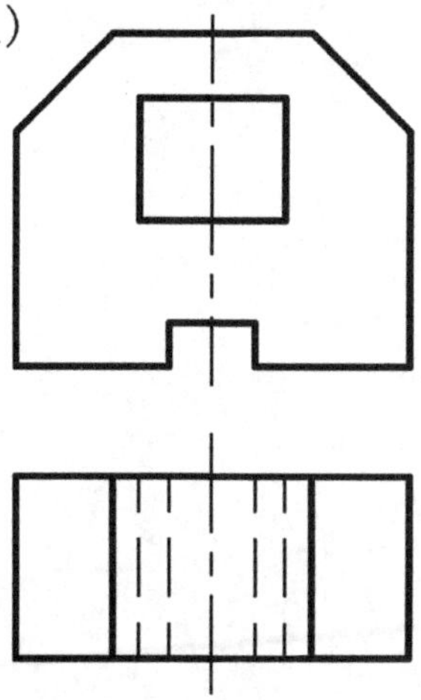

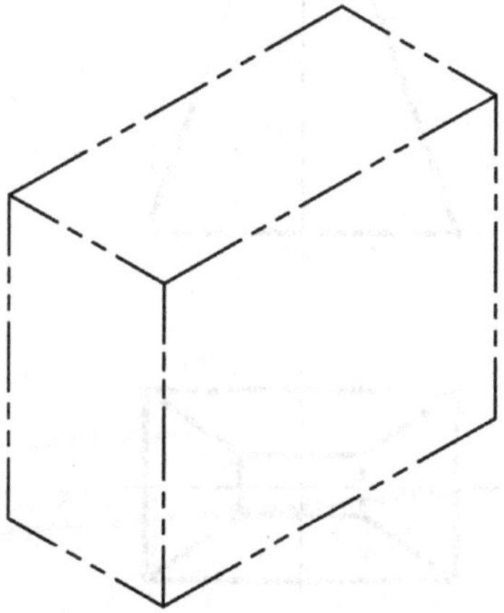

(2)

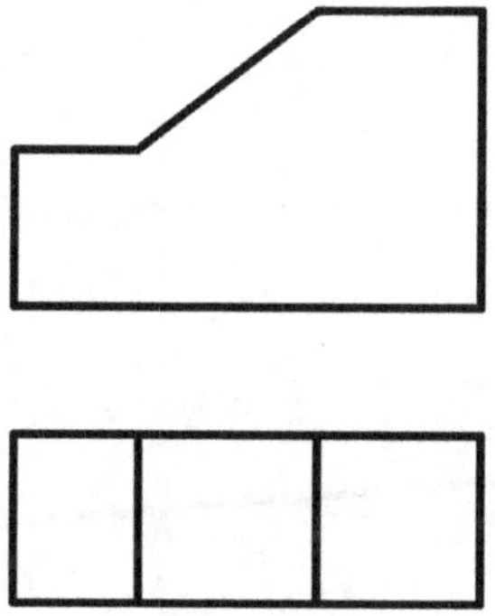

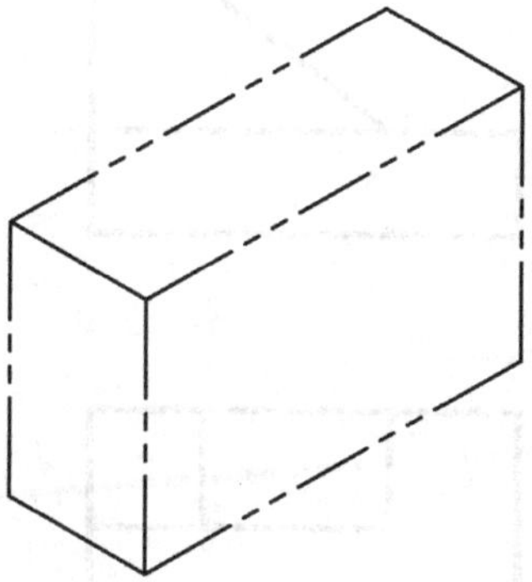

2-21.绘制平面体的正等测轴测图

1.

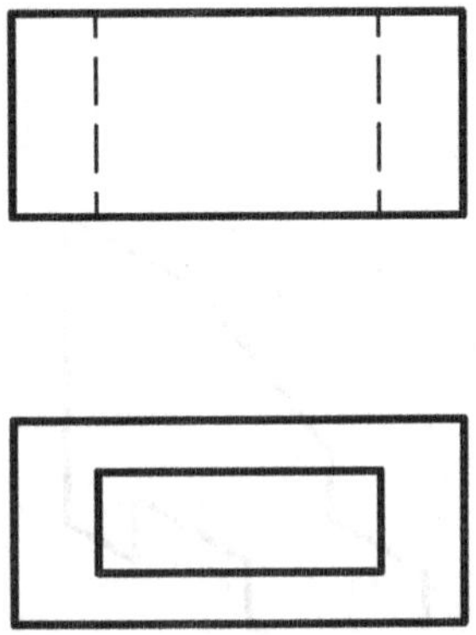

2.

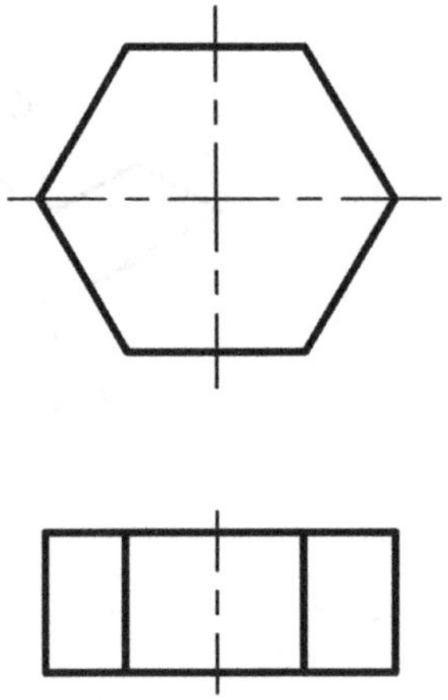

3.

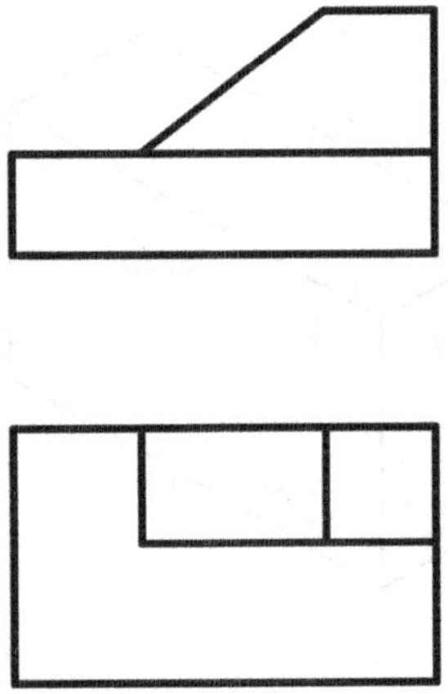

4.

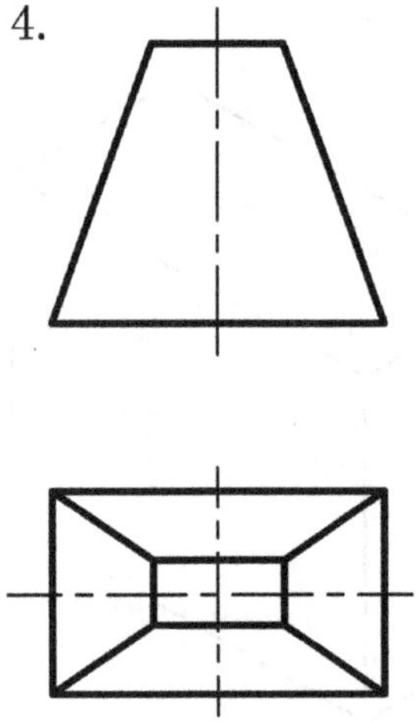

 班级 姓名 学号

2-22. 绘制回转体的正等测轴测图

1.

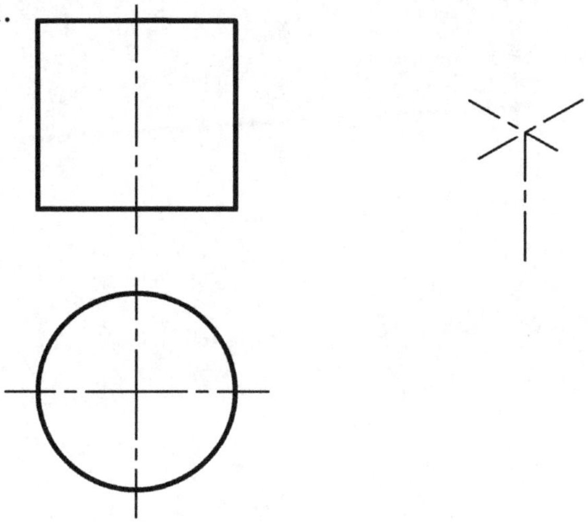

2.

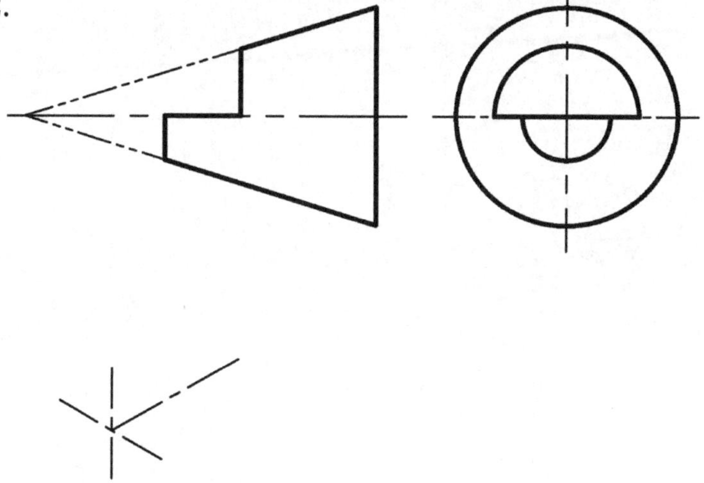

3.

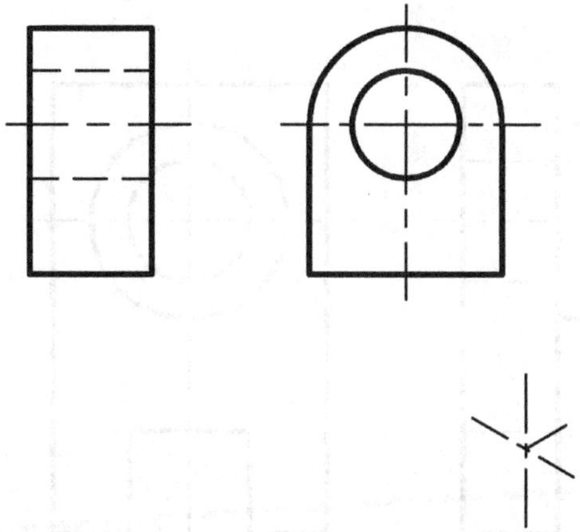

4.

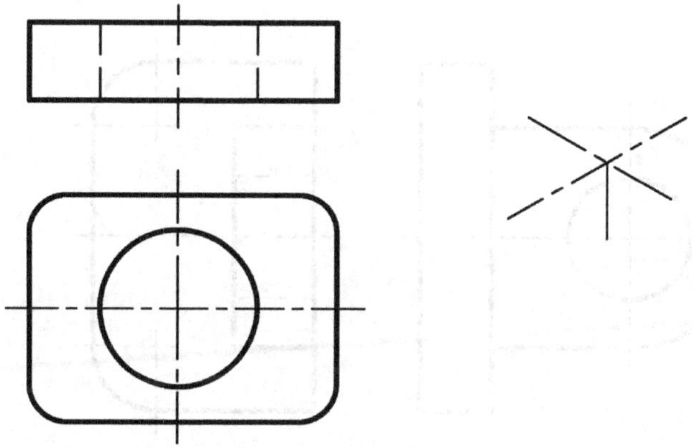

2-23.根据已有视图绘制正等测轴测图

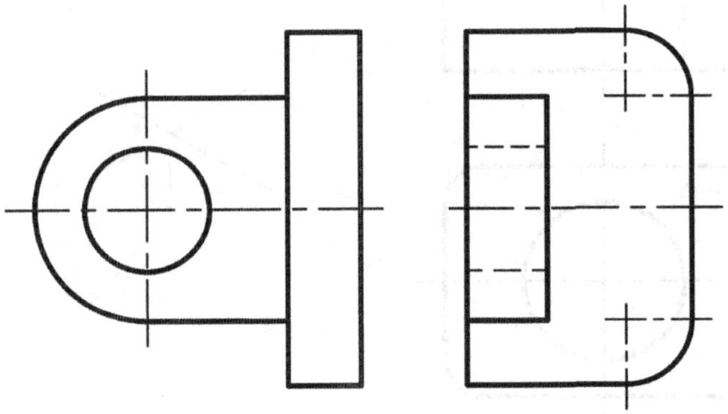
1.

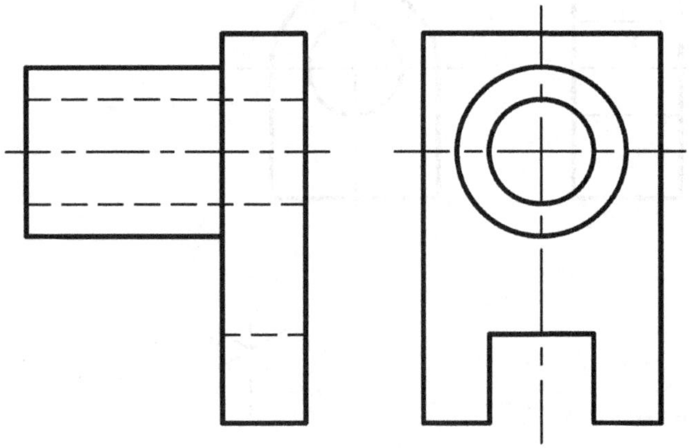
2.

班级 姓名 学号

2-24. 根据已有视图绘制斜二测轴测图

1.

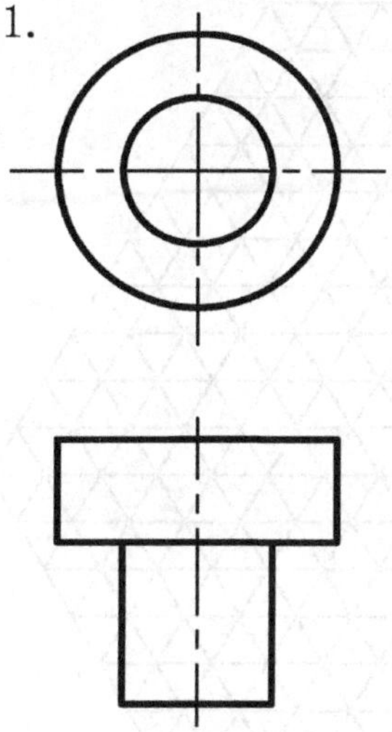

2.

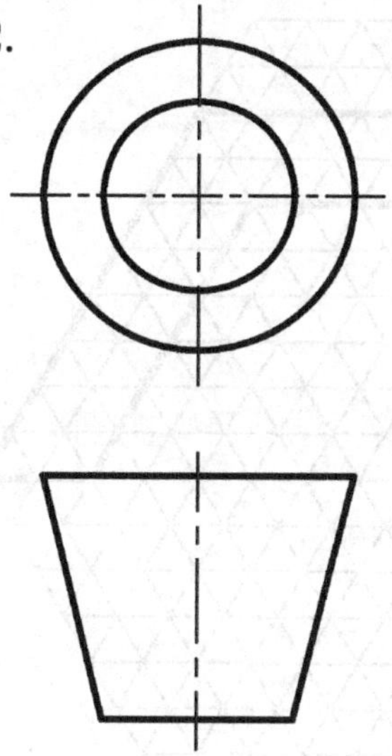

3.

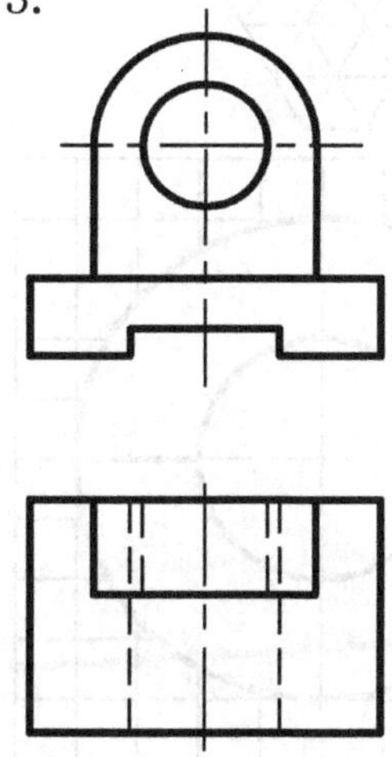

4.

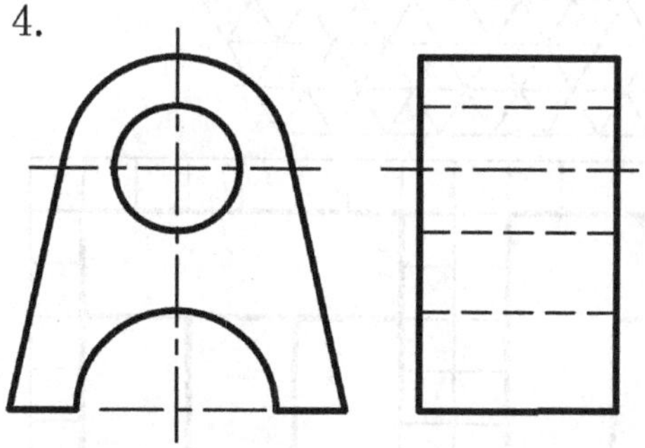

班级 姓名 学号

2-25. 根据视图徒手绘制正等测轴测图（1）

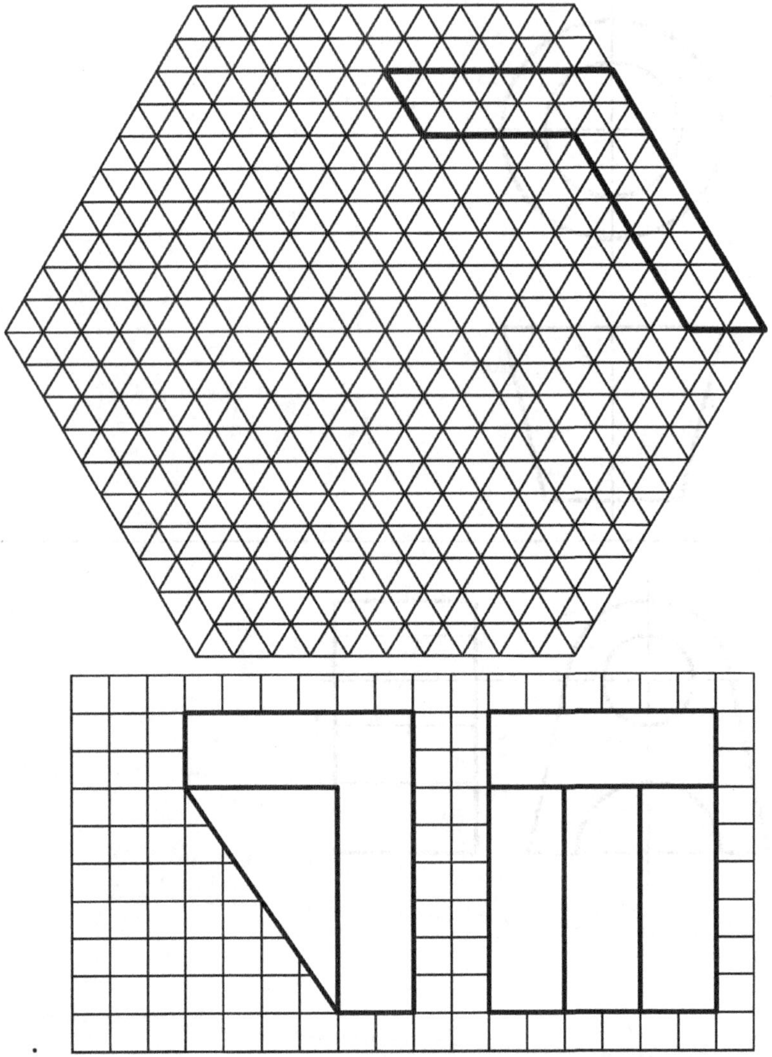

1.

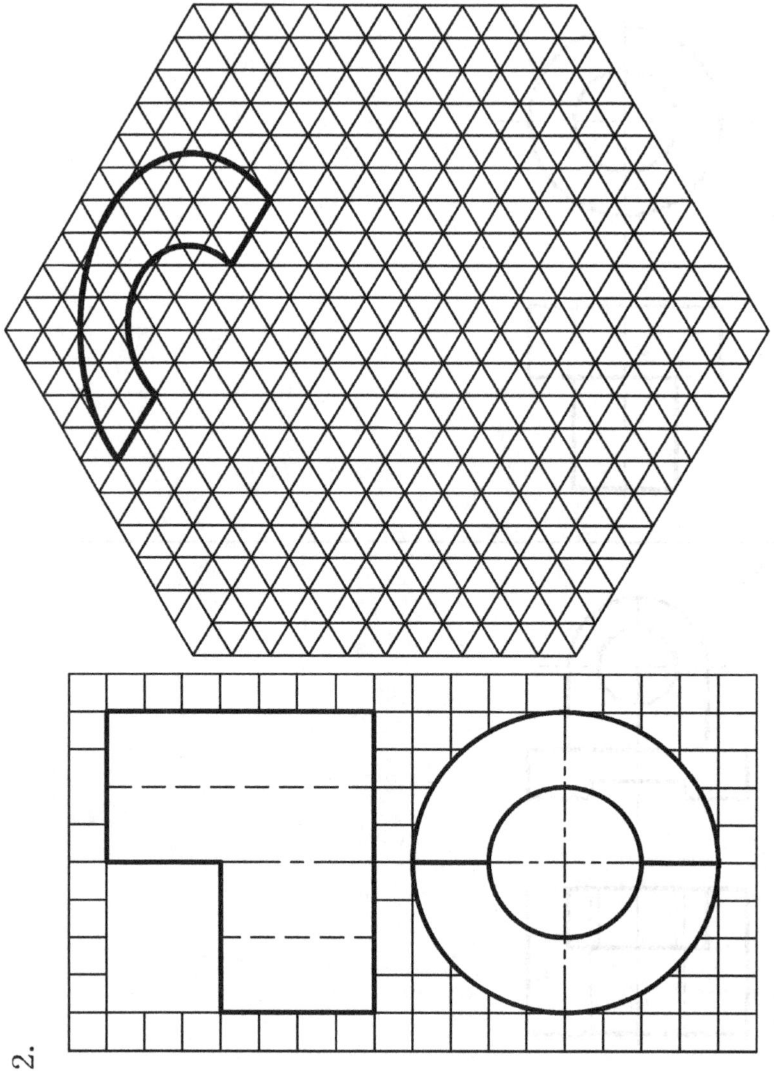

2.

班级　　　　姓名　　　　学号

2-26.根据视图徒手绘制正等测轴测图（2）

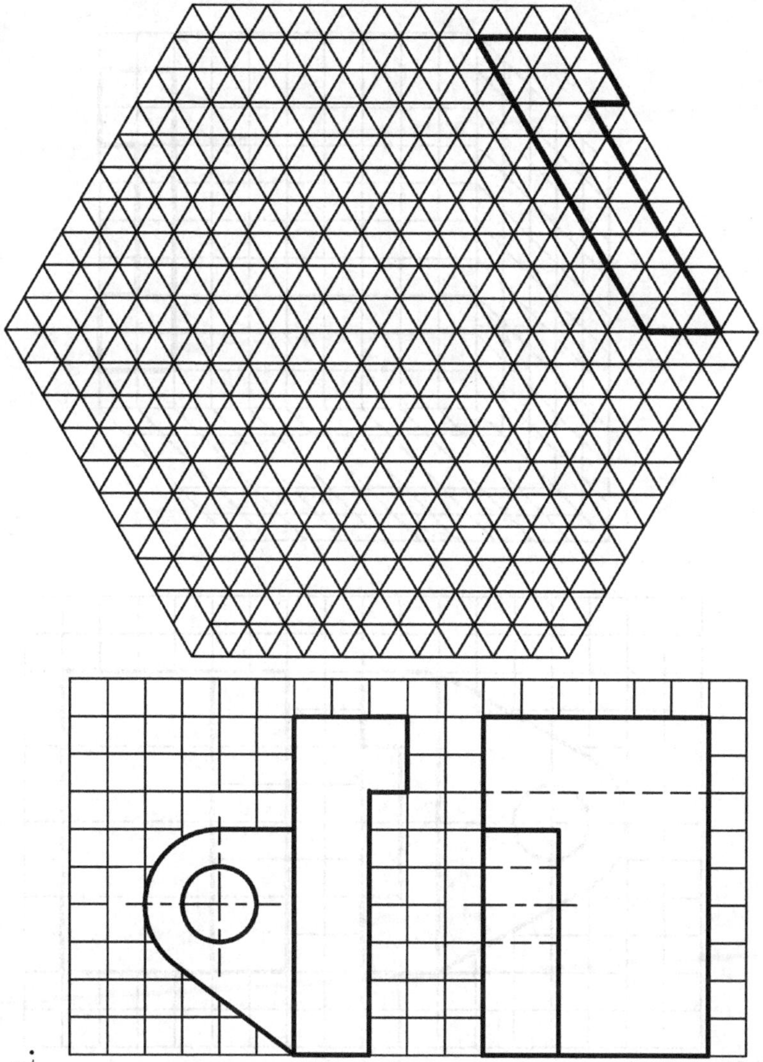

1.

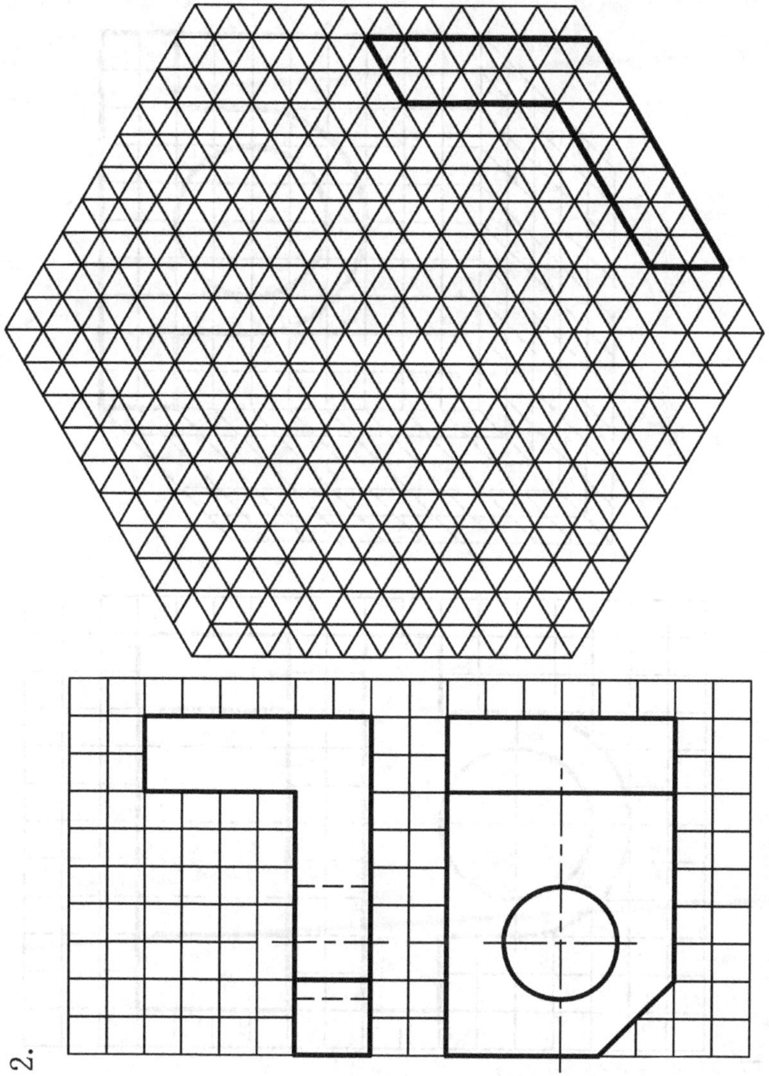

2.

班级　　　　姓名　　　　学号

2-27. 根据视图徒手绘制斜二测轴测图

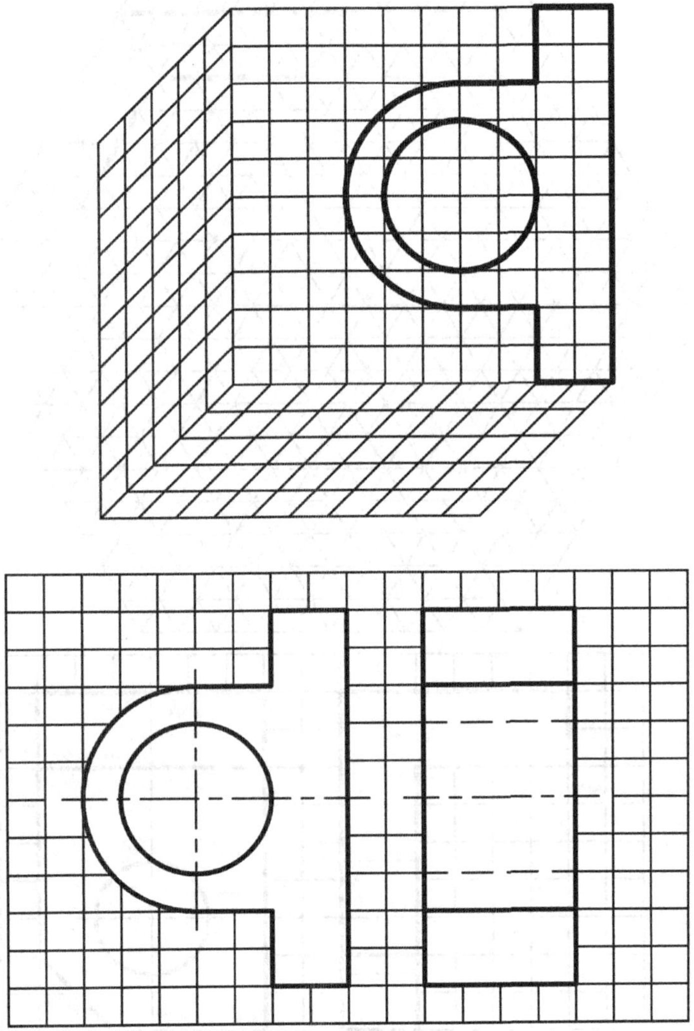

1.

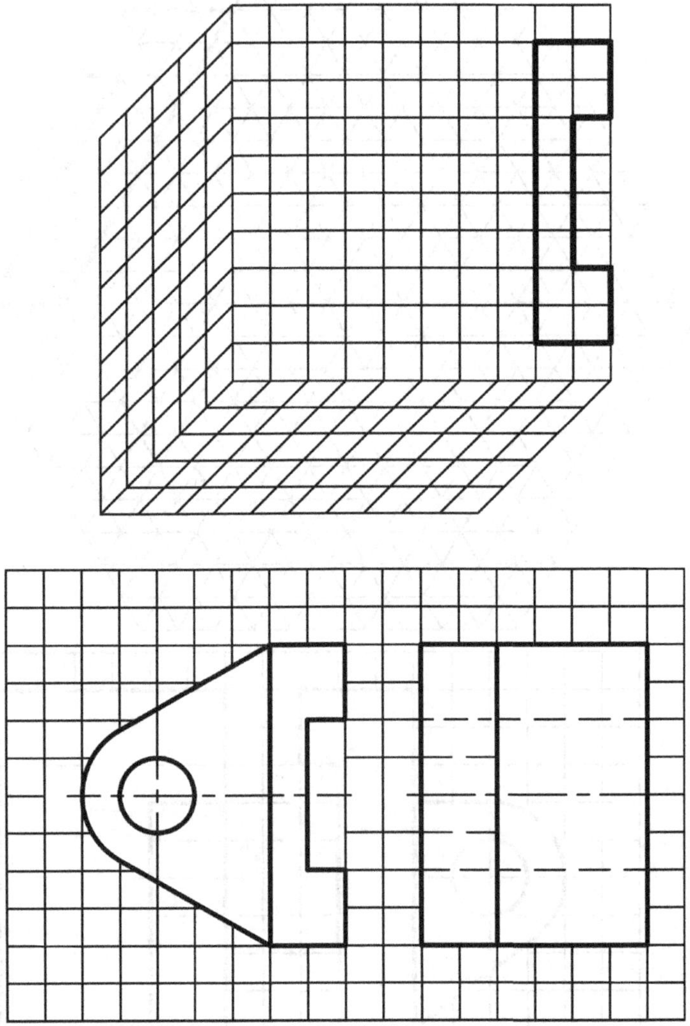

2.

班级　　姓名　　学号

2-28. 参考立体图，补全视图中所缺的图线

1.

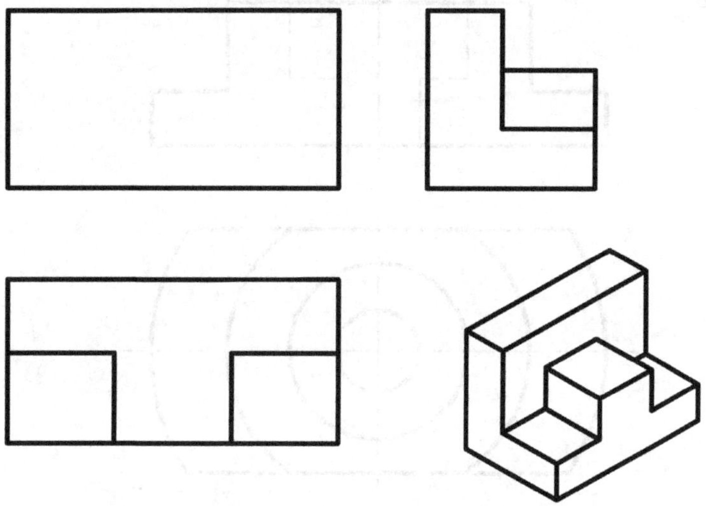

2.

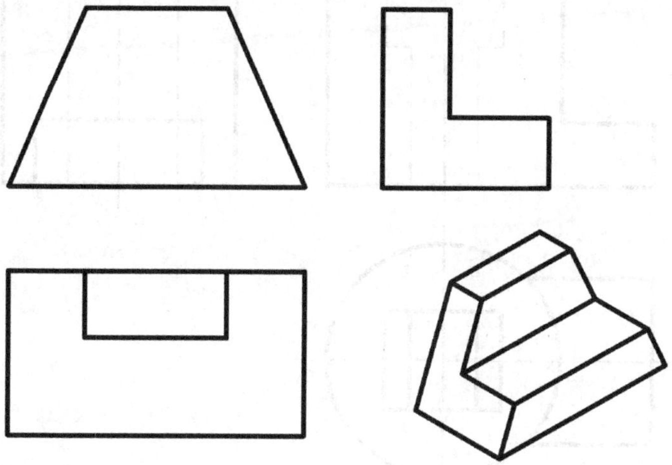

3.

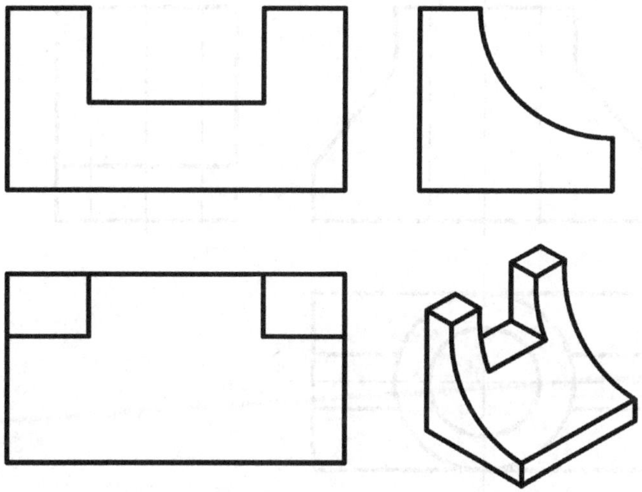

4.

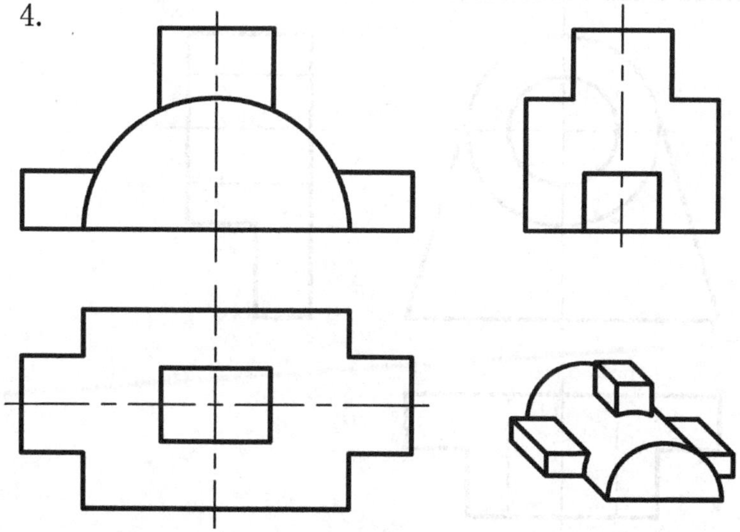

班级　　　　姓名　　　　学号

2-29. 分析组合体各表面连接处的关系,补画漏线

1.

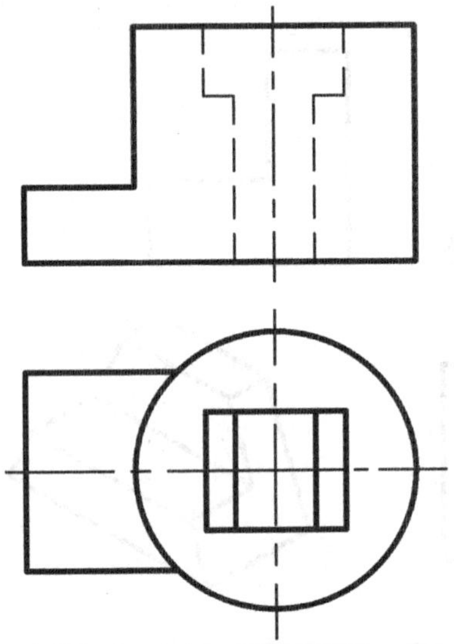

2.

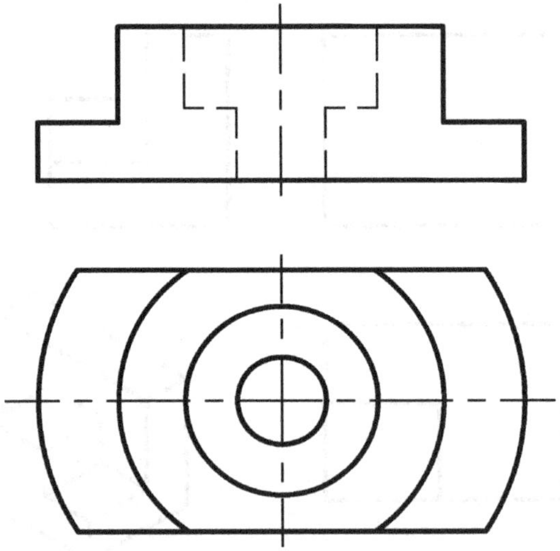

3.

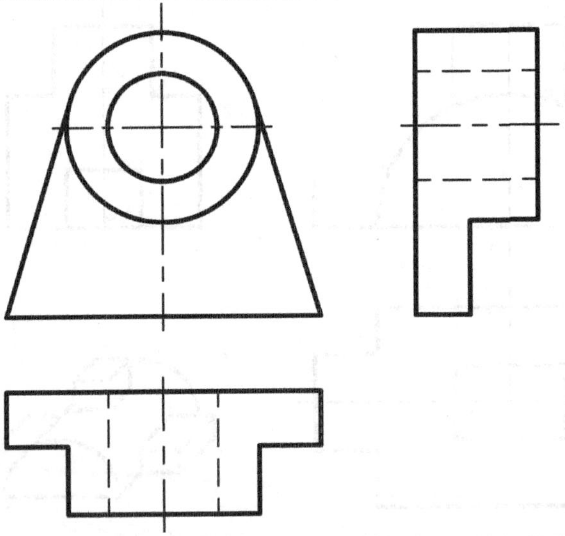

4.

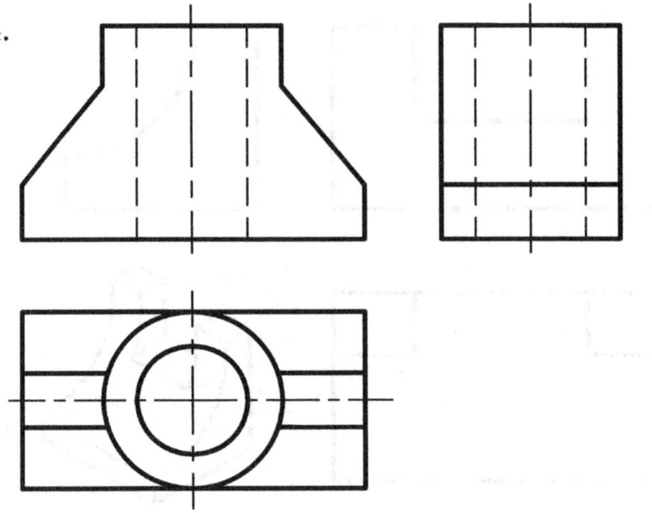

班级　　　　姓名　　　　学号

2-30. 分析组合体的形体结构，绘制三视图（1）

1.

2.

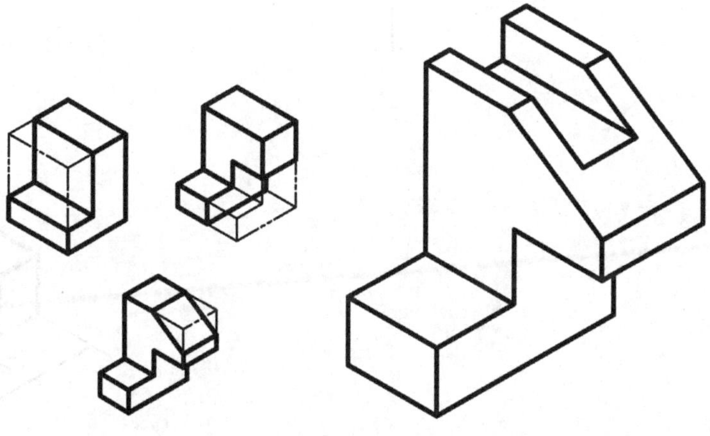

2-31. 分析组合体的形体结构，绘制三视图（2）

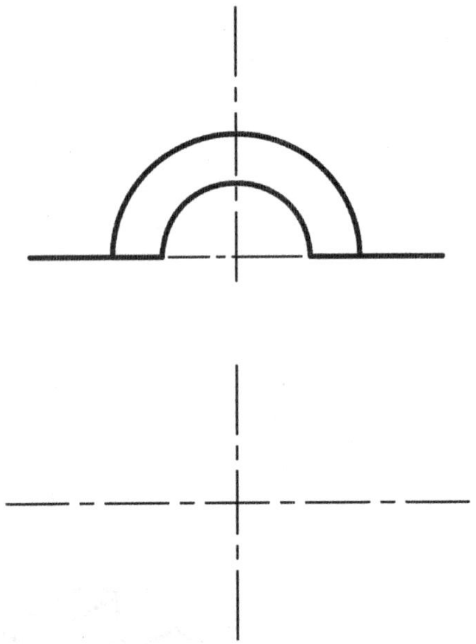

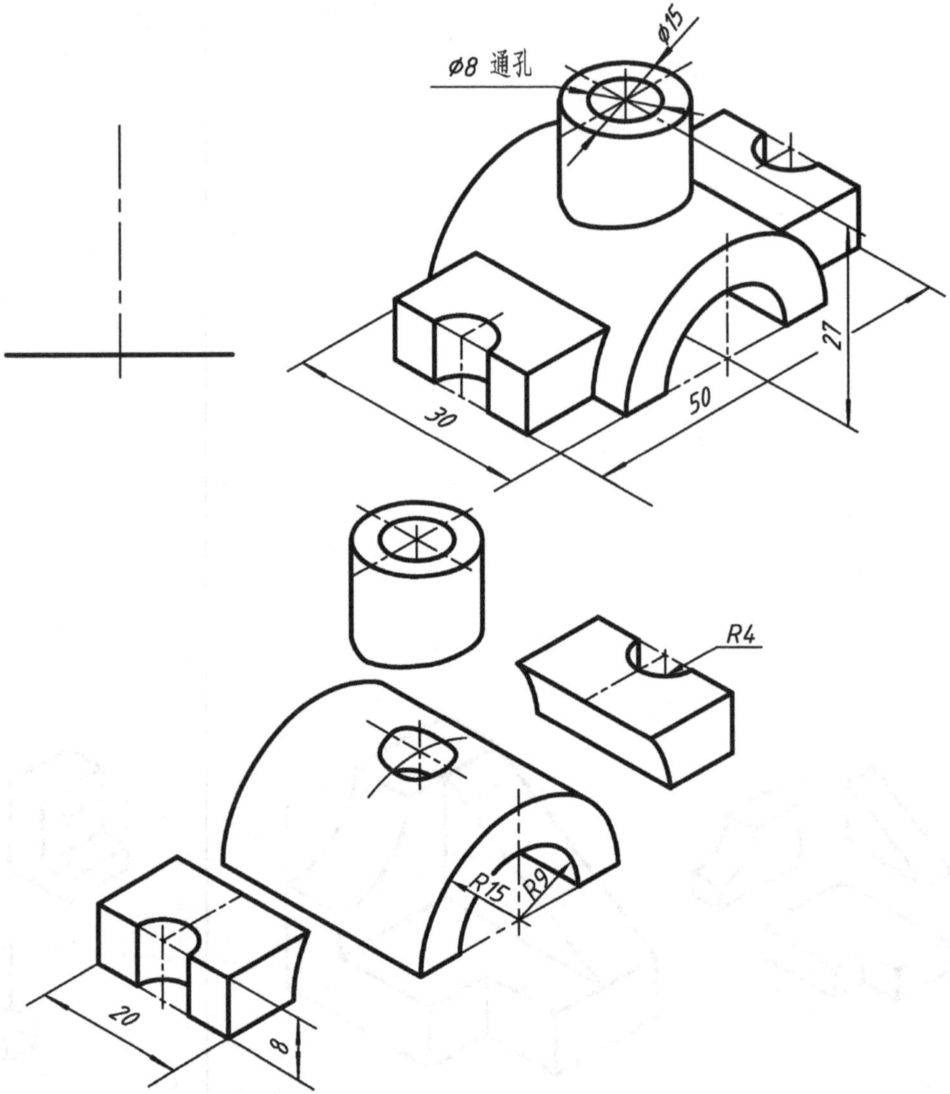

 班级 姓名 学号

2-32. 根据组合体的轴测图，按1:1绘制三视图(任选两题)

1.

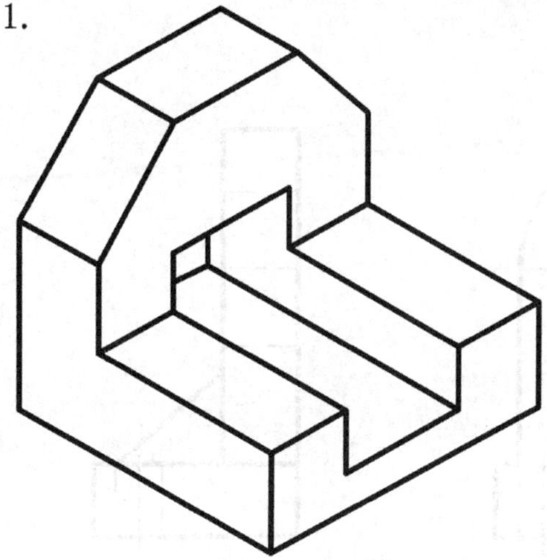

2.

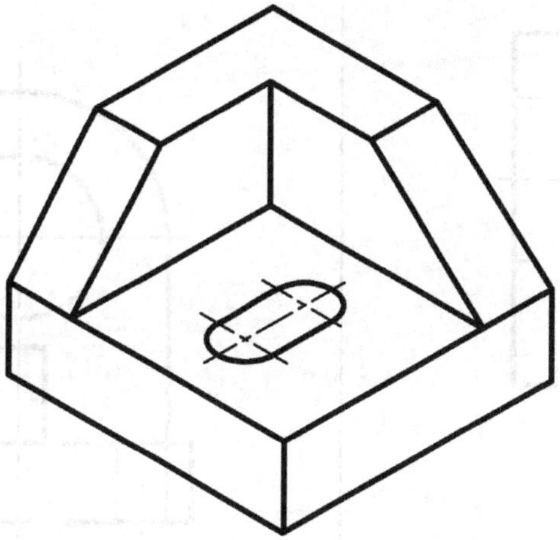

3.

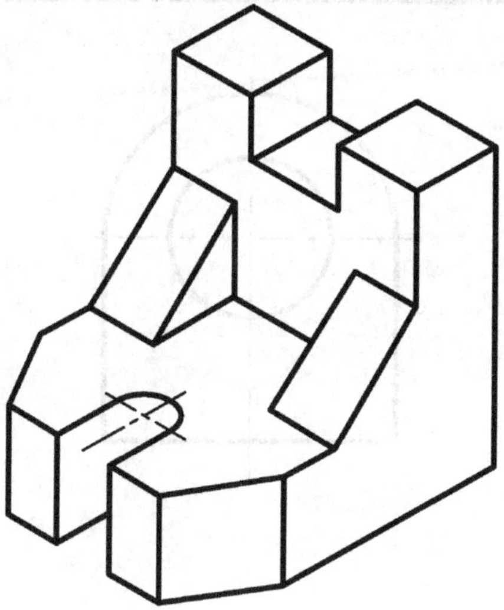

2-33.组合体尺寸标注(1):标注组合体及其各组成部分的尺寸,数值直接从视图中量取（取整数）

1.

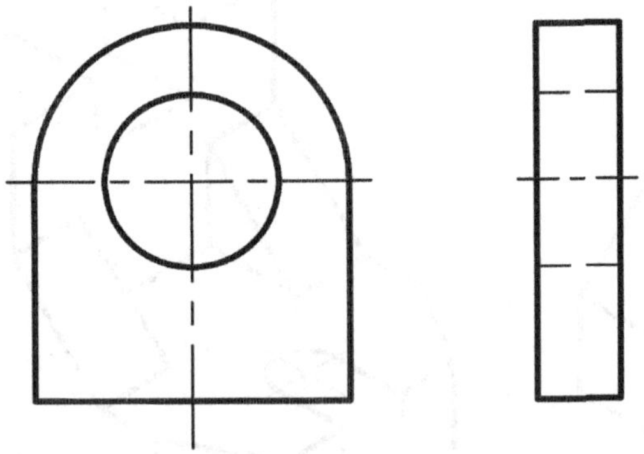

2.

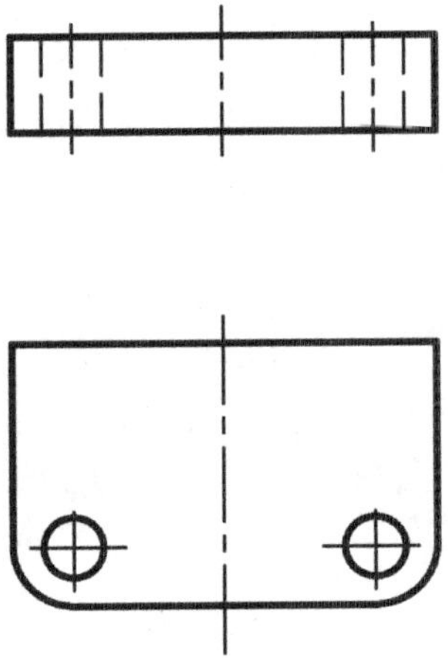

3.

4.

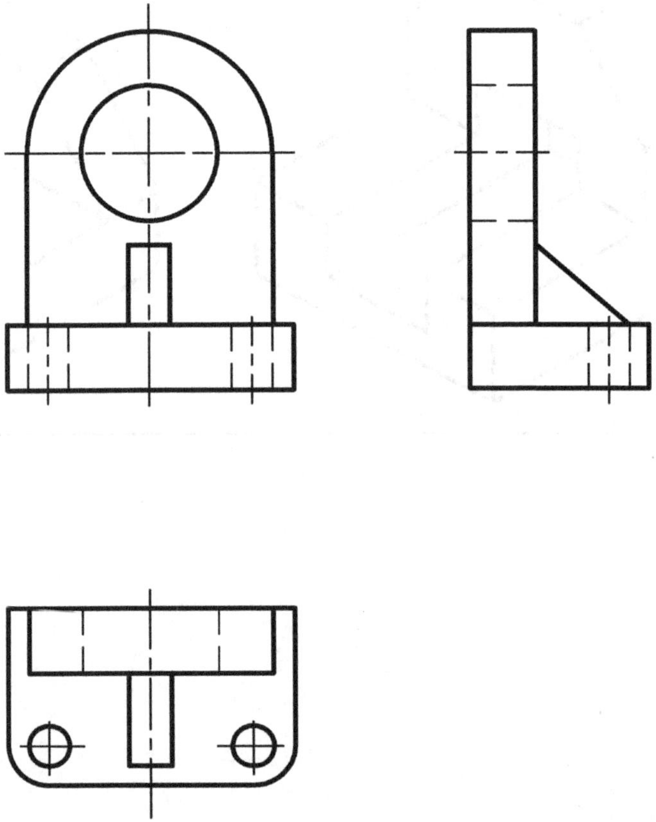

班级　　　　姓名　　　　学号

2-34. 组合体尺寸标注（2）：根据尺寸基准标注尺寸，数值直接从视图中量取（取整数）

1.

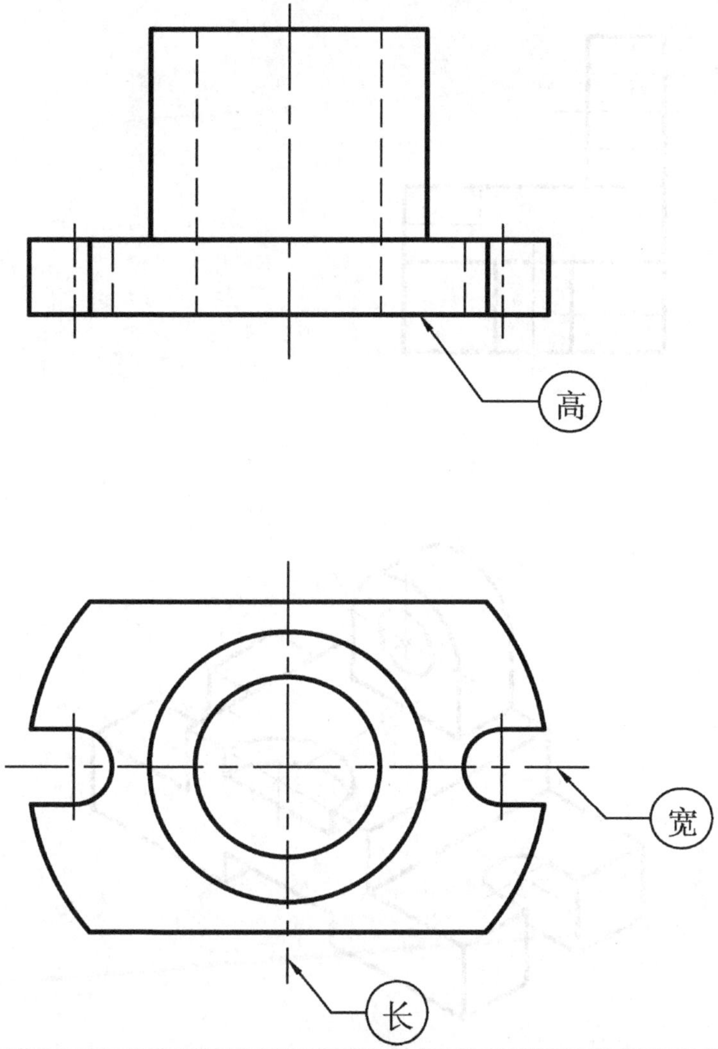

2.

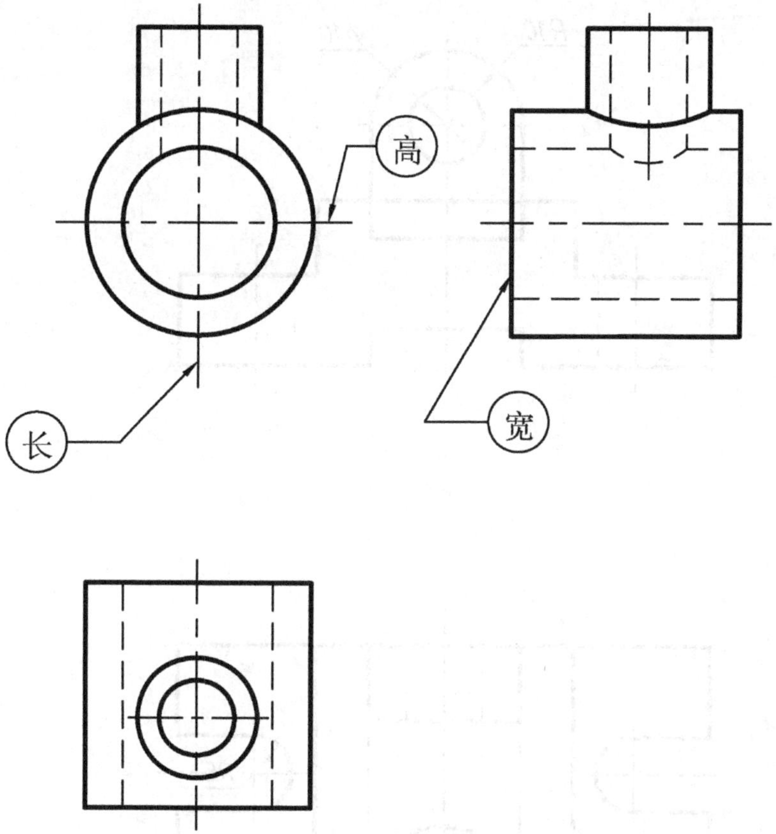

班级　　　　姓名　　　　学号

2-35. 组合体尺寸标注（3）：完成组合体的尺寸标注，数值直接在三视图上量取（取整数）

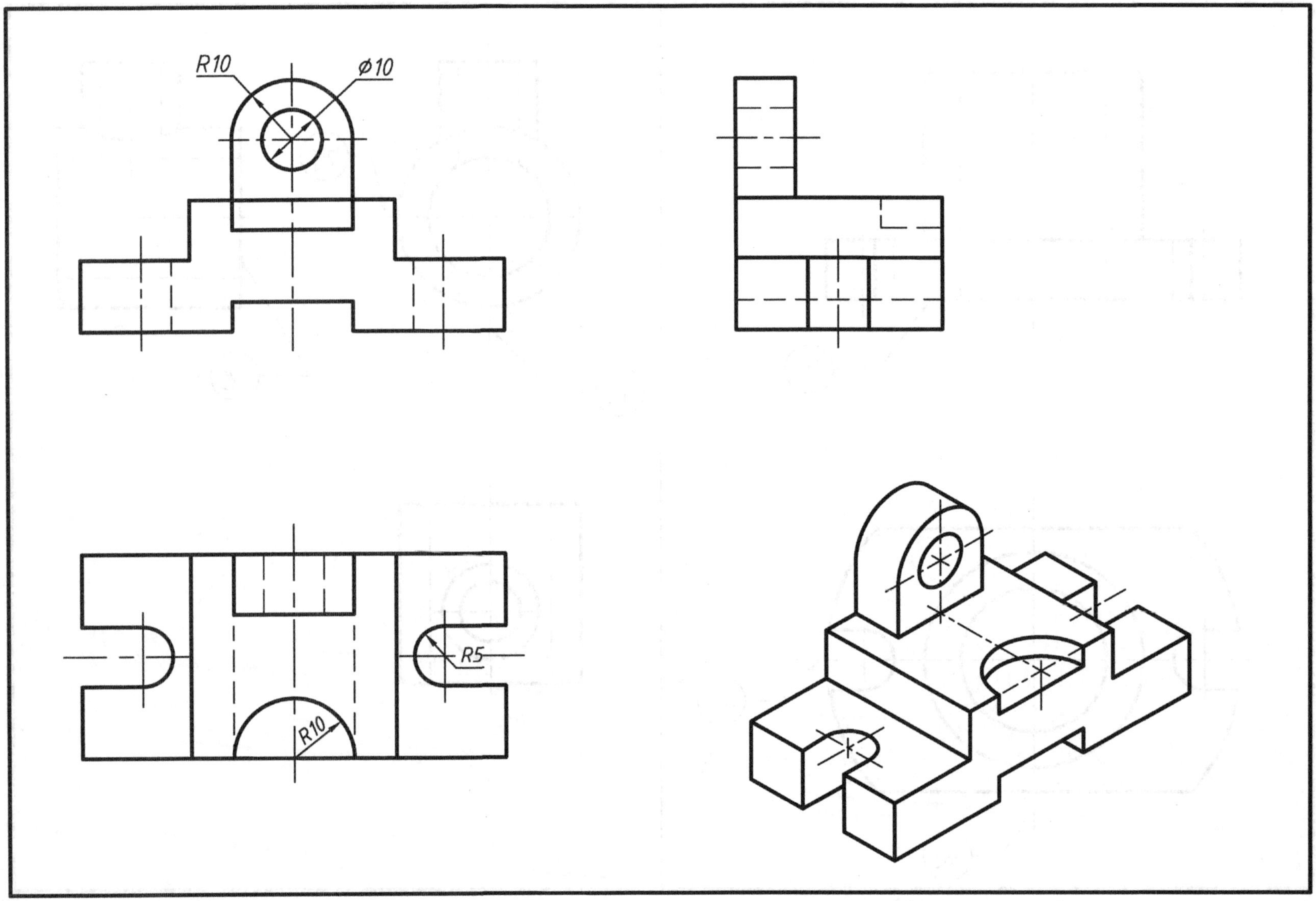

班级　　　　姓名　　　　学号

2-36.组合体尺寸标注（4）:完成组合体的尺寸标注，数值直接在三视图上量取（取整数）

1.

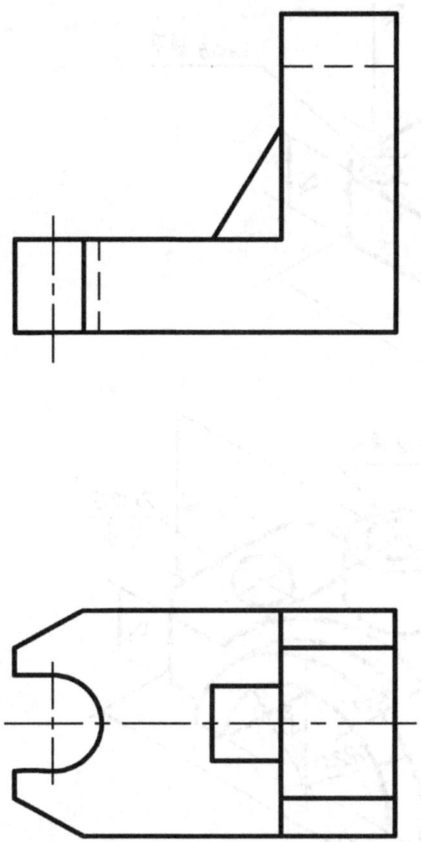

2.

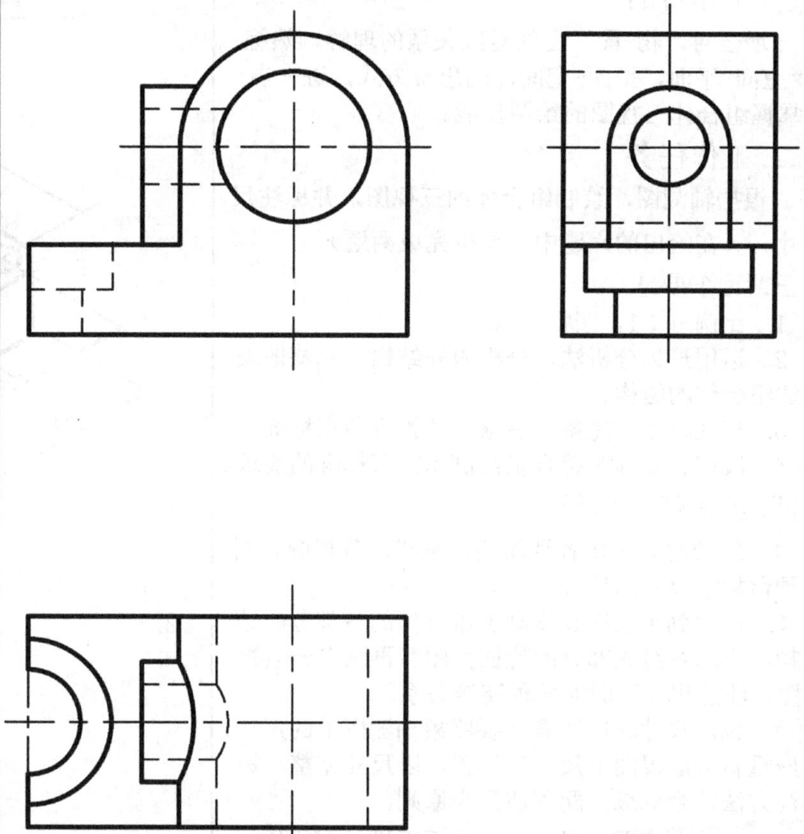

2-37. 根据轴测图绘制组合体的三视图,并标注尺寸(1)

作业指导书 3

一. 工作目的

增强对“物-图”之间对应关系的理解,熟练“空间-平面,平面-空间”的思维方式,进一步掌握组合体三视图的绘图技能。

二. 工作任务

根据轴测图,绘制组合体的三视图,并标注尺寸。(在给出的六题中,至少完成两题)

三. 工作要求

1. 比例 1:1,图幅 A3。
2. 运用形体分析法,分析内外结构,完整地表达组合体的结构。
3. 标注尺寸要完整、清晰,并符合图家标准。
4. 线型、字体等符合机械制图国家标准的要求。

四. 工作任务指导

1. 绘图时先画出各视图的基准线,各视图之间预留标注尺寸的位置。
2. 由大到小依次逐步画出组合体的各部分的结构,先画各组成部分的特征视图,再画出一般视图。注意相邻表面的各种连接关系。
3. 标注尺寸时应注意不要照搬轴测图上的尺寸,应重新考虑视图上尺寸的配置,以尺寸完整,标注方法符合标准,配置适当为原则。
4. 先绘制底图,经仔细校核后再进行图线加工。

1.

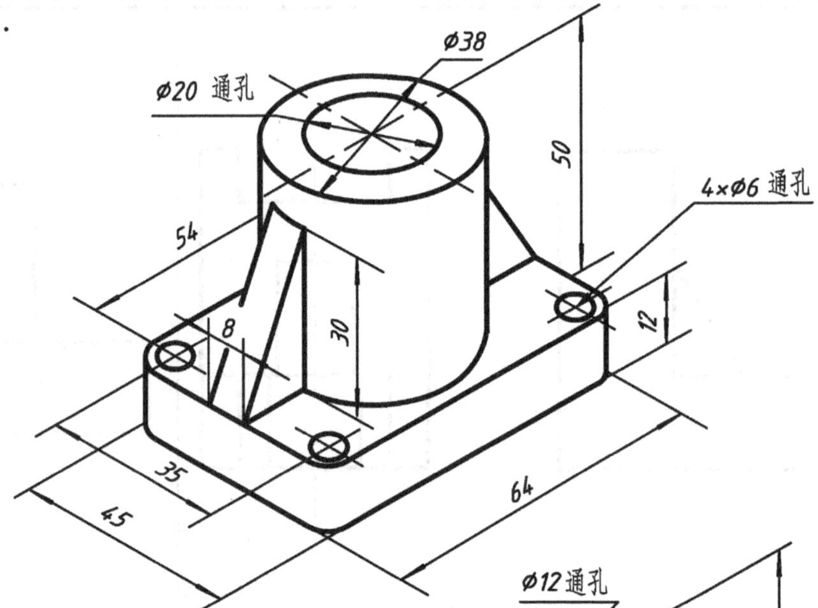

2.

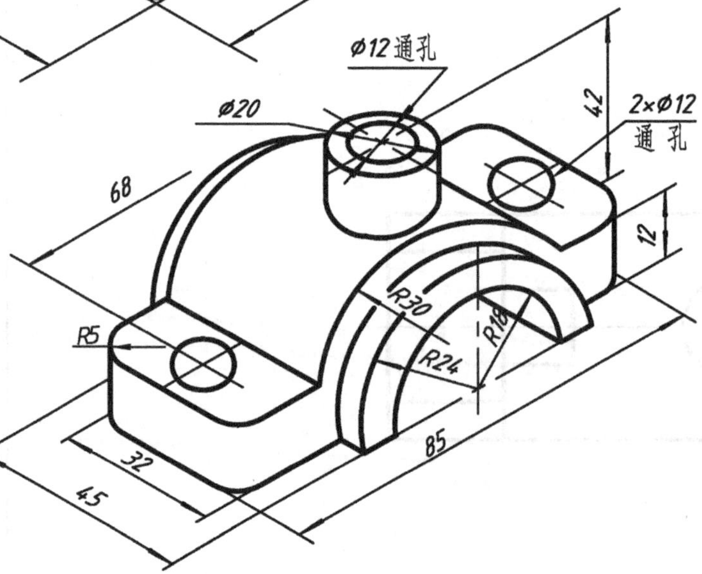

2-38. 根据轴测图绘制组合体的三视图，并标注尺寸（2）

3.

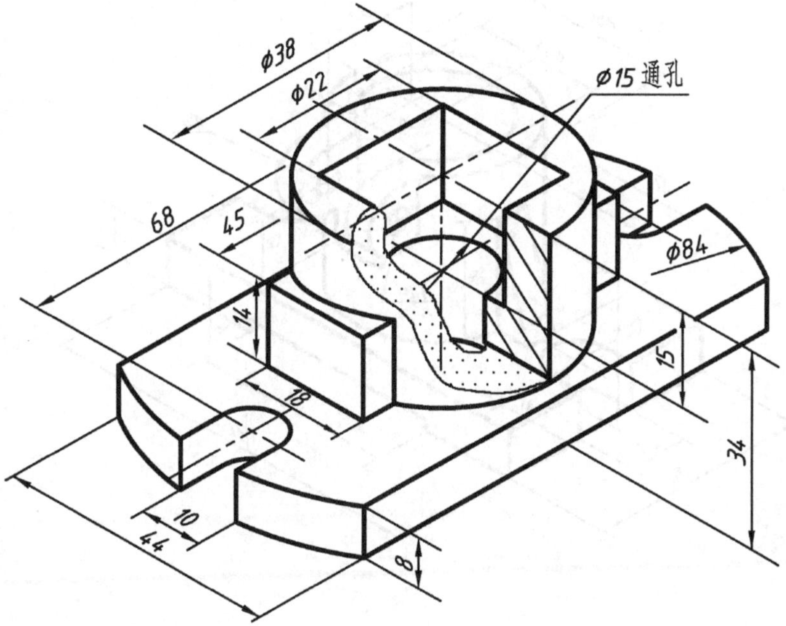

4.

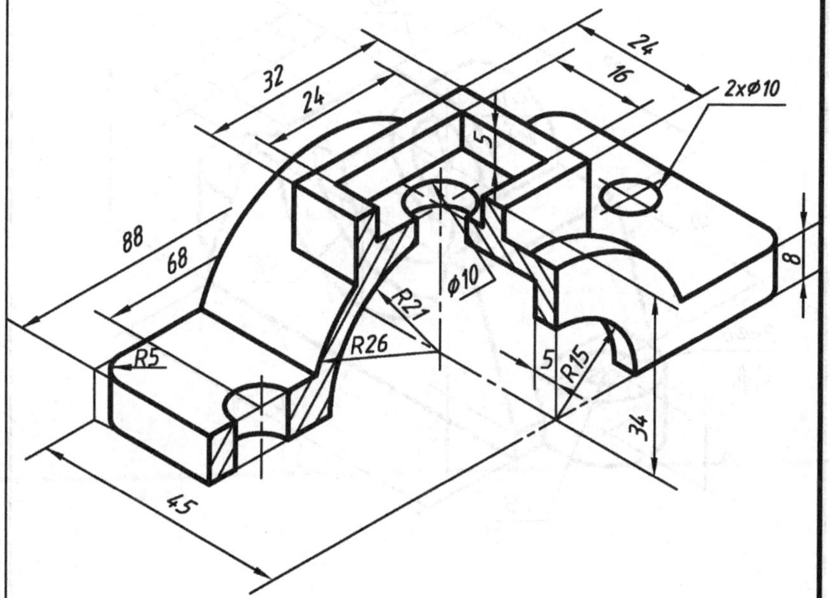

2-39. 根据轴测图绘制组合体的三视图，并标注尺寸（3）

5.

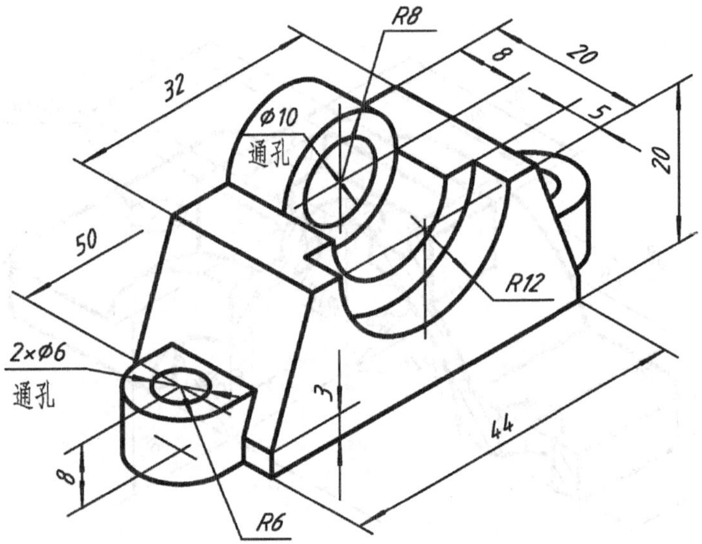

6.

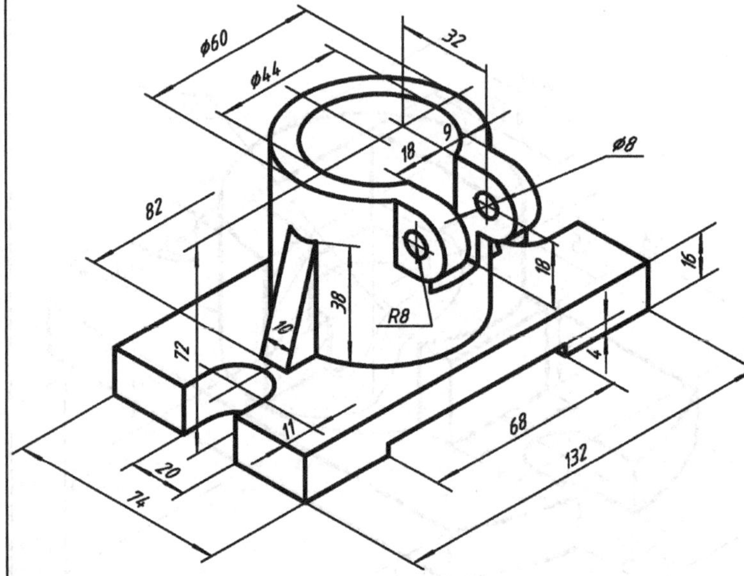

班级　　　　　　姓名　　　　　　学号

2-40. 组合体读图(1):补画组合体的第三视图

1.

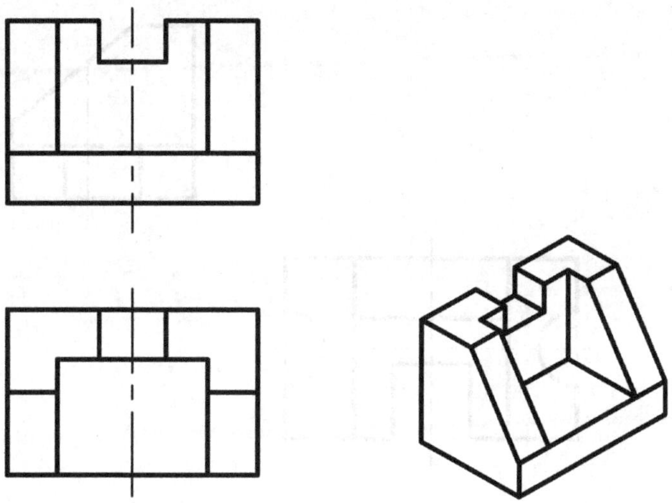

2.

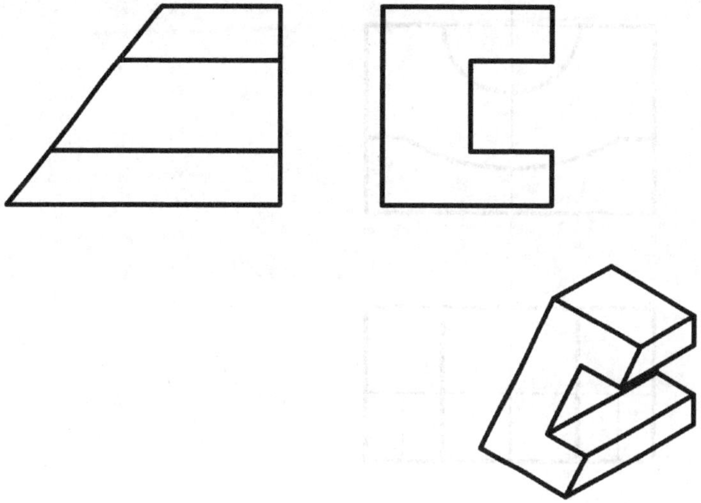

3.

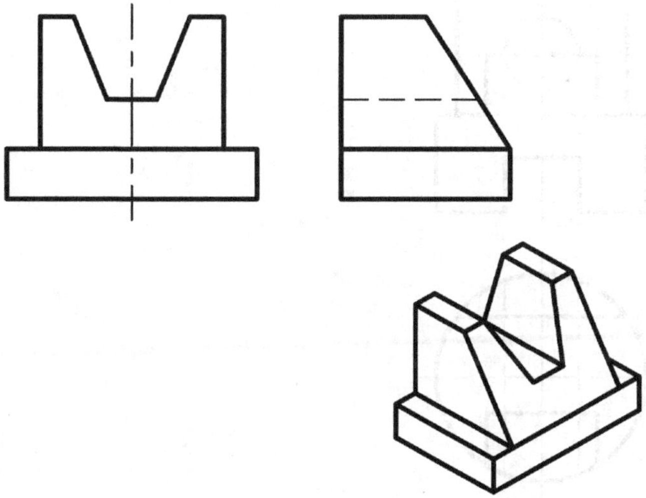

4.

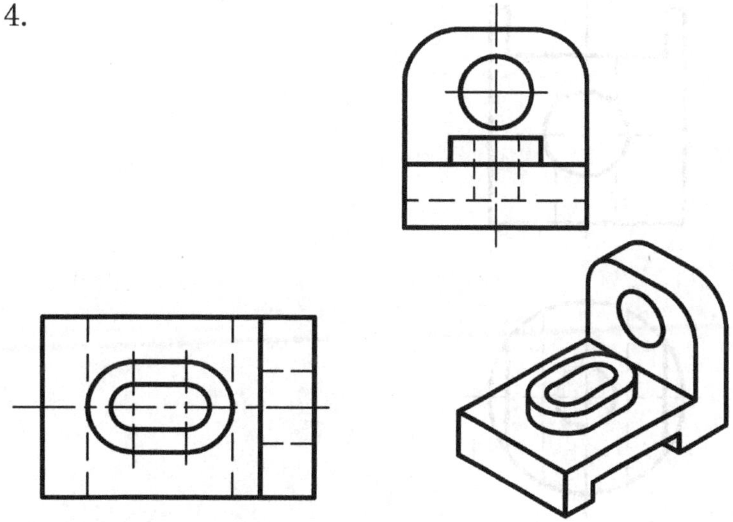

班级　　　　　　姓名　　　　　　学号

2-41. 组合体读图(2)：读组合体视图，补画第三视图

1.

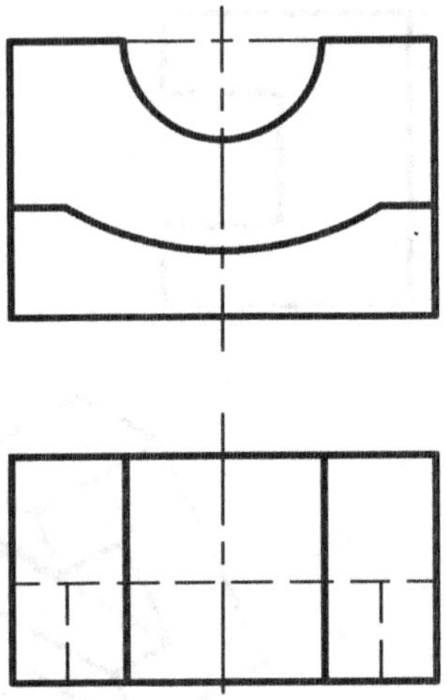

2.

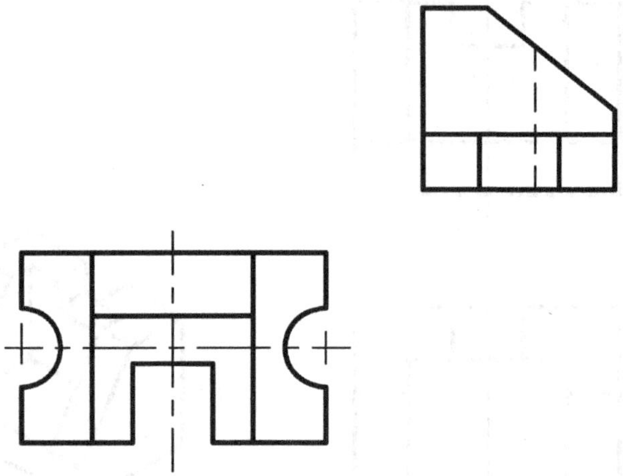

3.

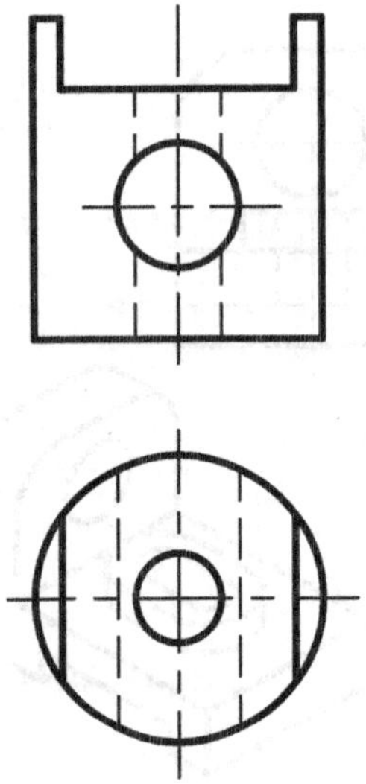

4.

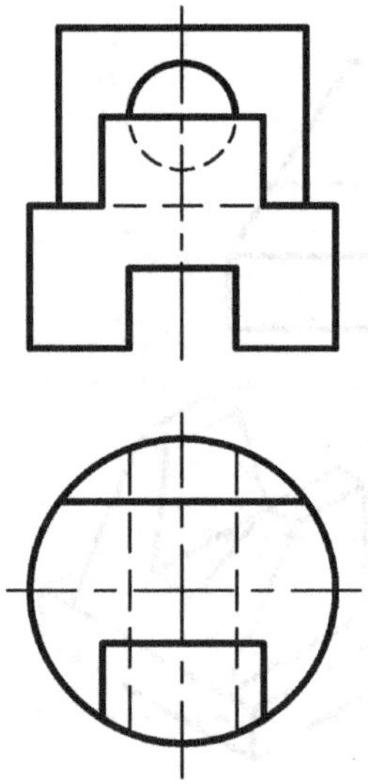

班级　　姓名　　学号

2-42. 组合体读图(3)：读组合体视图，补画第三视图

1.

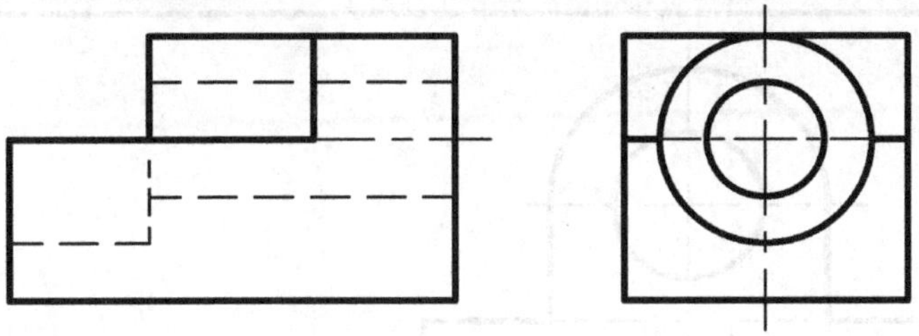

2.

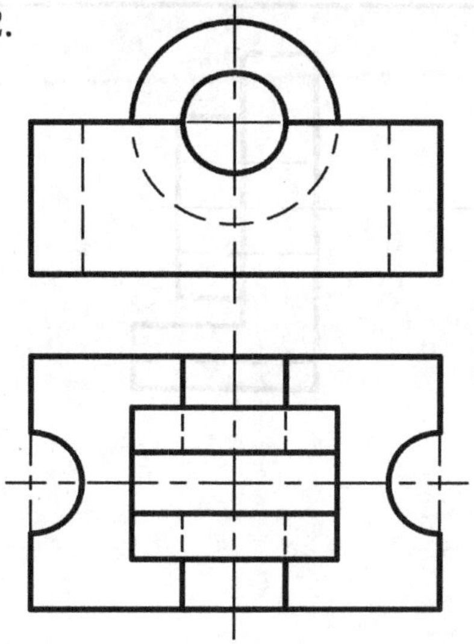

3.

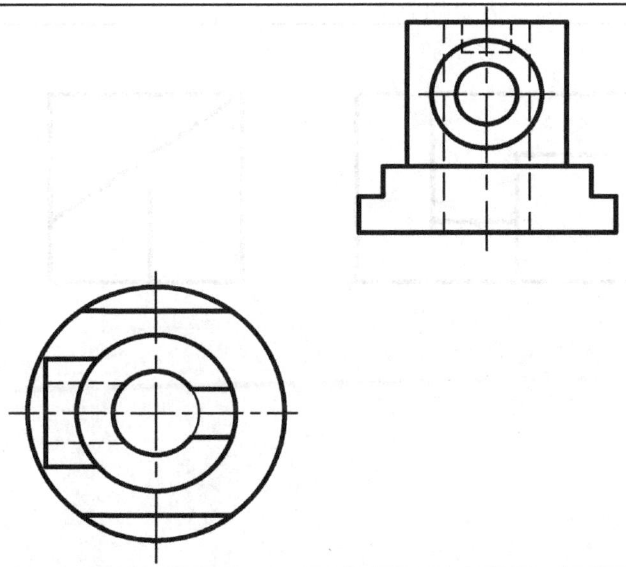

4.

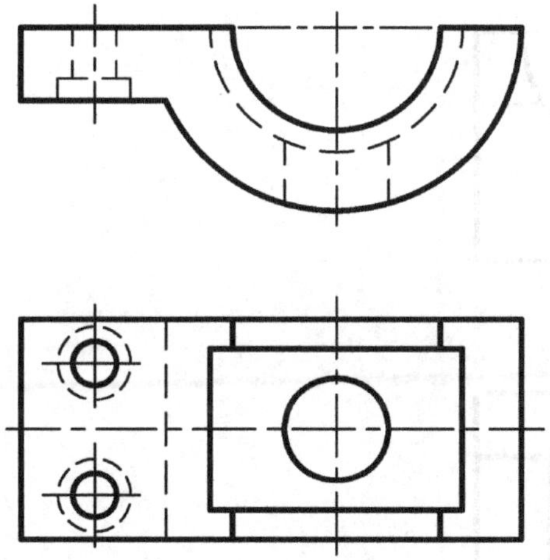

班级　　　　姓名　　　　学号

2-43. 组合体读图（ 4 ）： 读组合体视图, 补画第三视图

1.

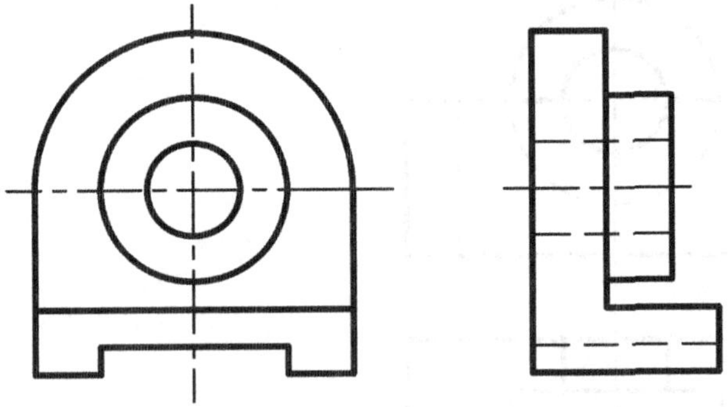

2.

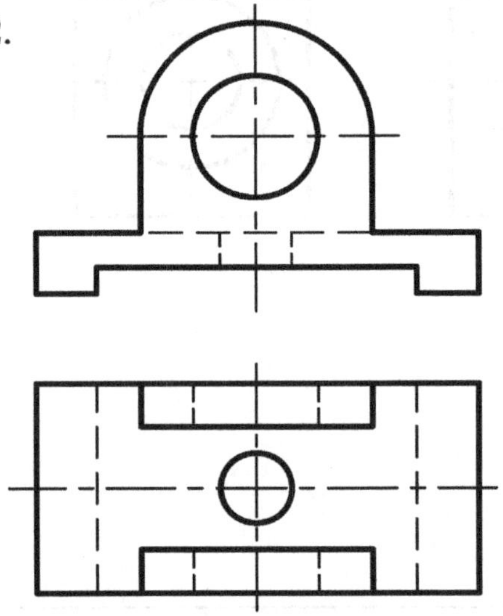

3.

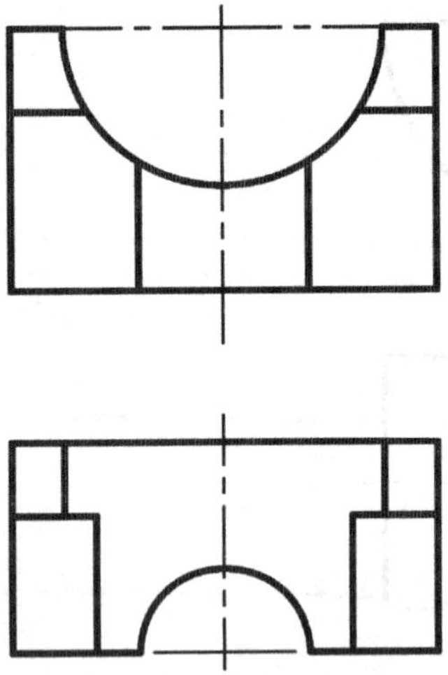

4.

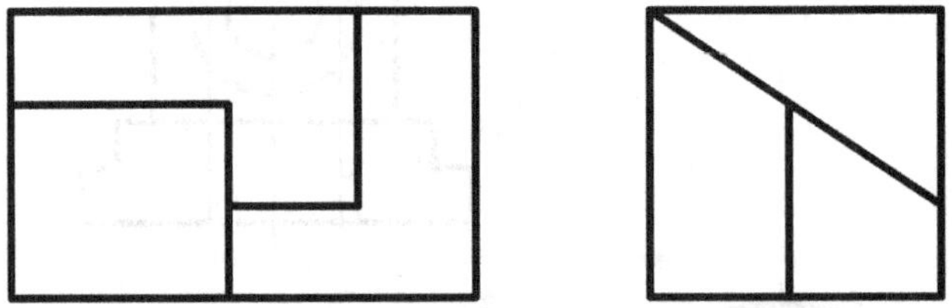

班级　　　　姓名　　　　学号

2-44. 组合体读图（5）：补画左视图

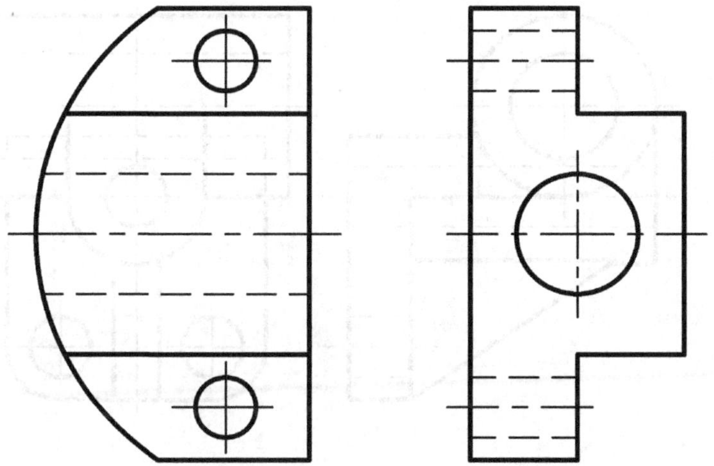

1.

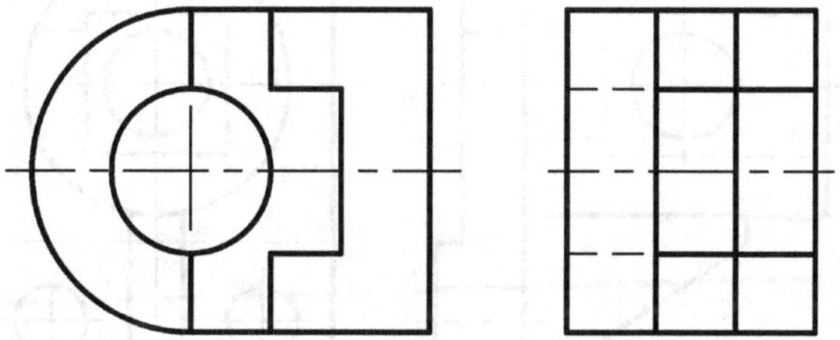

2.

2-45.组合体读图（6）：补画左视图

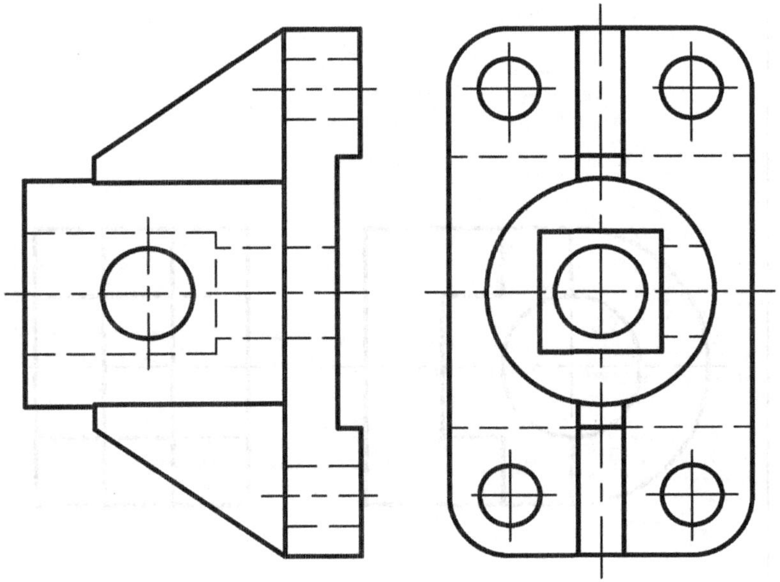

1.

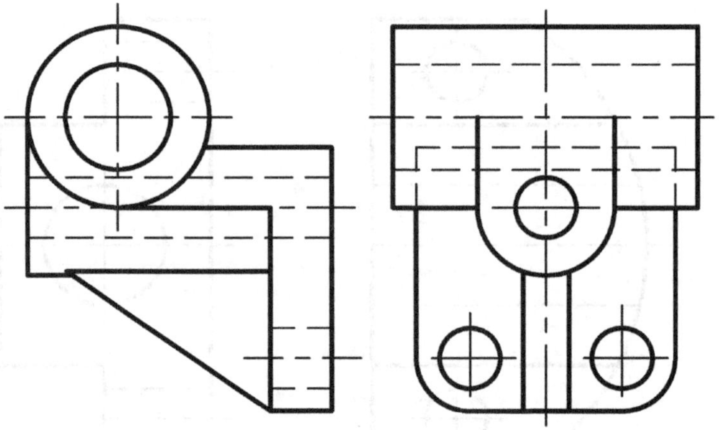

2.

班级　　　　姓名　　　　学号

2-46. 组合体读图（ 7 ）：补画组合体的第三视图

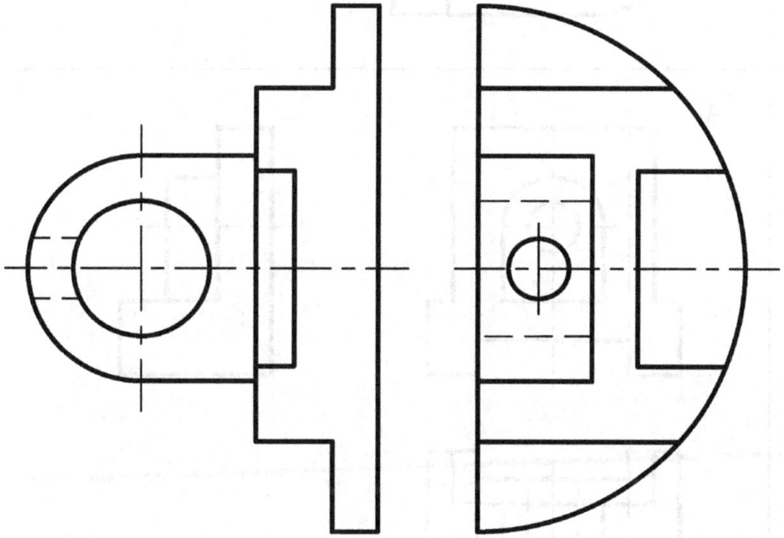

1.

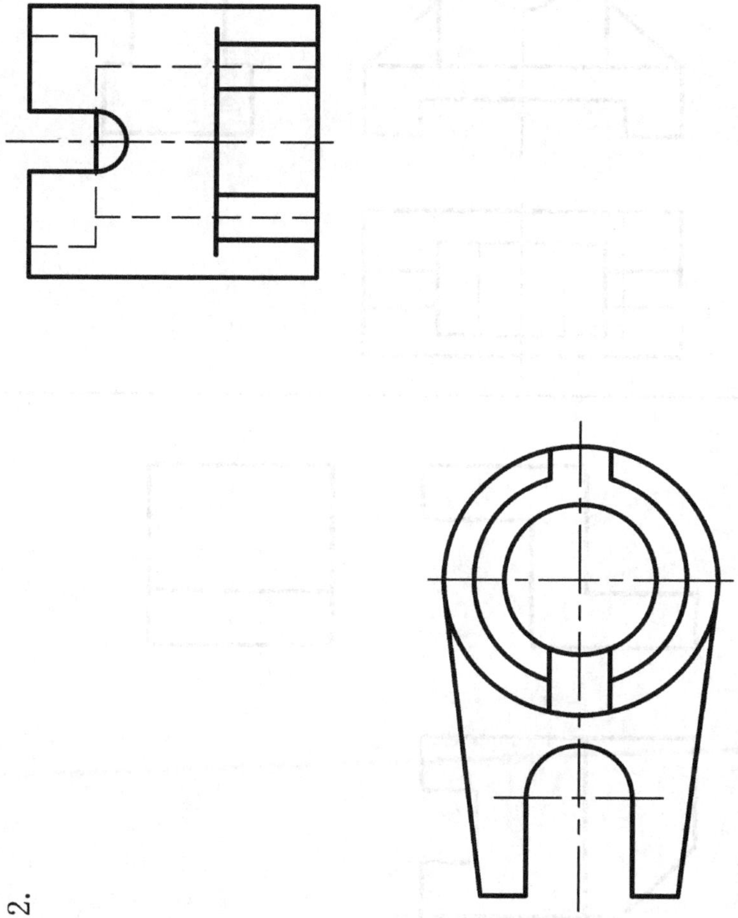

2.

2-47. 组合体读图（8）：补画组合体三视图中的漏线

1.

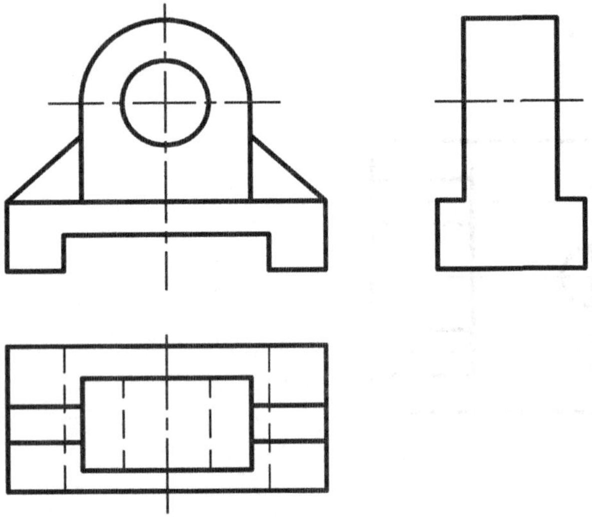

2.

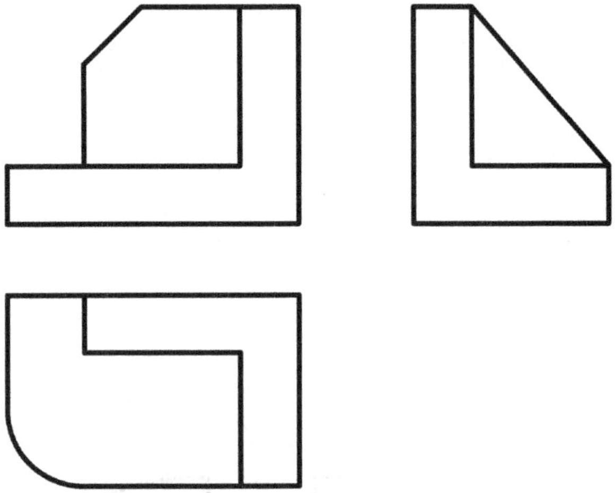

3.

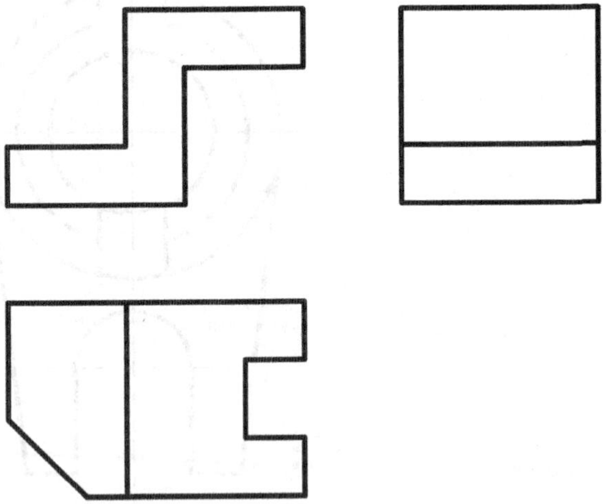

4.

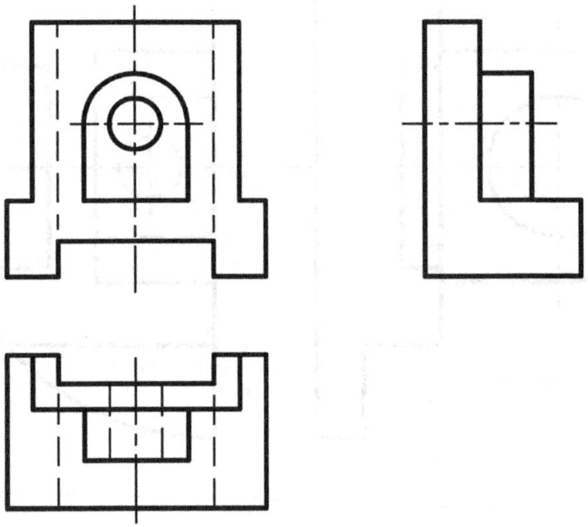

2-48.组合体读图(9)：补画组合体三视图中的漏线

1.

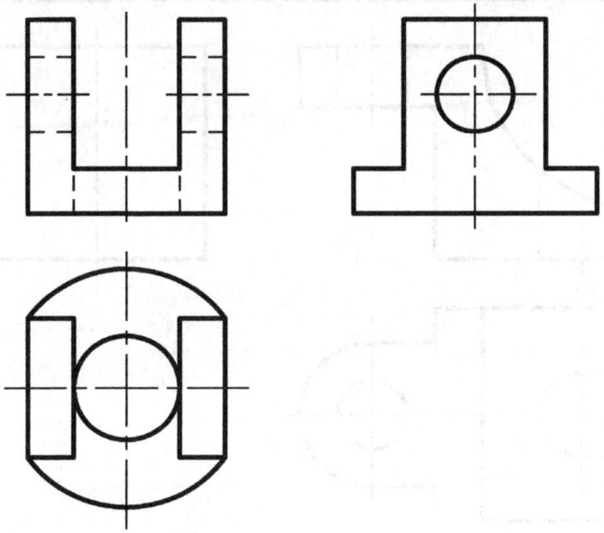

2.

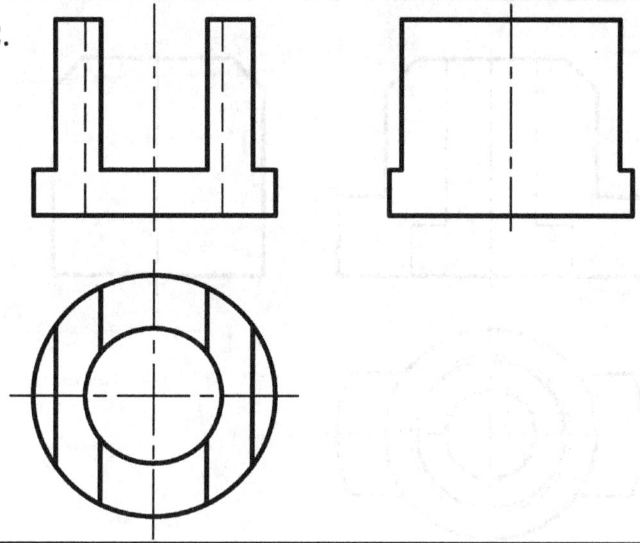

3.

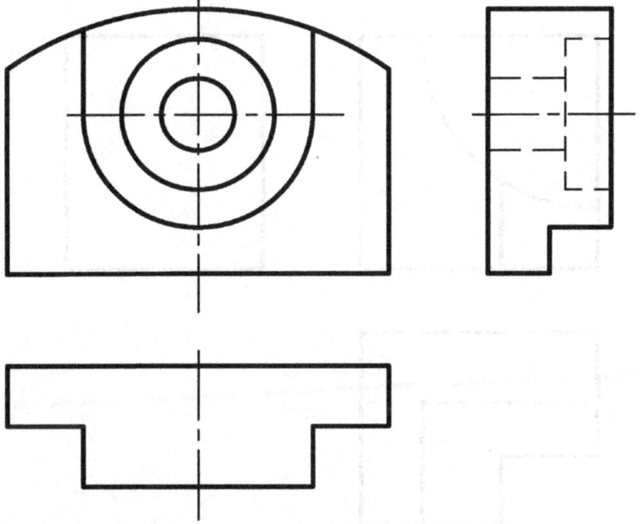

4.

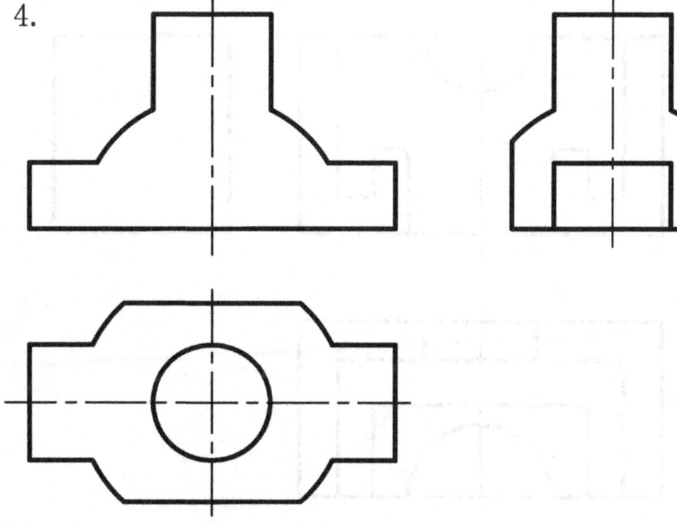

2-49. 组合体读图(10)：补画三视图中的漏线

1.

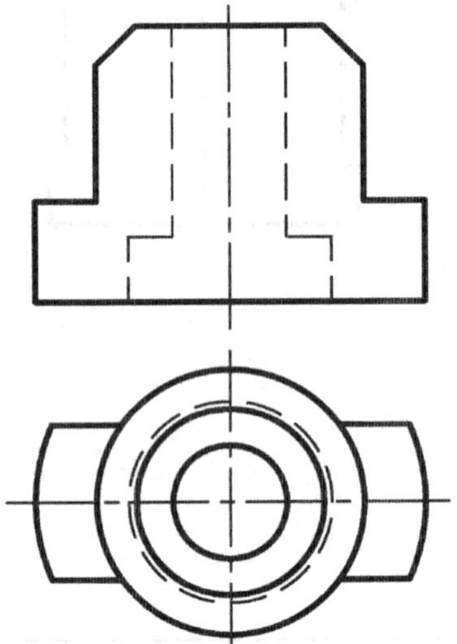

2.

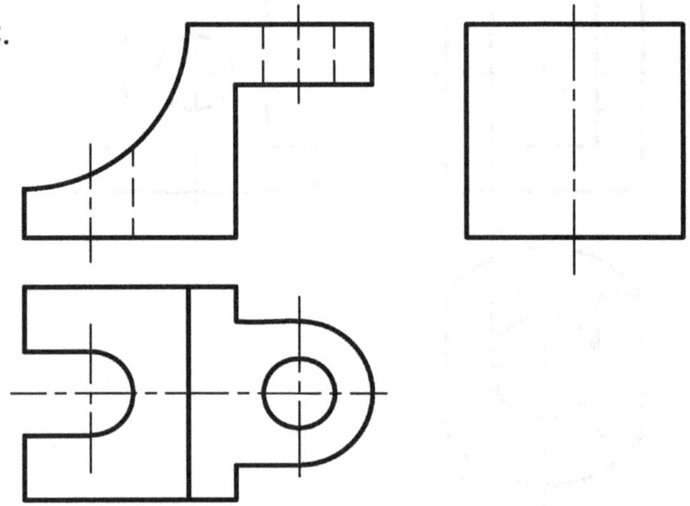

3.

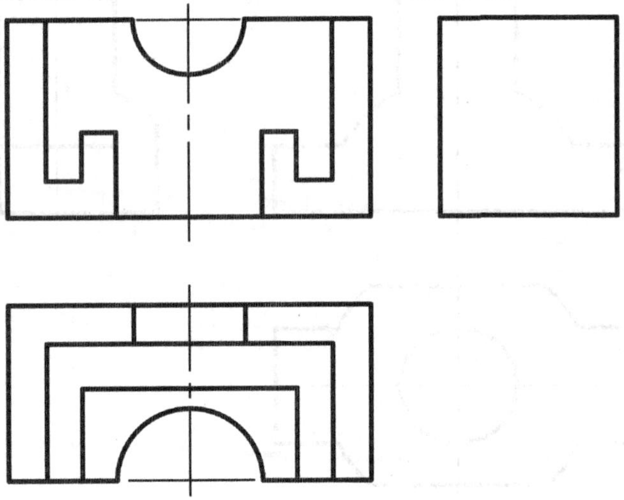

4.

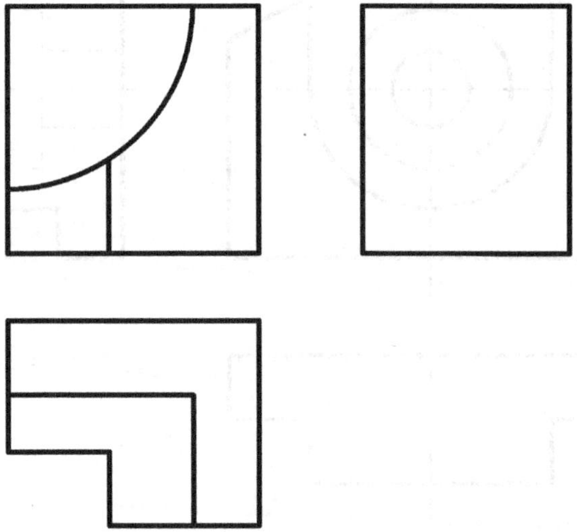

班级 姓名 学号

2-50. 组合体读图(11)：补画三视图中的漏线

1.

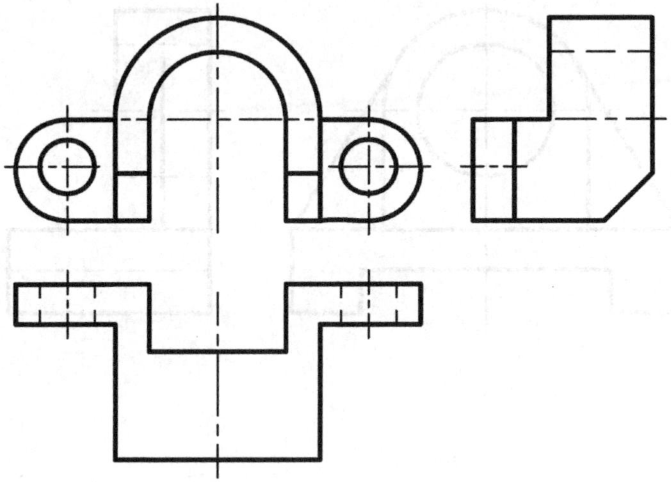

2.

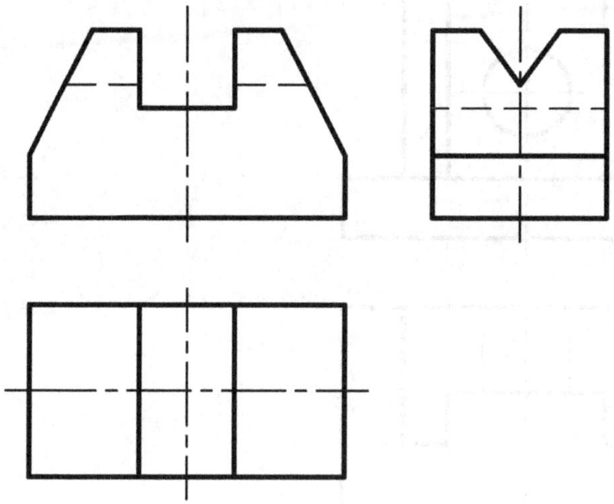

3.

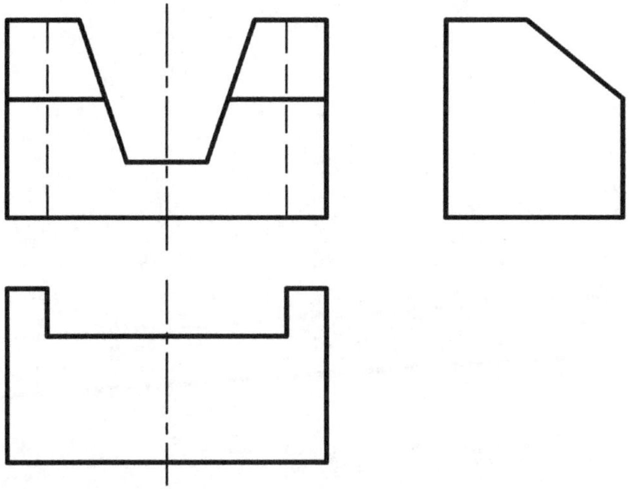

4.

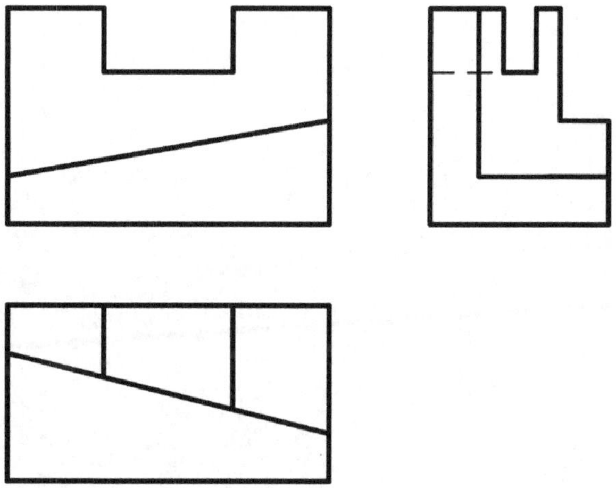

2-51. 根据组合体的视图绘制正等测轴测图（1）

1.

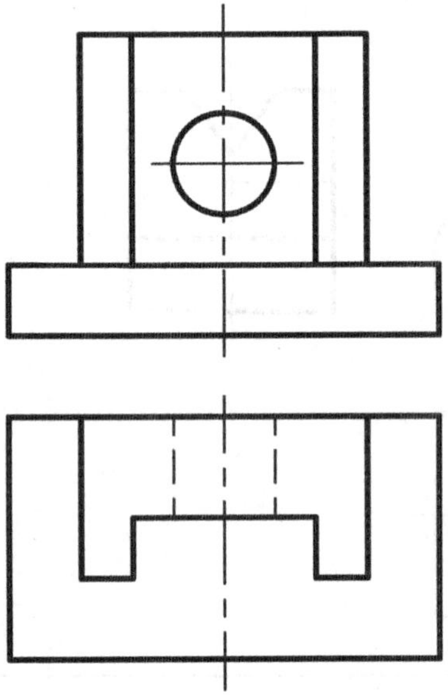

2.

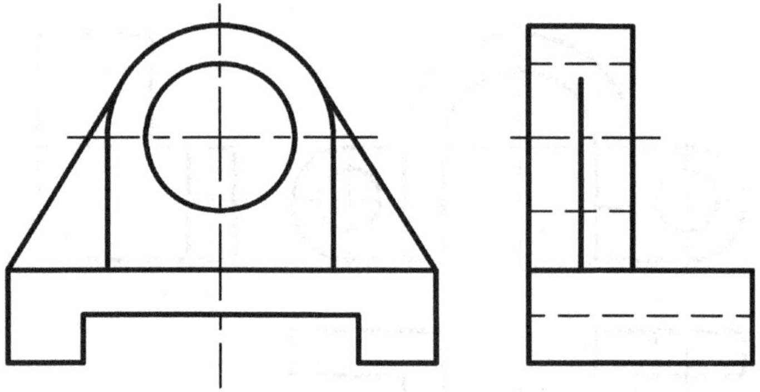

班级　　姓名　　学号

2-52. 根据组合体的视图绘制正等测轴测图（2）

1.

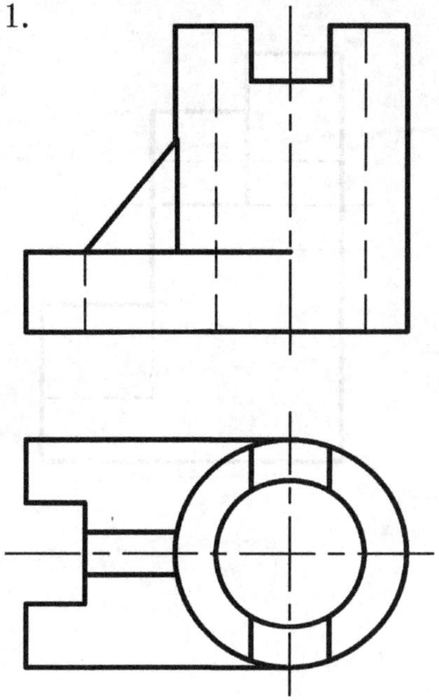

2.

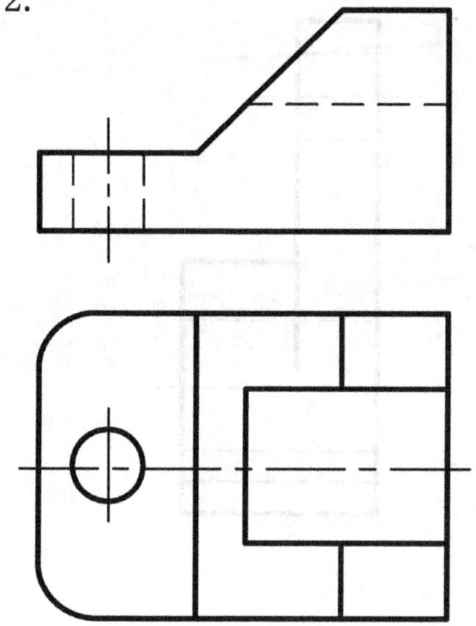

2-53. 绘制组合体的斜二测轴测图

1.

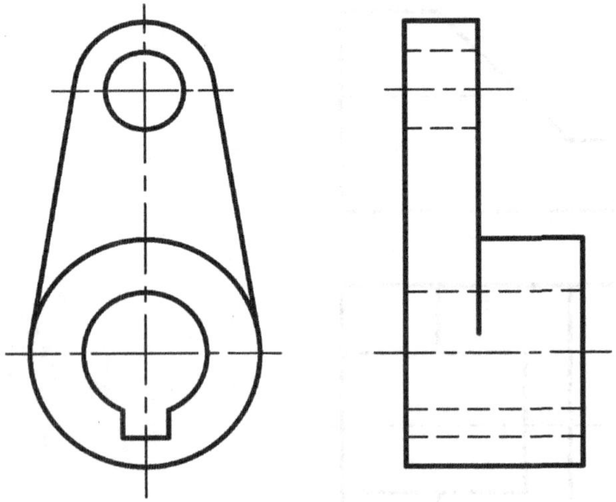

2.

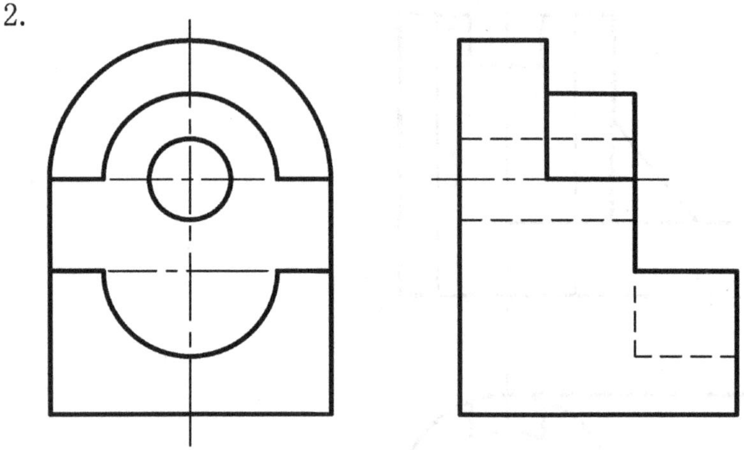

班级 姓名 学号

2-54. 分析视图上线框及线条的含义，补画左视图

1.

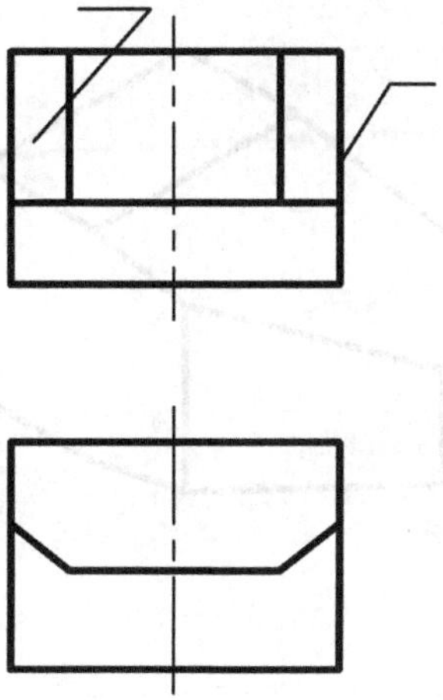

2.

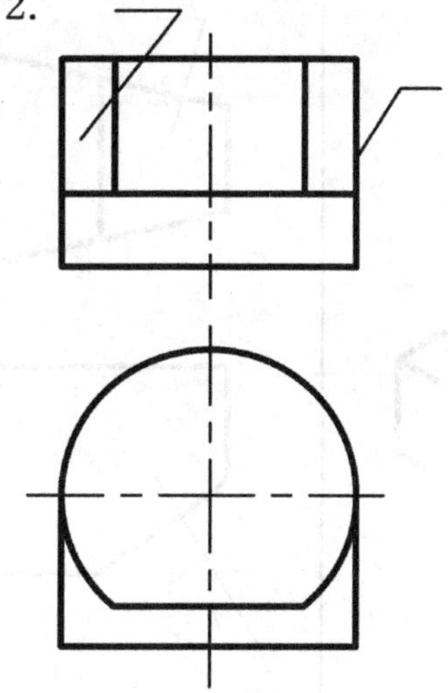

3.

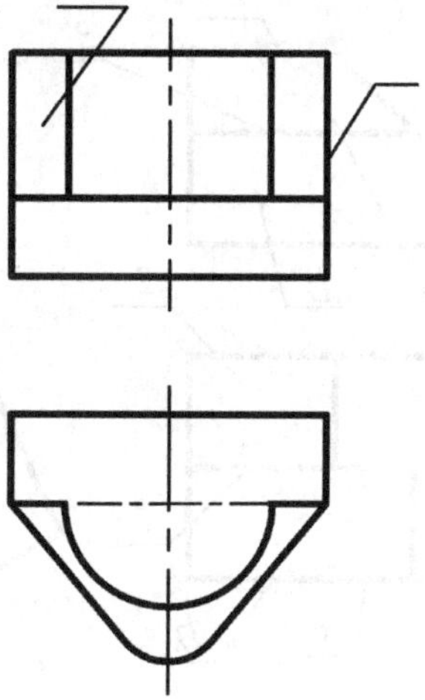

4.

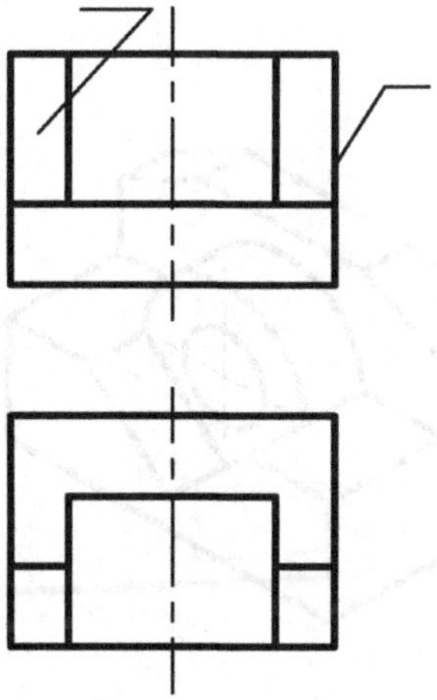

5.

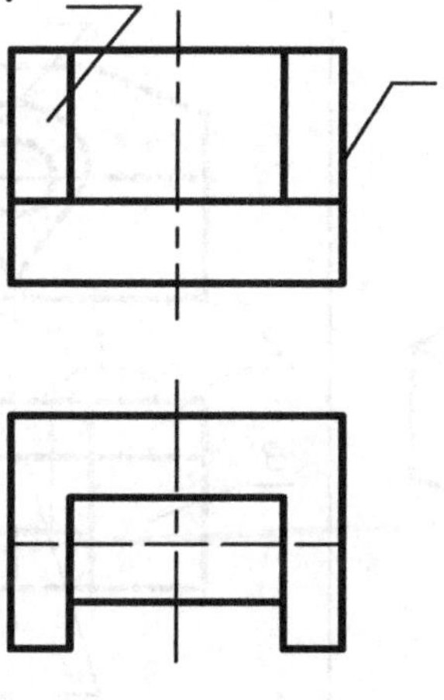

6.

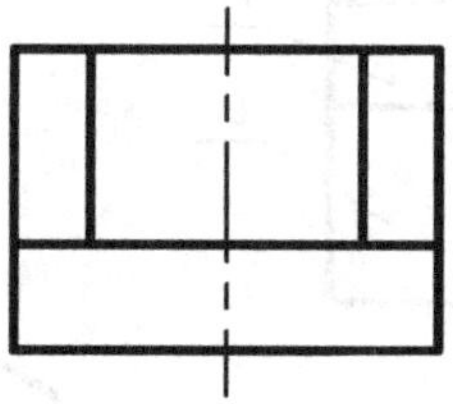

要求：

根据主视图构思出与前五题不同的立体，画出其俯、左视图。

2-55.如第1题所示，在视图中找出各线框在另一视图上的对应投影及在轴测图上的位置，并加以标注

1.

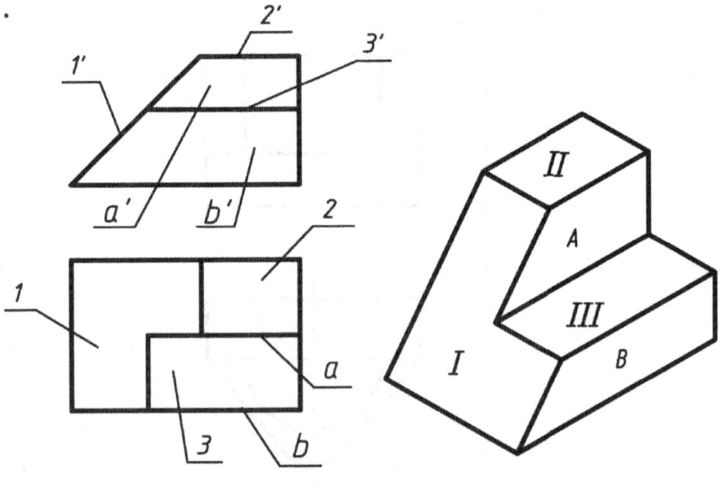

2.

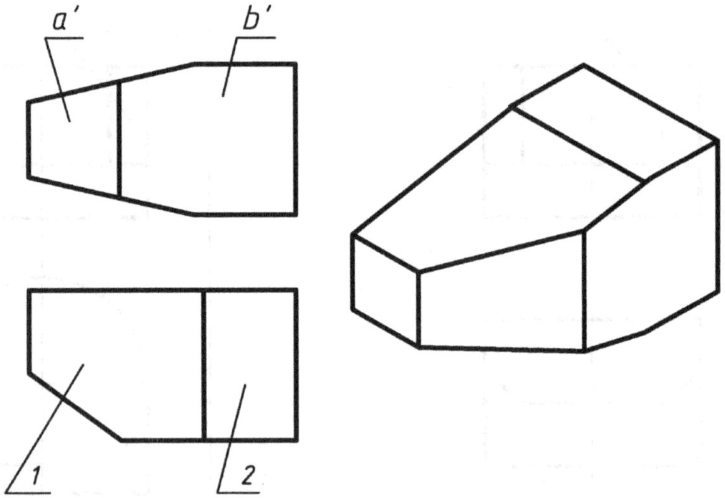

3.

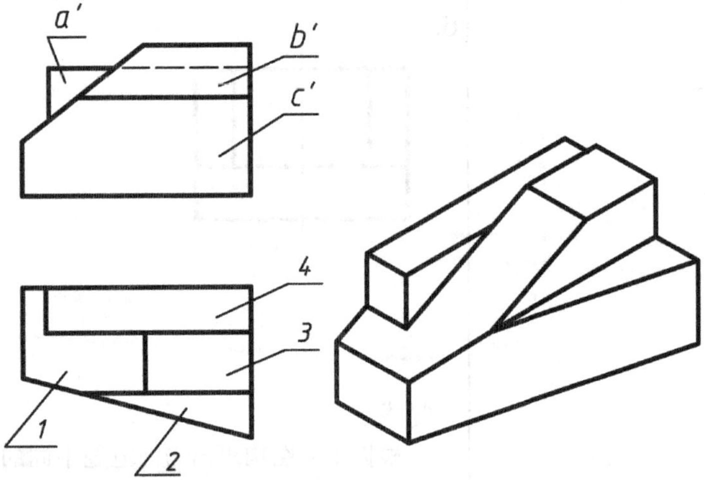

4.

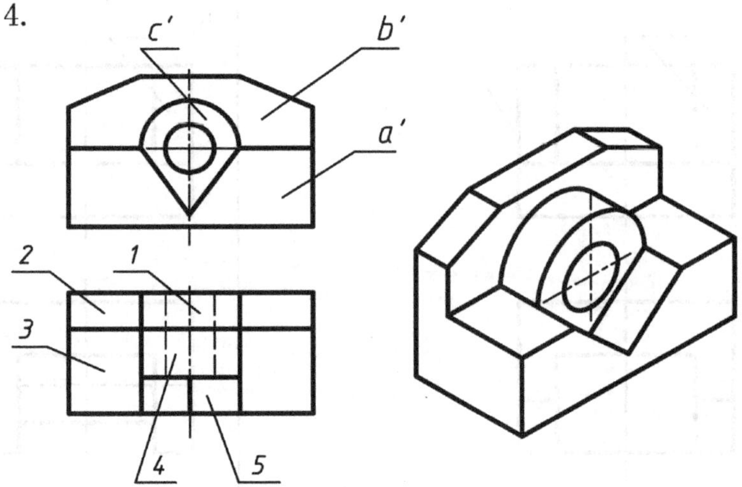

 班级 姓名 学号

2-56. 根据已知的主视图或俯视图构思出不同形状的组合体，并画出其他两个视图

1.

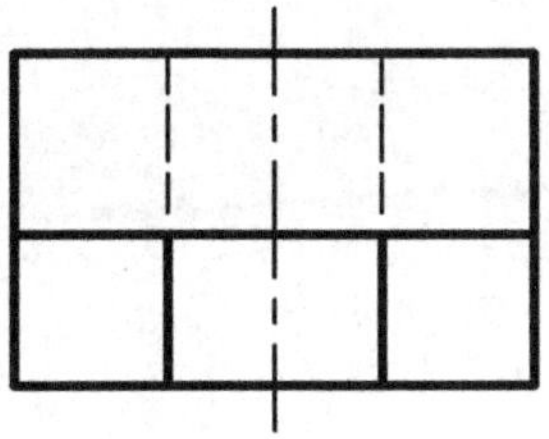

2.

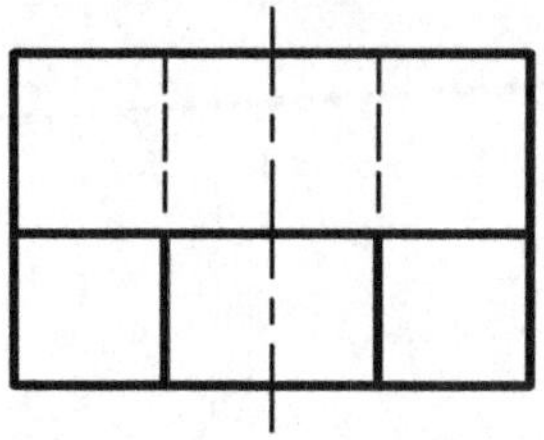

3.

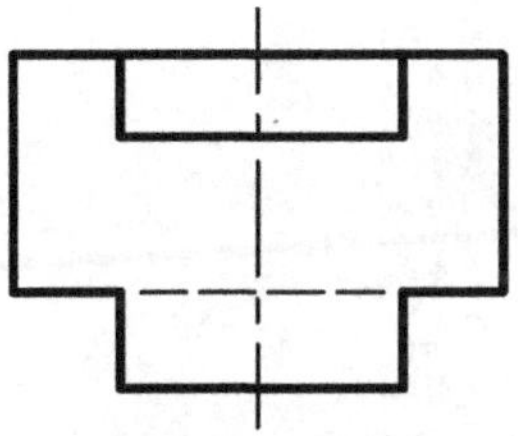

4.

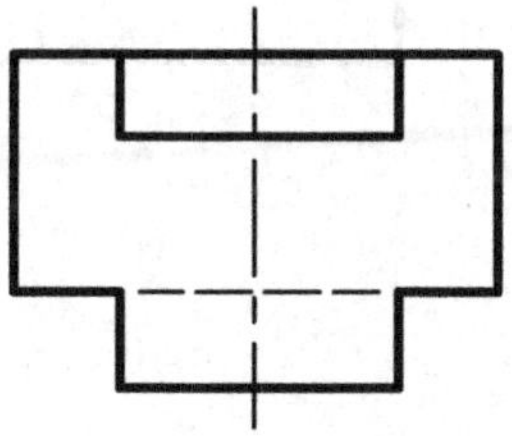

2-57.根据机件的主、俯、左三视图，补画右、后、仰视图

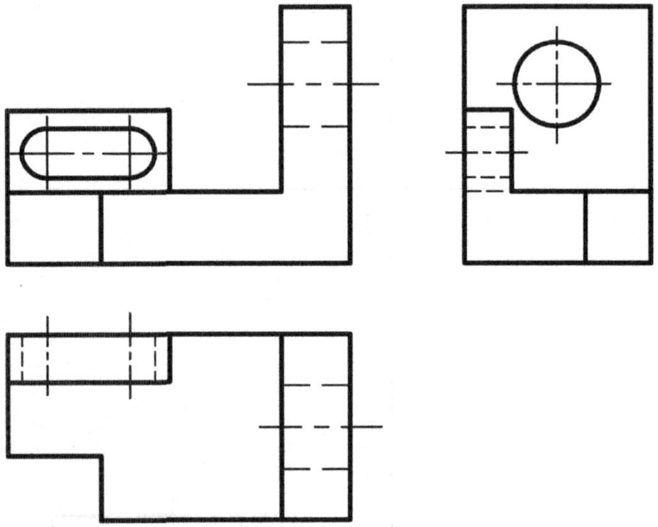

 班级 姓名 学号

2-58. 根据机件的主、俯两视图，补画其余四个视图

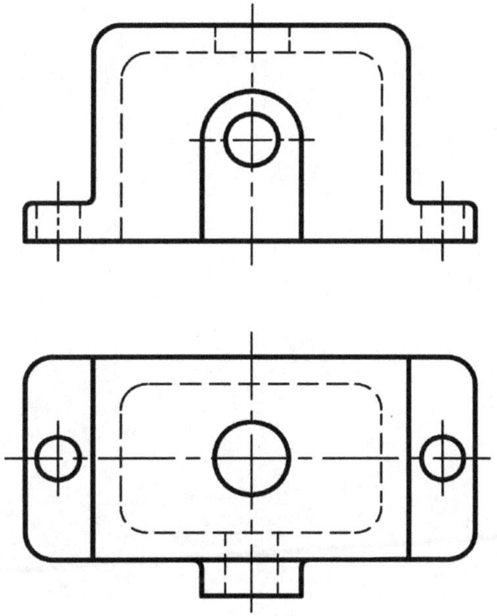

2-59. 根据机件的主、俯两视图及投影方向，画出A向、B向视图

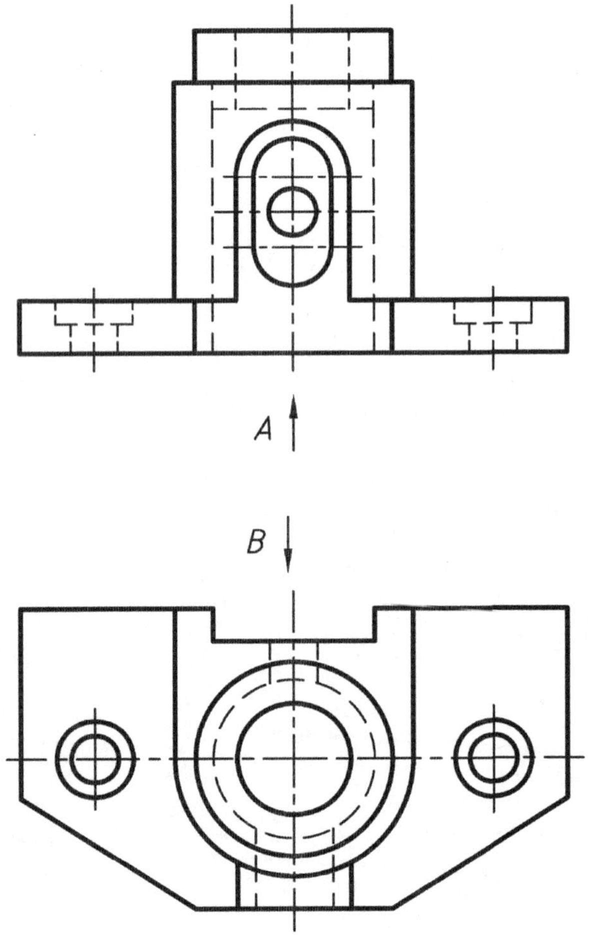

 班级 姓名 学号

2-60. 在指定位置补画机件的仰视图

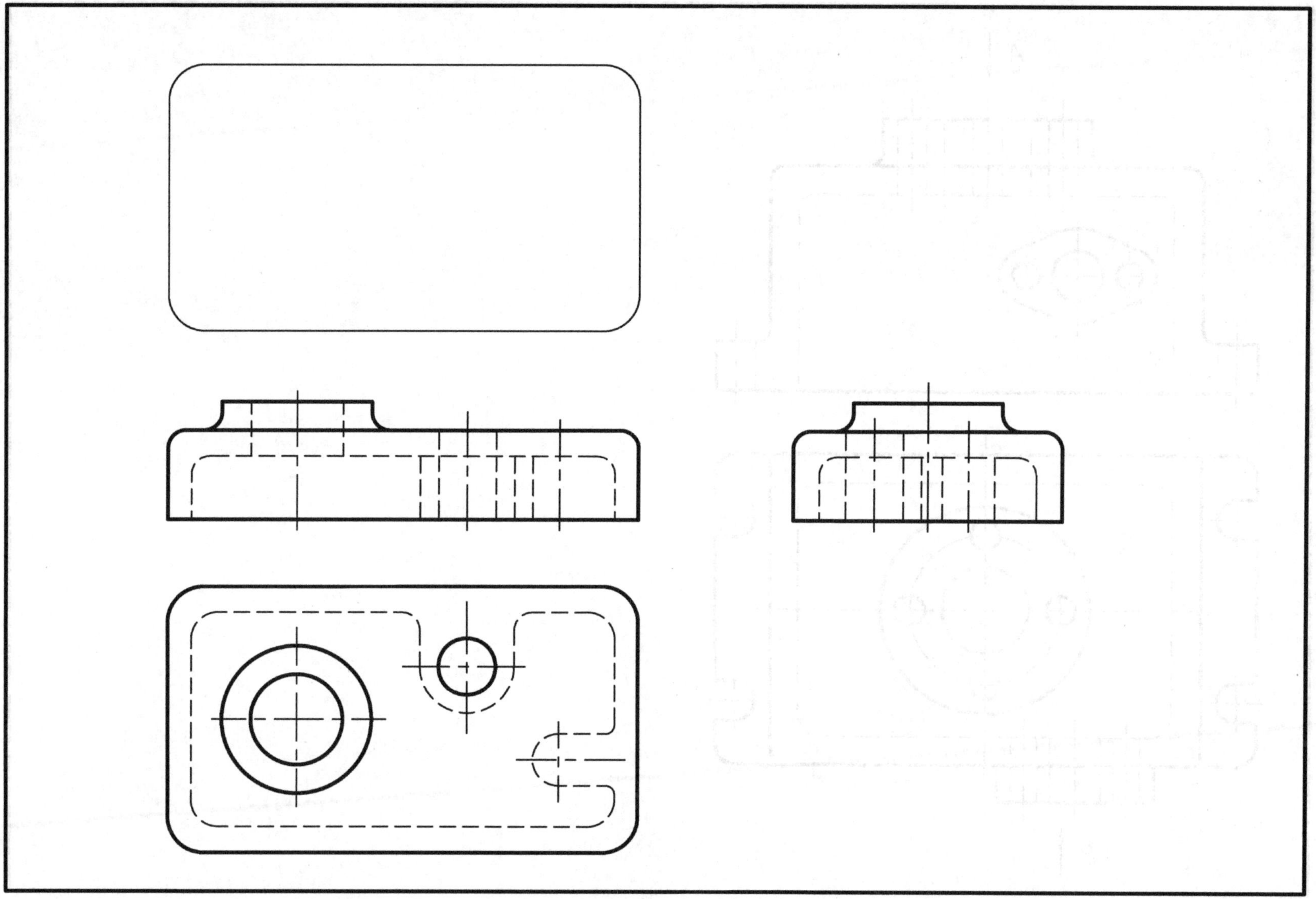

2-61.根据机件的主、俯两视图及投影方向绘制局部视图

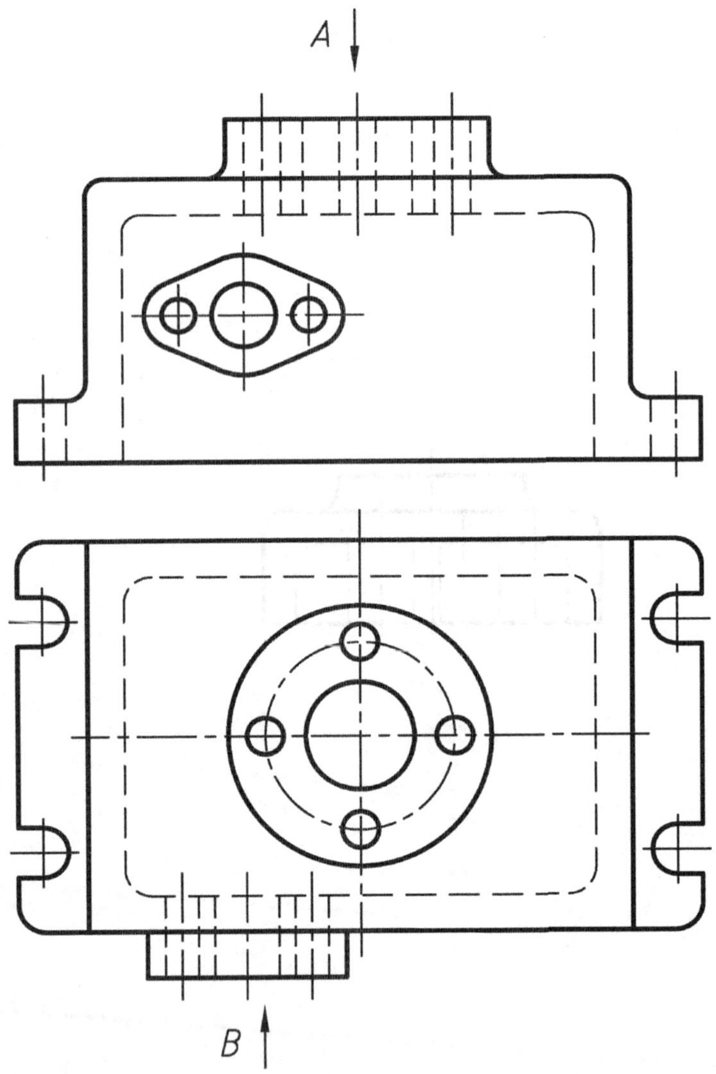

 班级 姓名 学号

2-62. 根据机件的轴测图，绘制其斜视图及局部视图

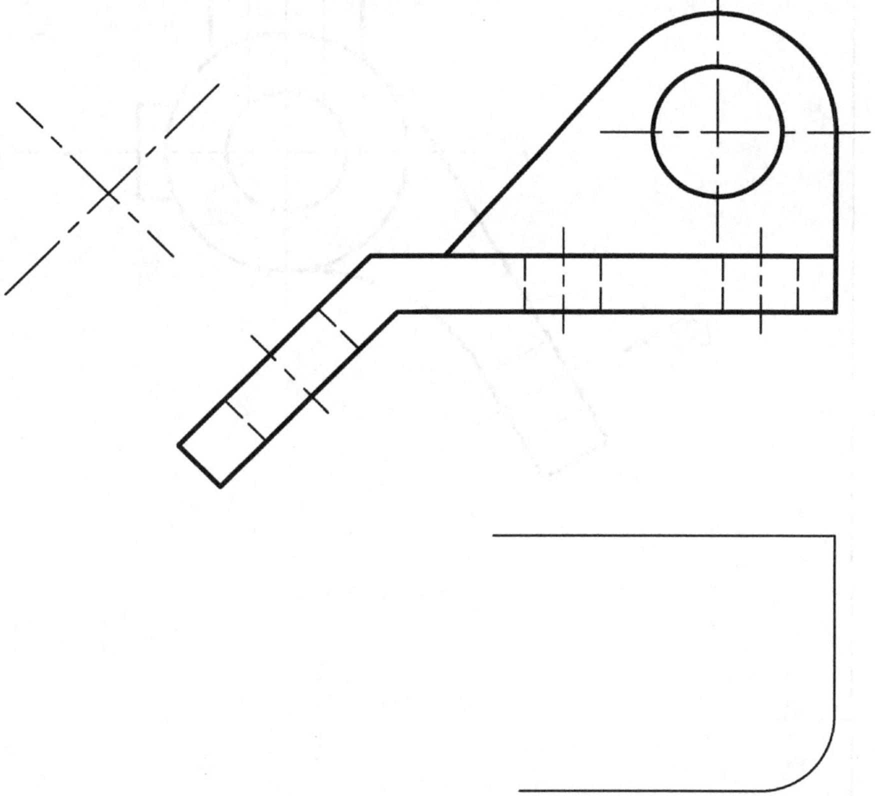

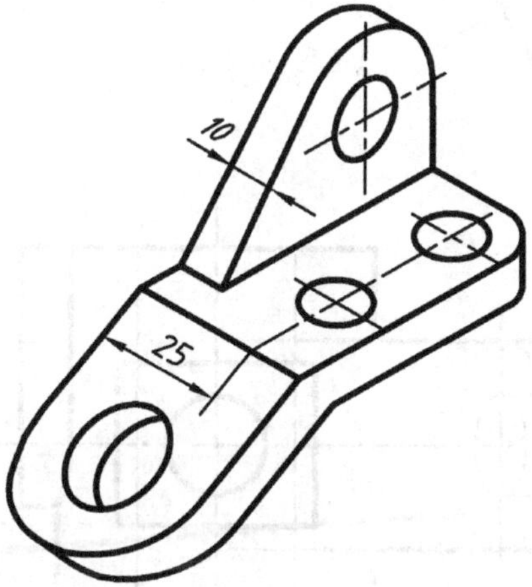

2-63. 绘制机件的斜视图及局部视图

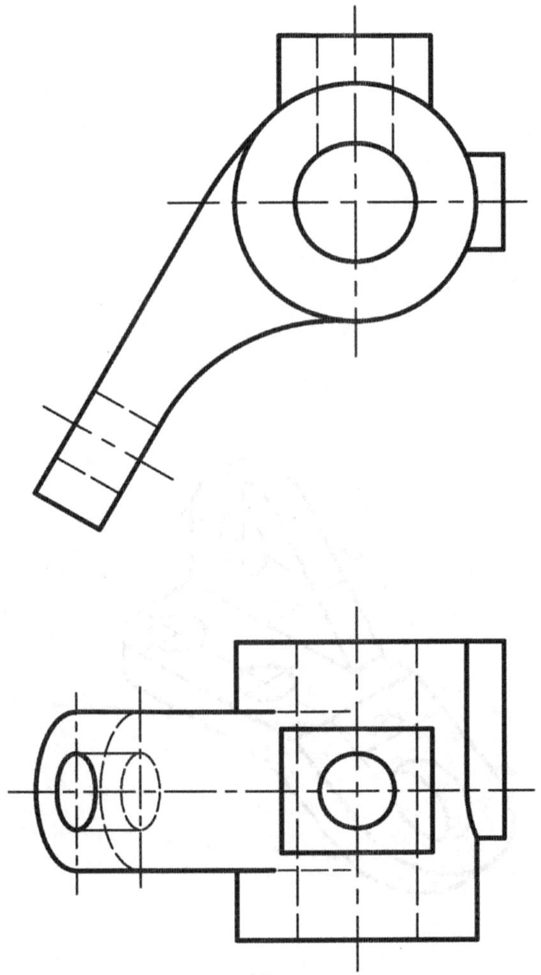

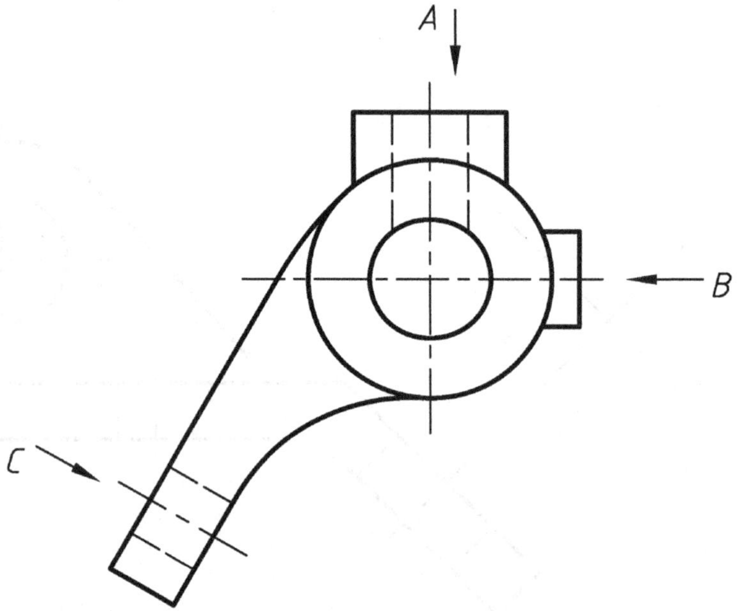

 班级 姓名 学号

2-64. 补画下列全剖视图中的漏线

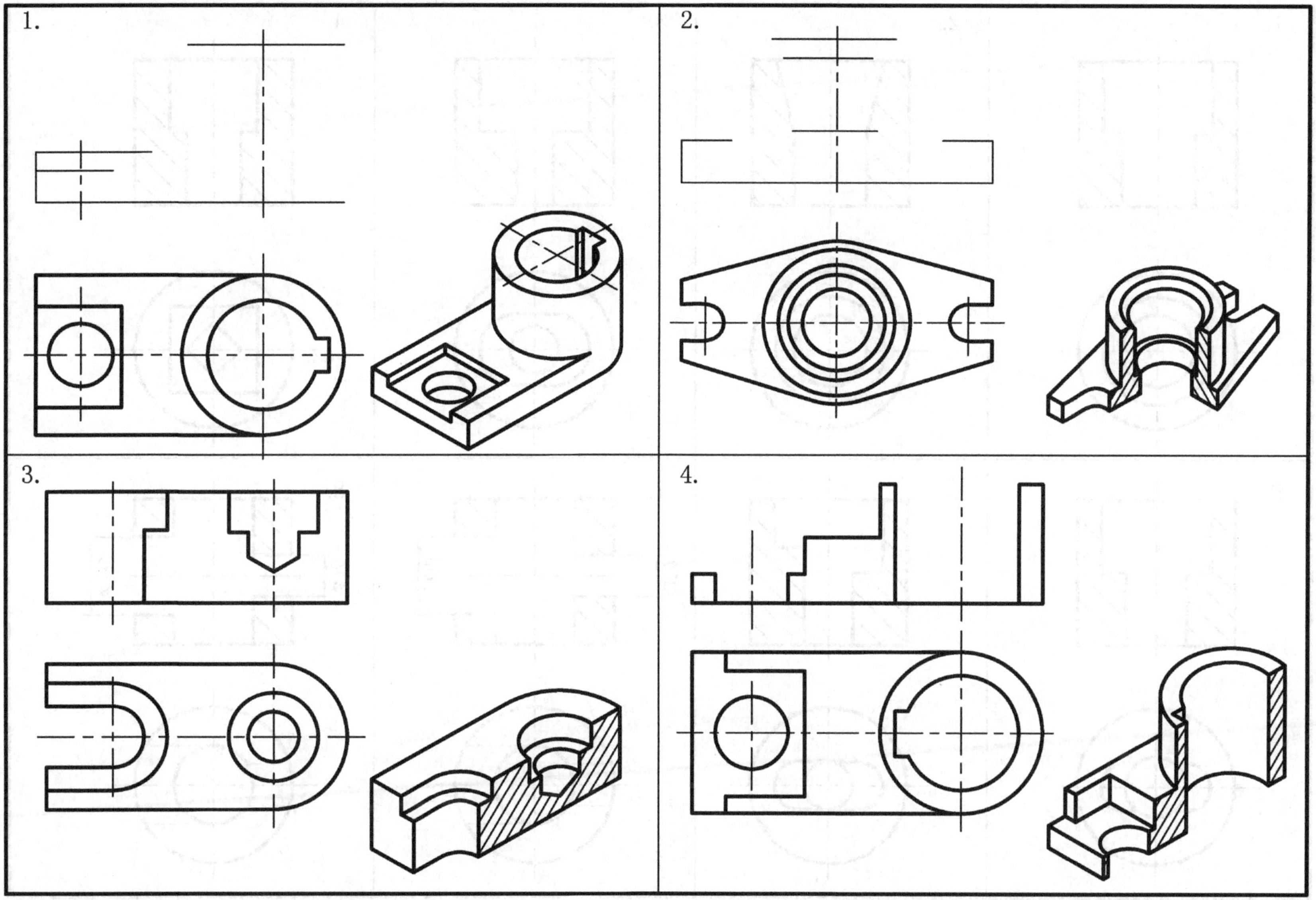

班级　　　　姓名　　　　学号

2-65. 补全下列剖视图中所缺的图线

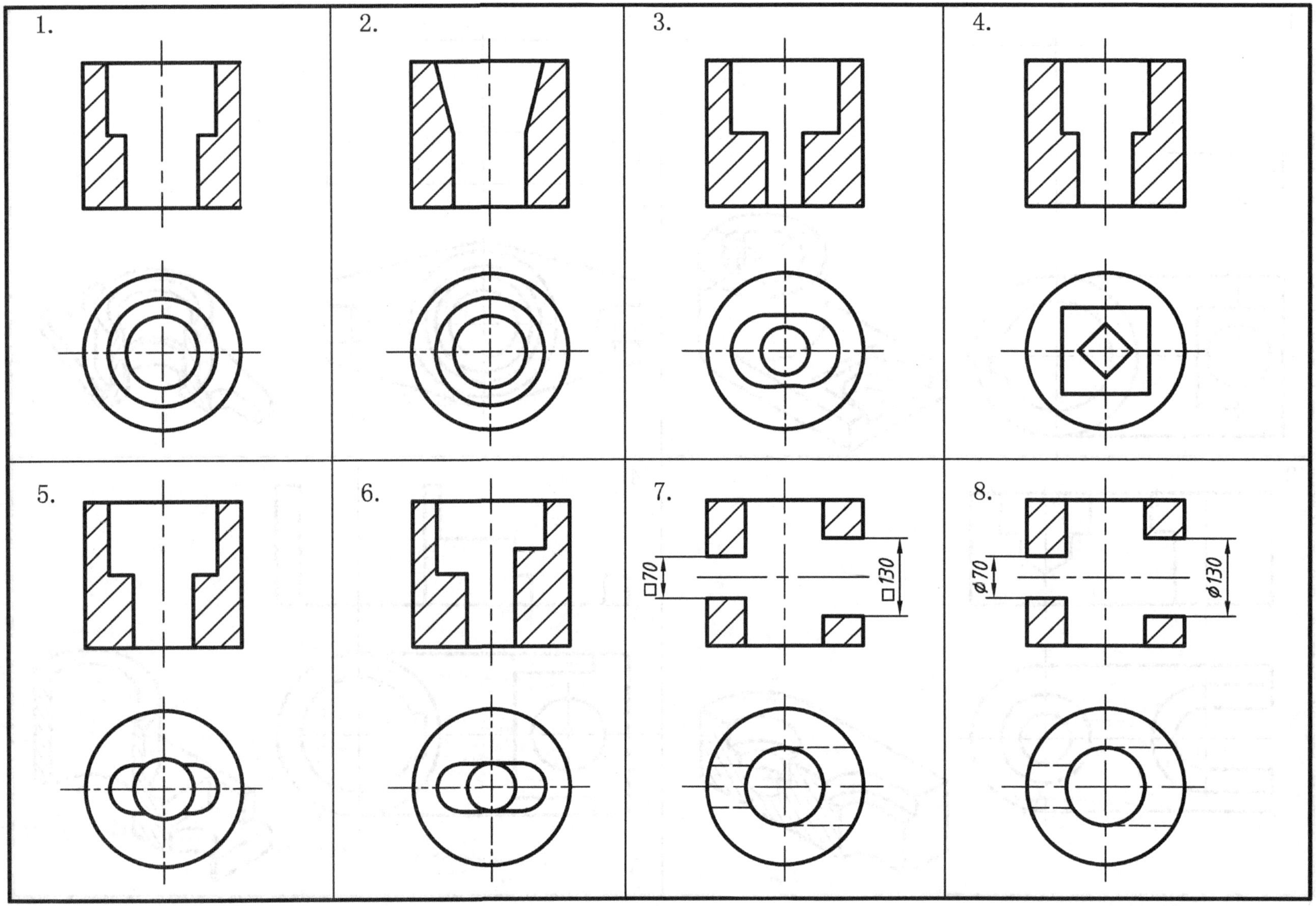

班级 姓名 学号

2-66. 根据机件的两主视图，读懂形体结构，求作全剖的主视图及*A*-*A*剖视图

1.

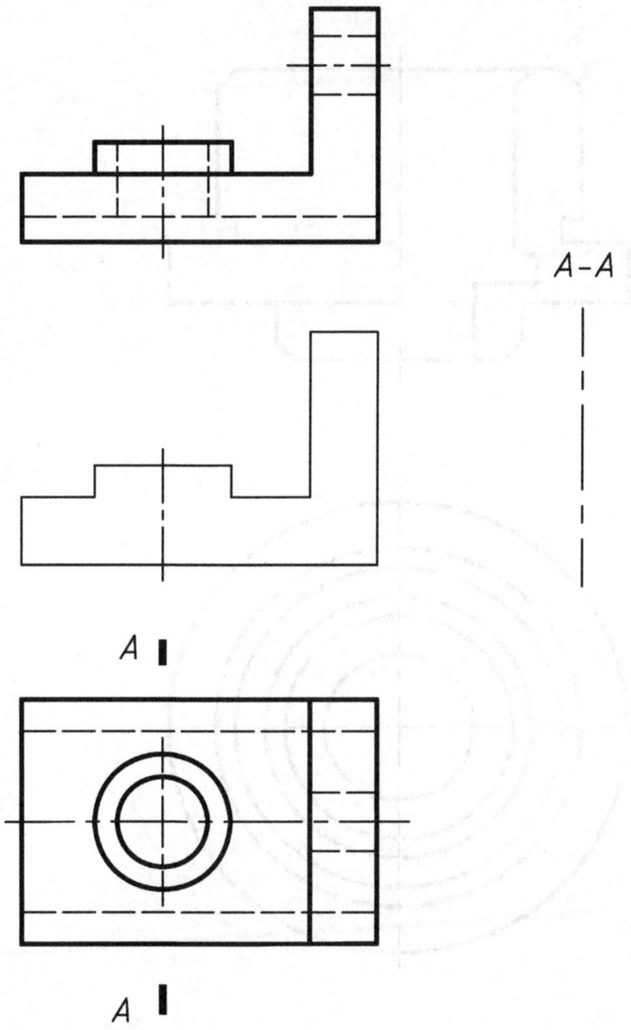

2.

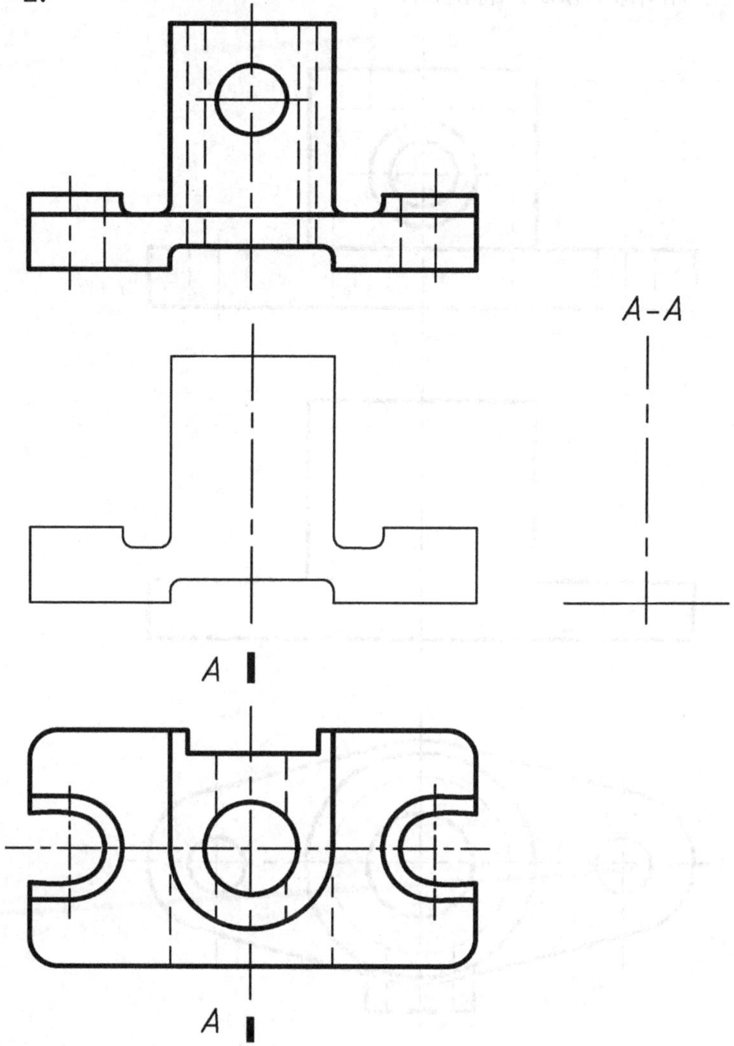

班级　　　　姓名　　　　学号

2-67. 补全下列半剖视图中所缺的图线

1. 将主视图改画成半剖视图。

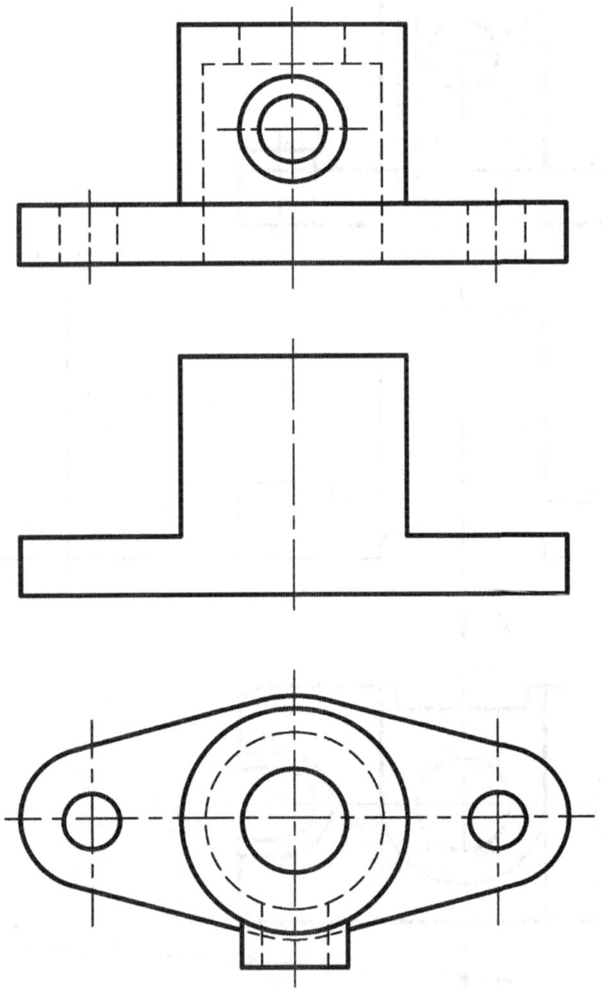

2. 补全已给半剖视图中的漏线。

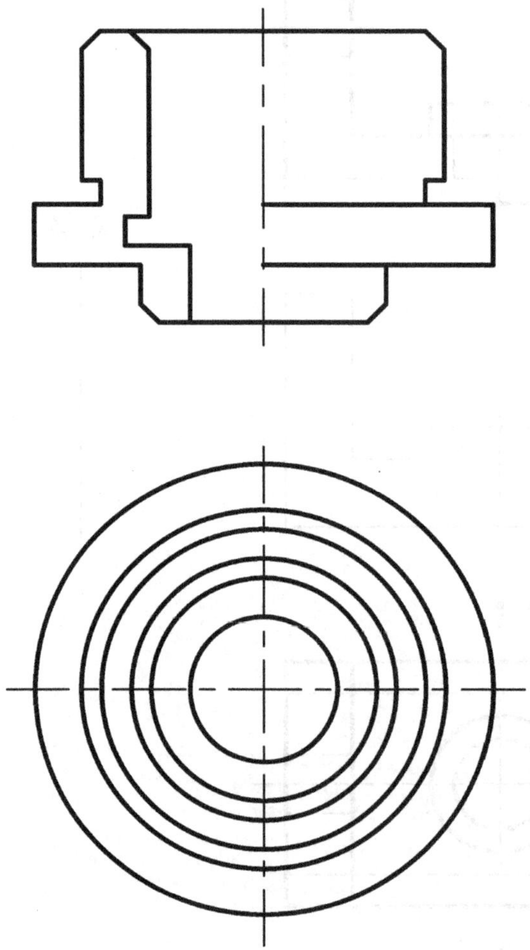

 班级 姓名 学号

2-68. 读懂机件的内外结构，在已有的视图上作合适的局部剖

1.

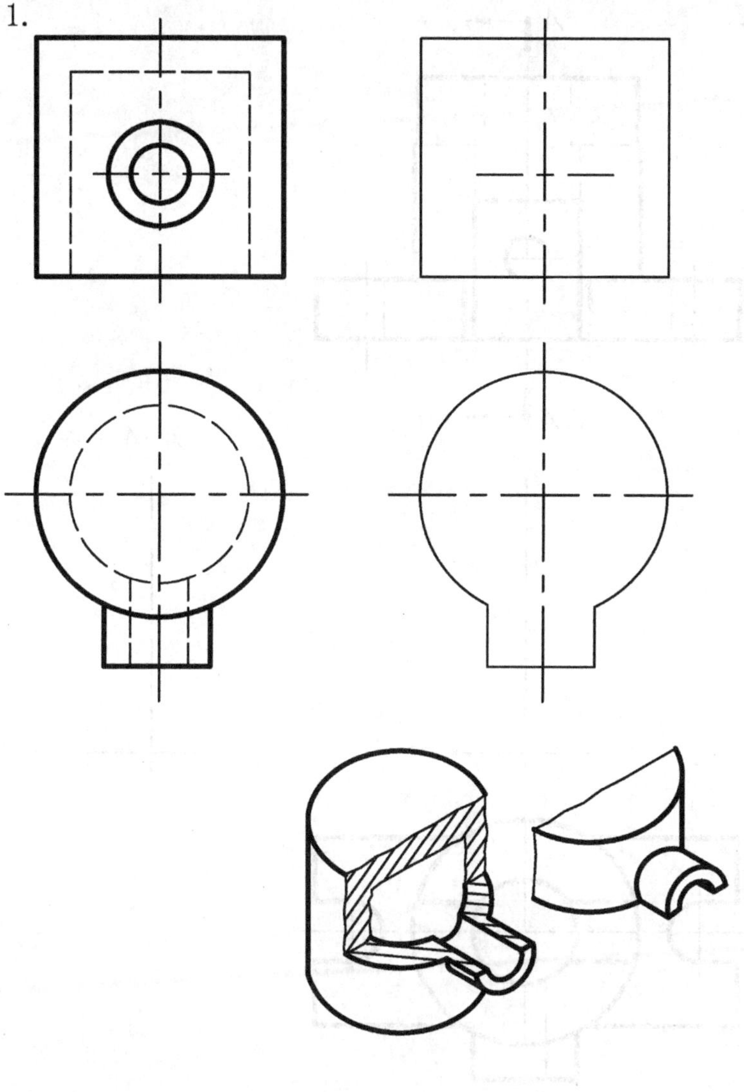

2.

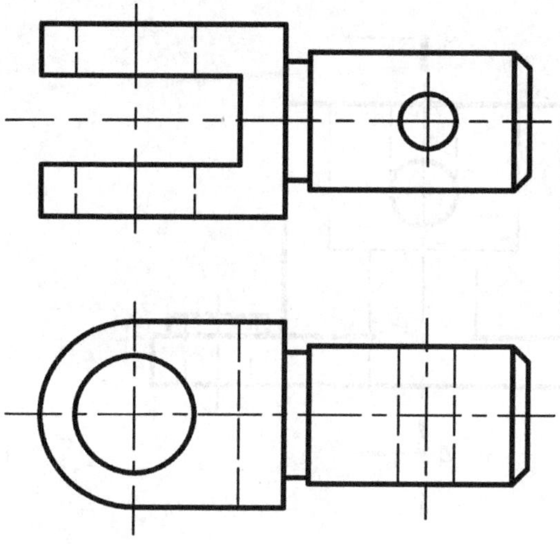

3.

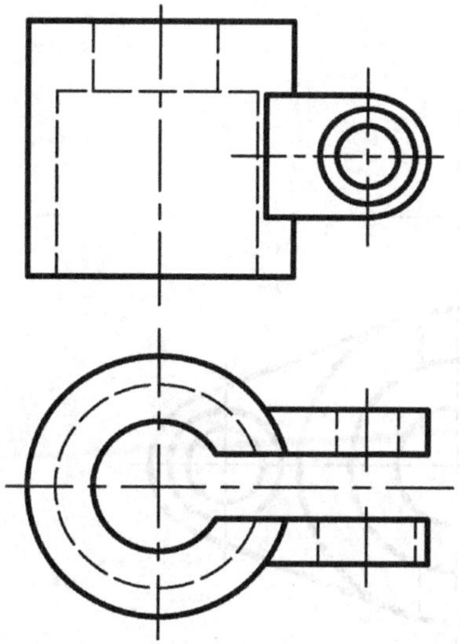

班级　　　　姓名　　　　学号

2-69. 读懂已有视图，将主视图改画成半剖视图，并补画A-A剖视图

1.

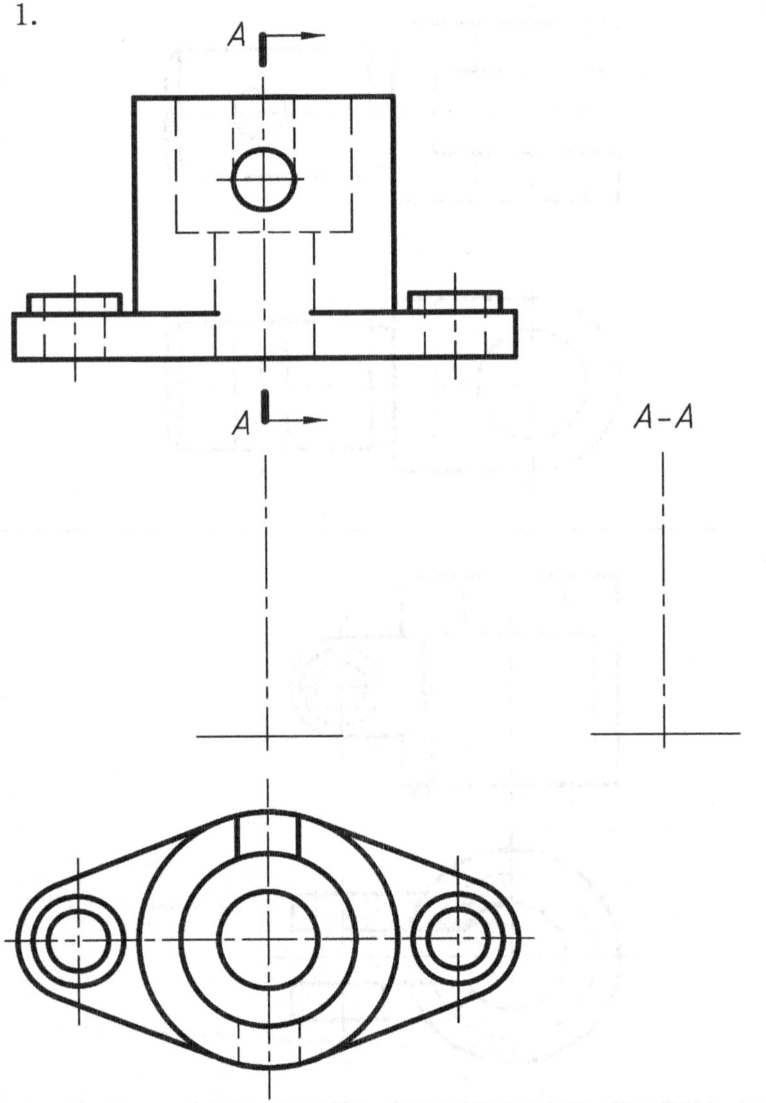

2.

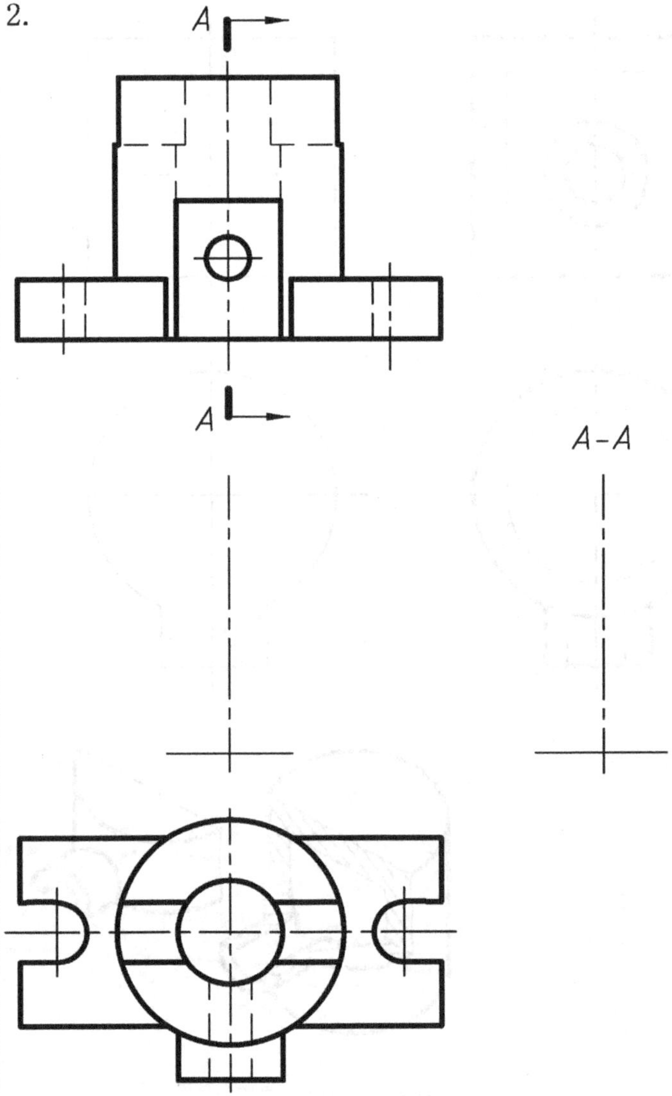

 班级 姓名 学号

2-70. 根据机件的已知视图，读懂内外结构，补画A-A全剖视图及B-B斜剖视图

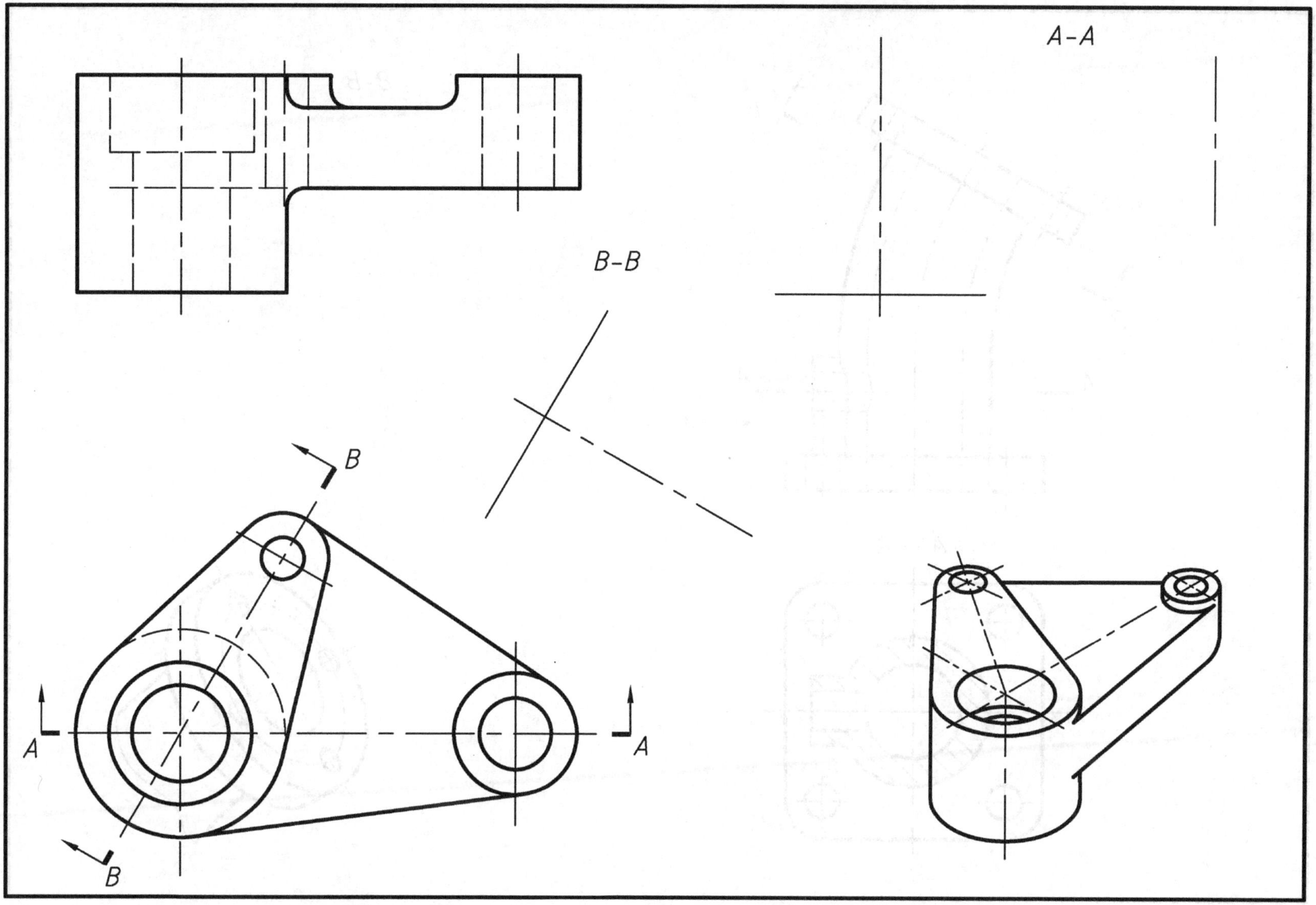

2-71. 根据已知视图，参考立体图，绘制*B*-*B*斜剖视图及*K*向局部视图

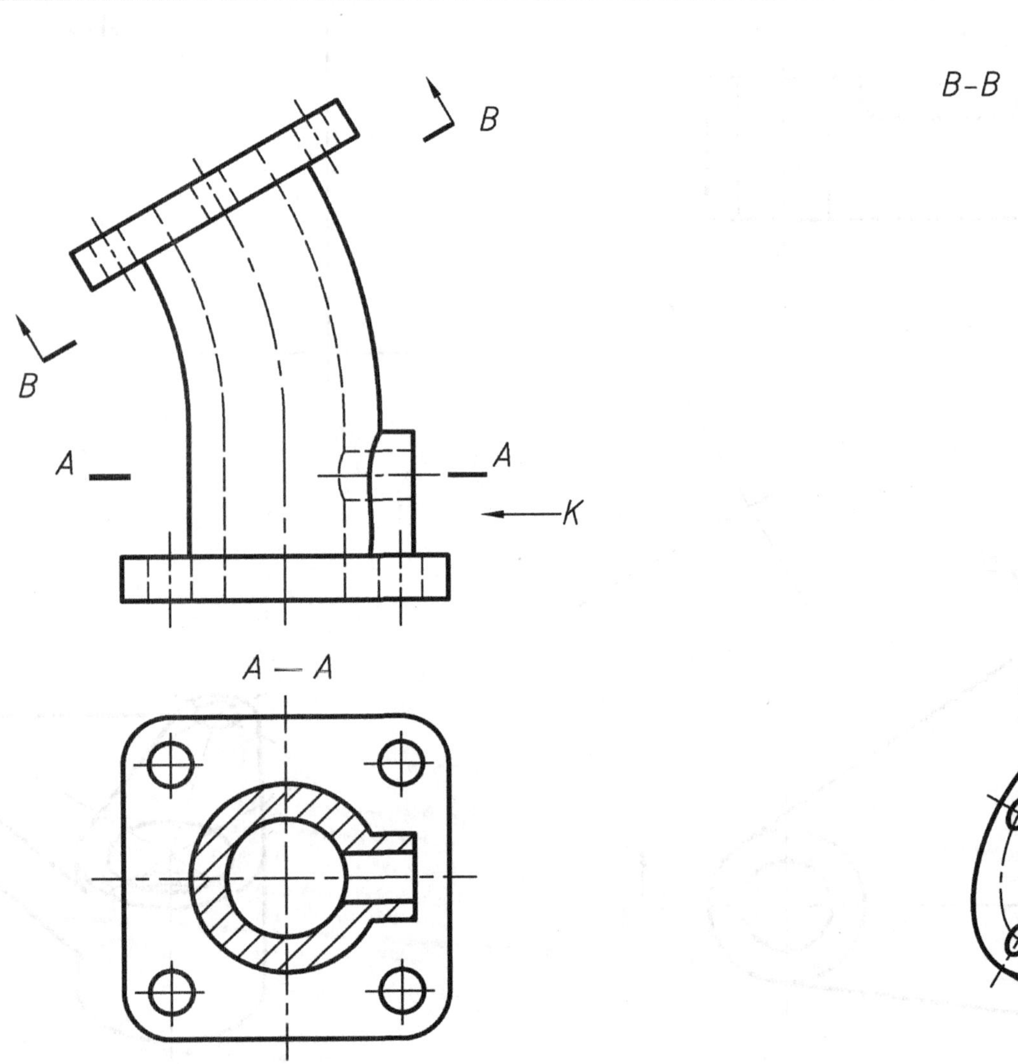

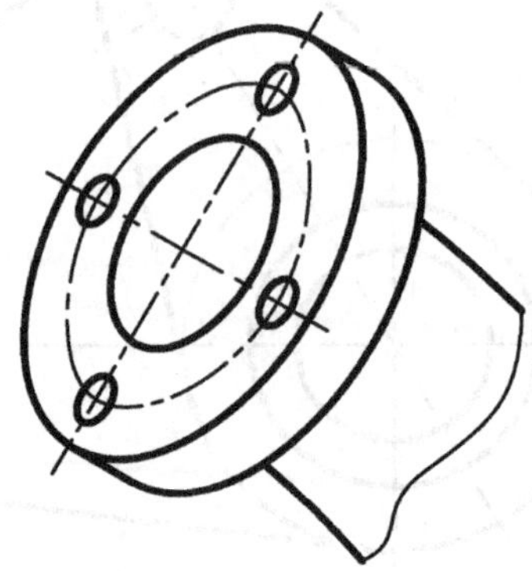

 班级 姓名 学号

2-72. 读懂机件的结构，绘制*A-A*及*B-B*的剖视图

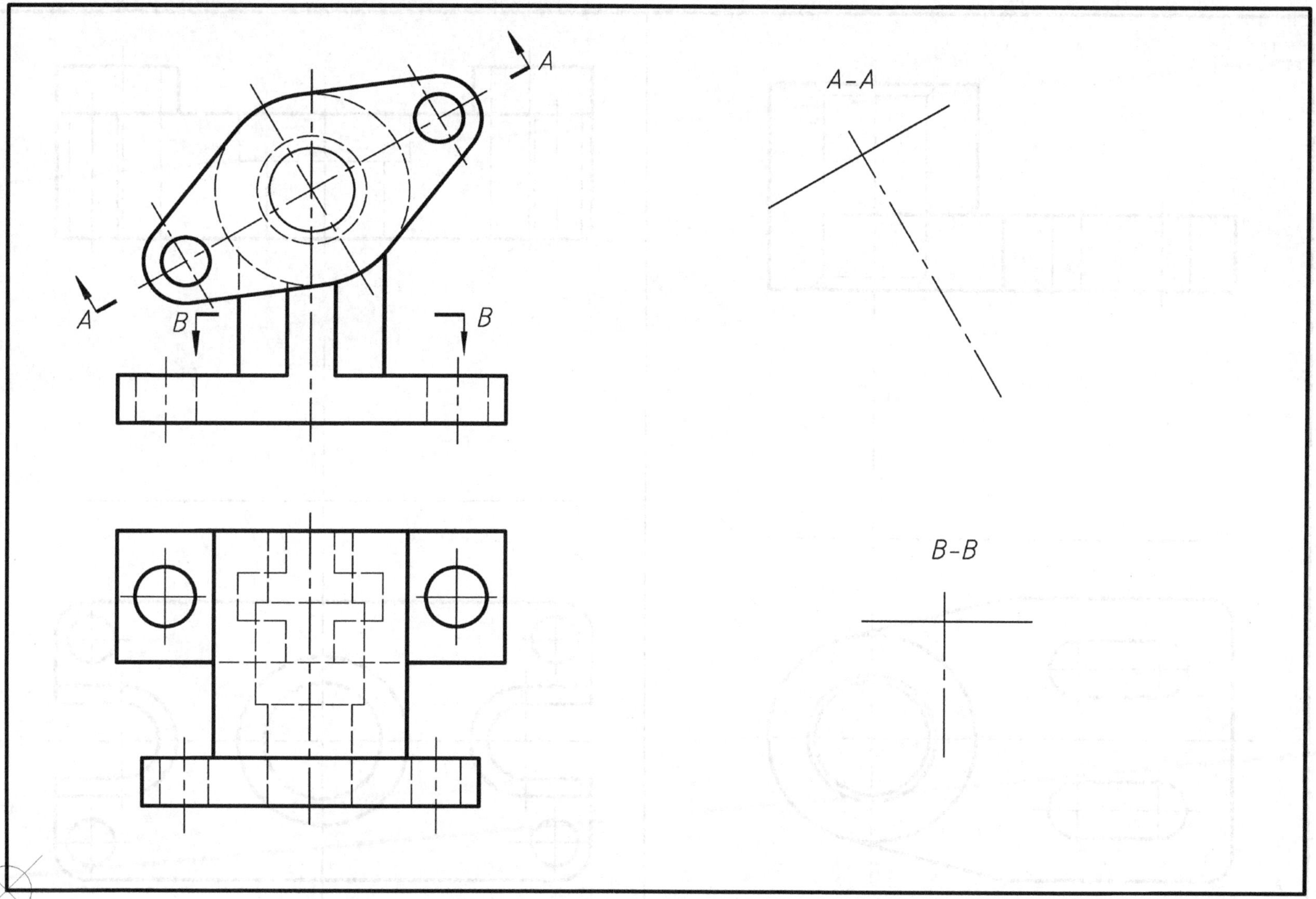

班级 姓名 学号

2-73. 用几个平行的剖切平面剖切机件，将主视图改画成全剖视图（1）

1.

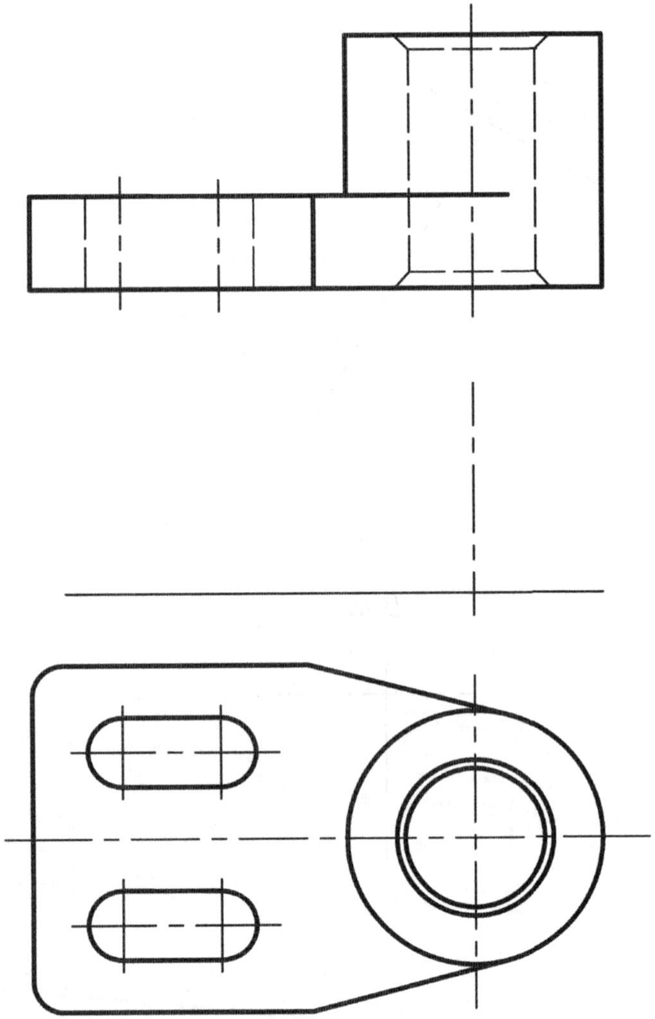

2.

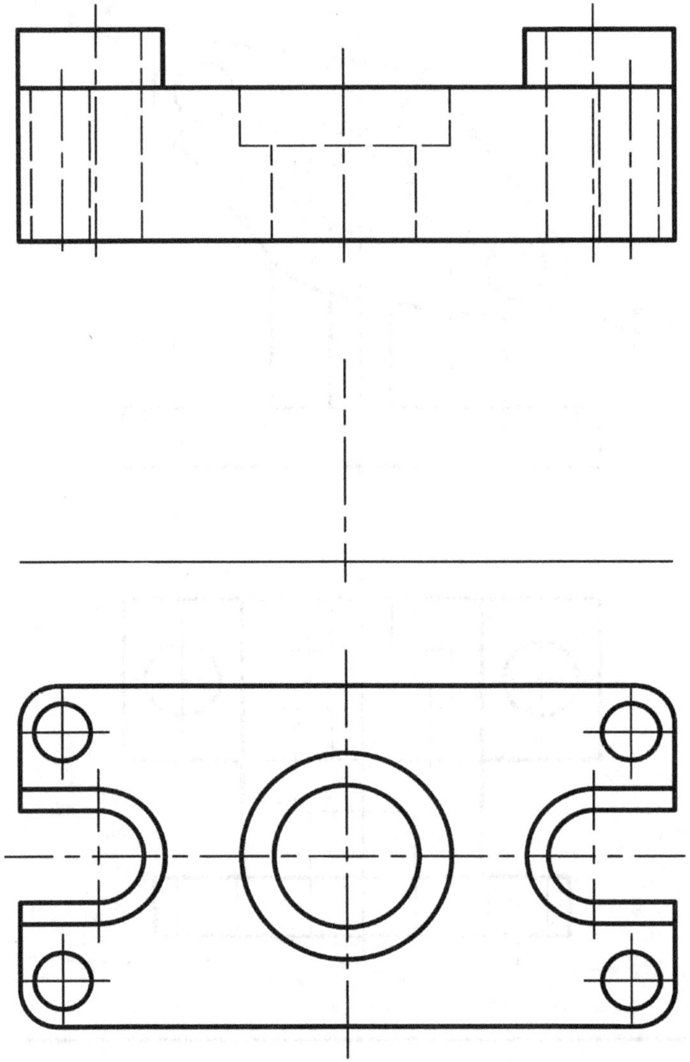

班级　　　　姓名　　　　学号

2-74. 用几个平行的剖切平面剖切机件，将主视图改画成全剖视图（2）

1.

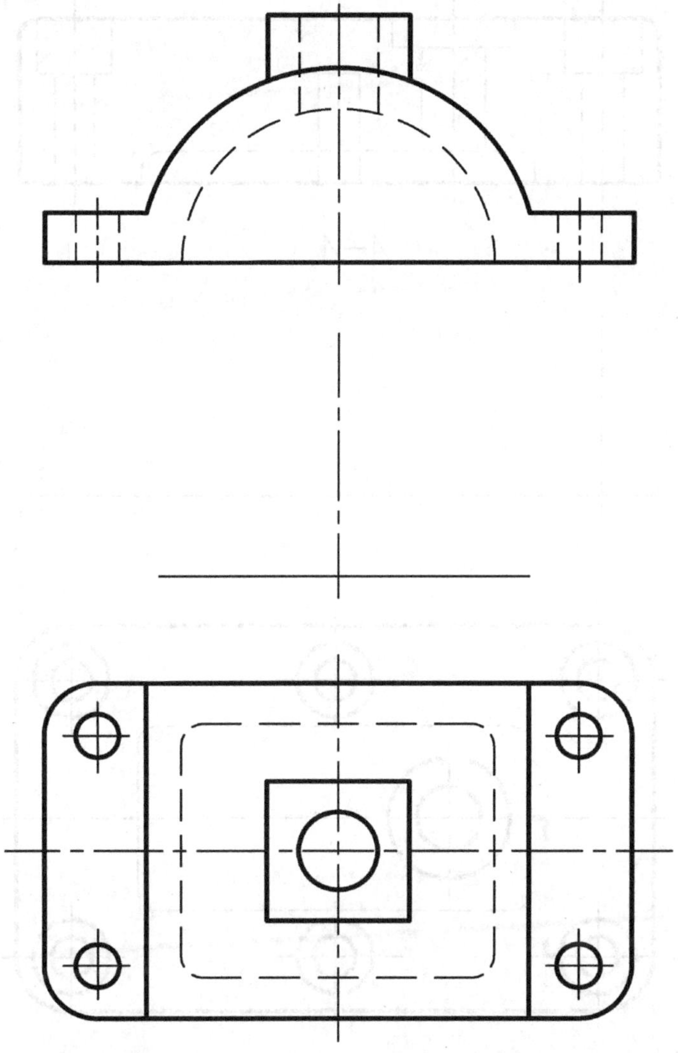

2.

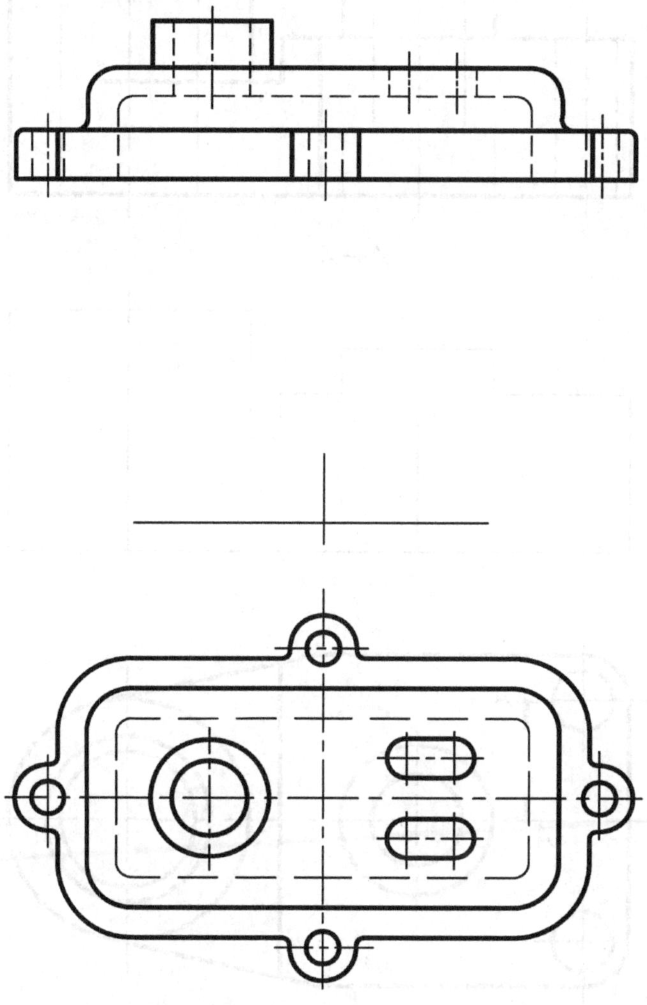

2-75. 用几个平行剖切平面剖切机件，将主视图改画成全剖视图（3）

1.

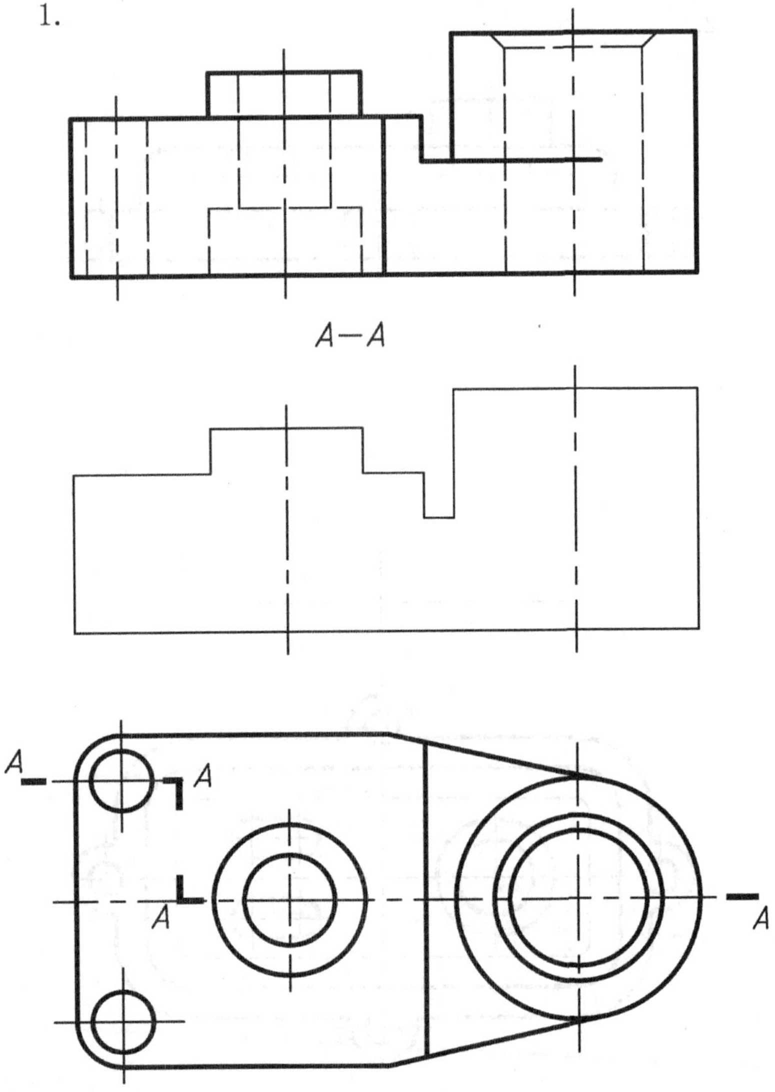

2.

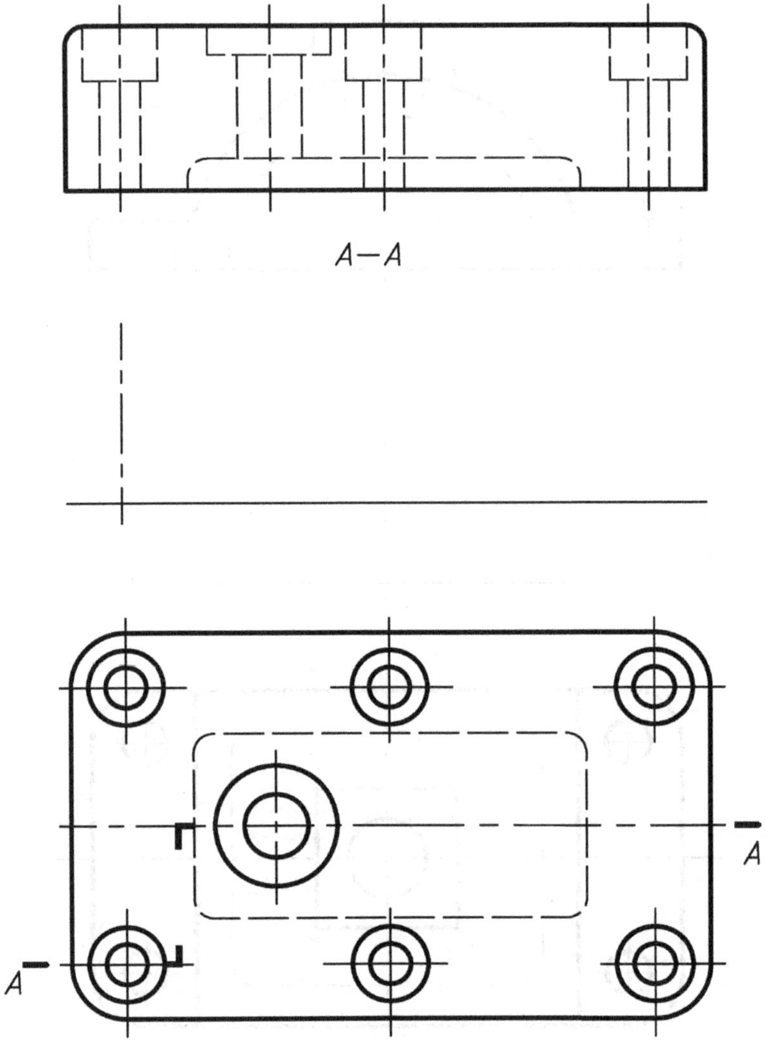

 班级 姓名 学号

2-76. 用几个相交的剖切平面剖切机件，将主视图改画成全剖视图

1.

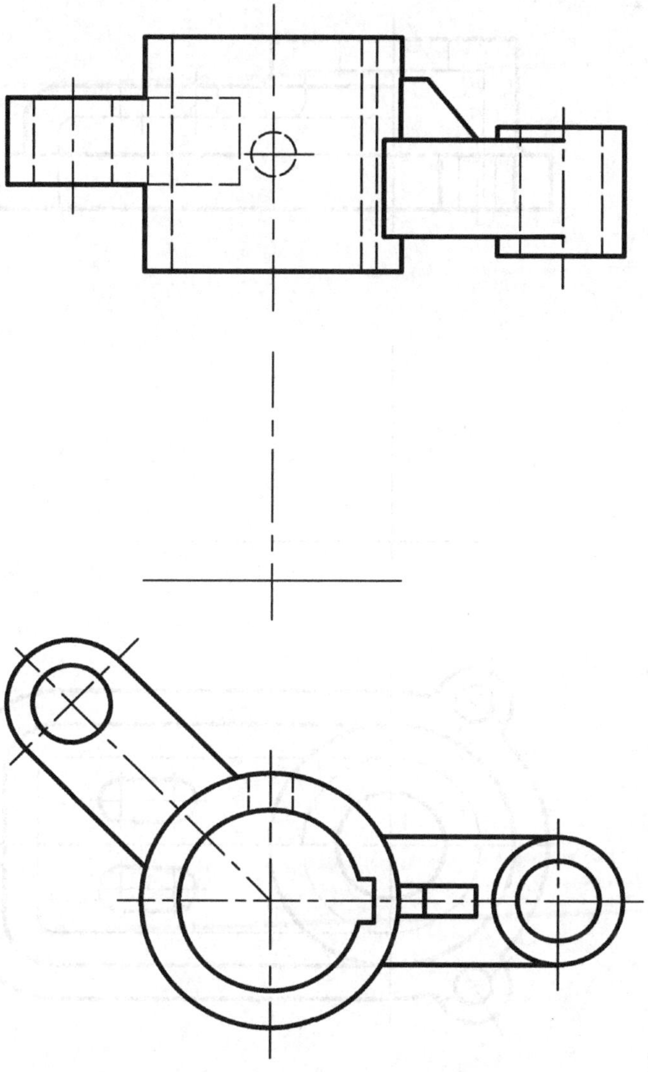

2.

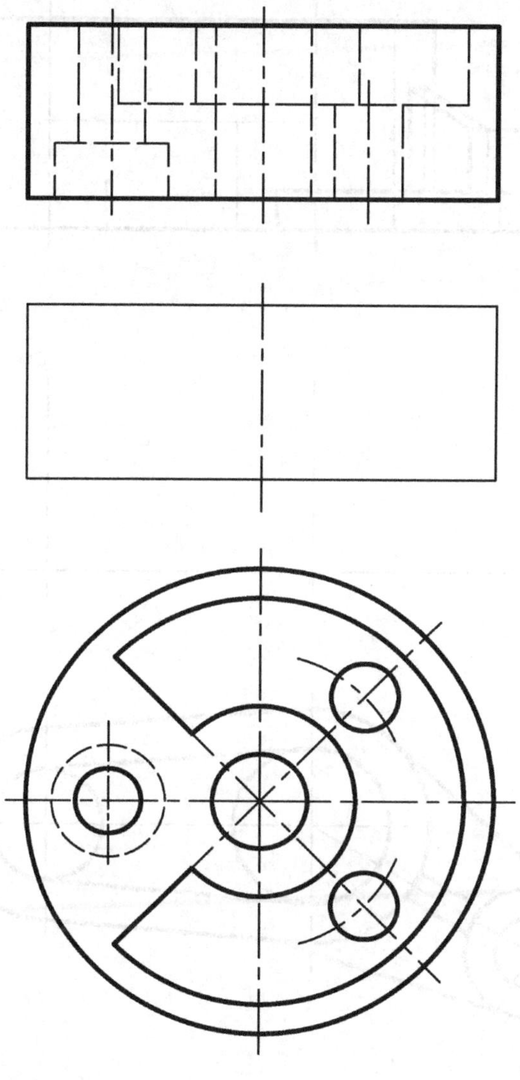

班级 姓名 学号

2-77. 用合适的剖切平面，将主视图改画成全剖视图

1.

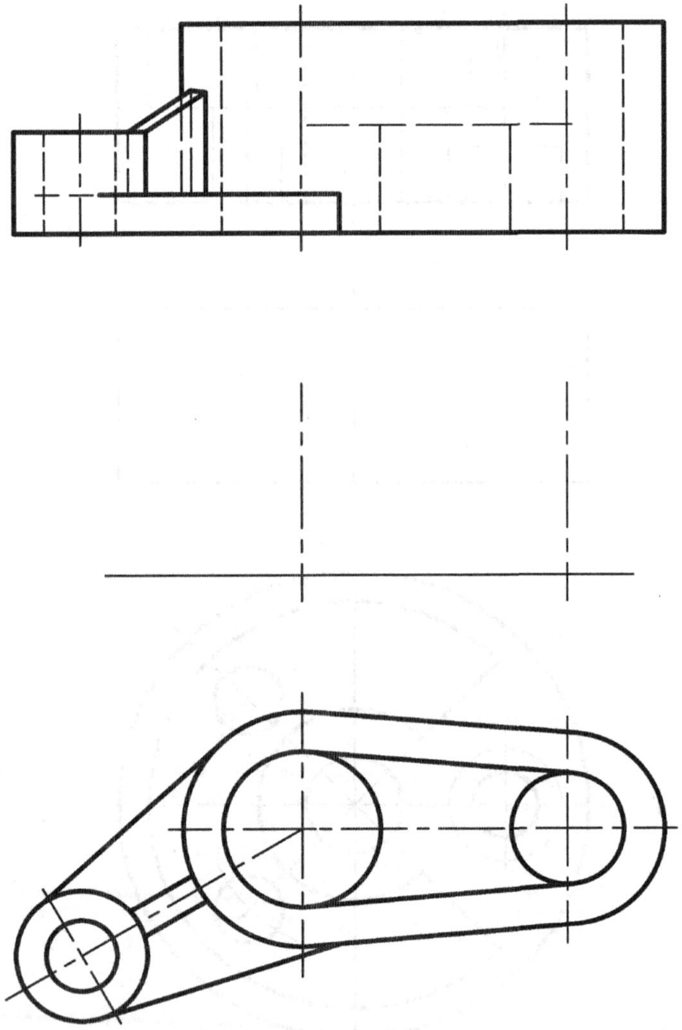

2.

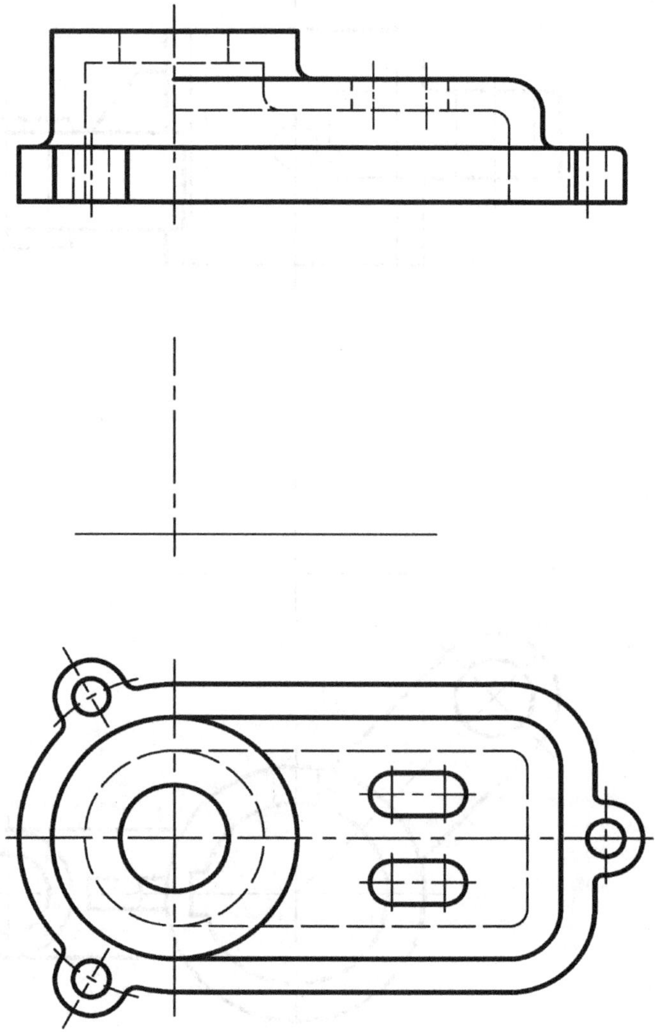

班级 姓名 学号

2-78. 根据剖切线路，将主视图改画成A-A剖视图

1.

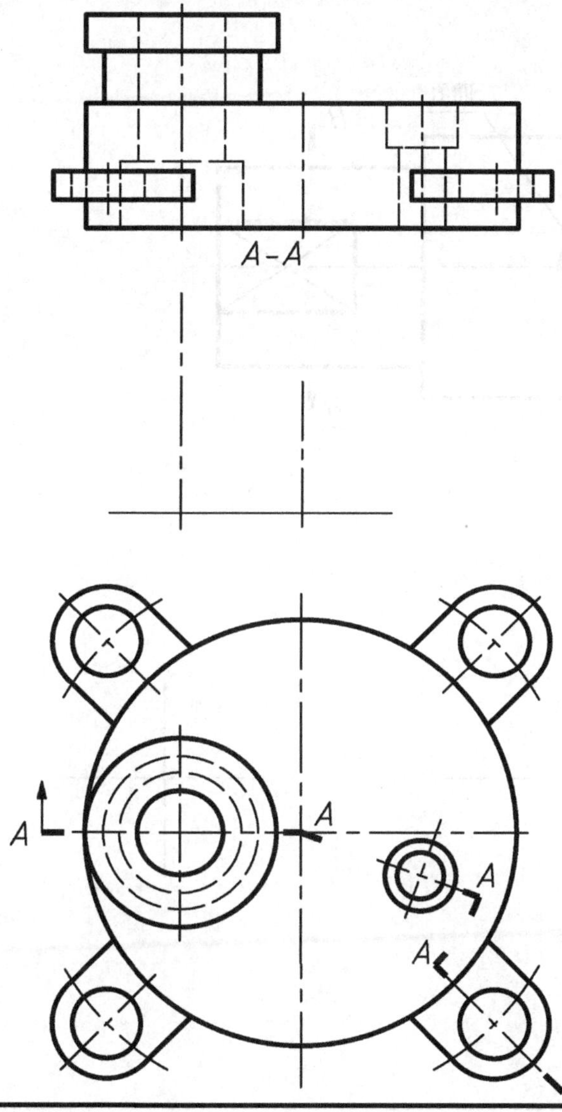

2.

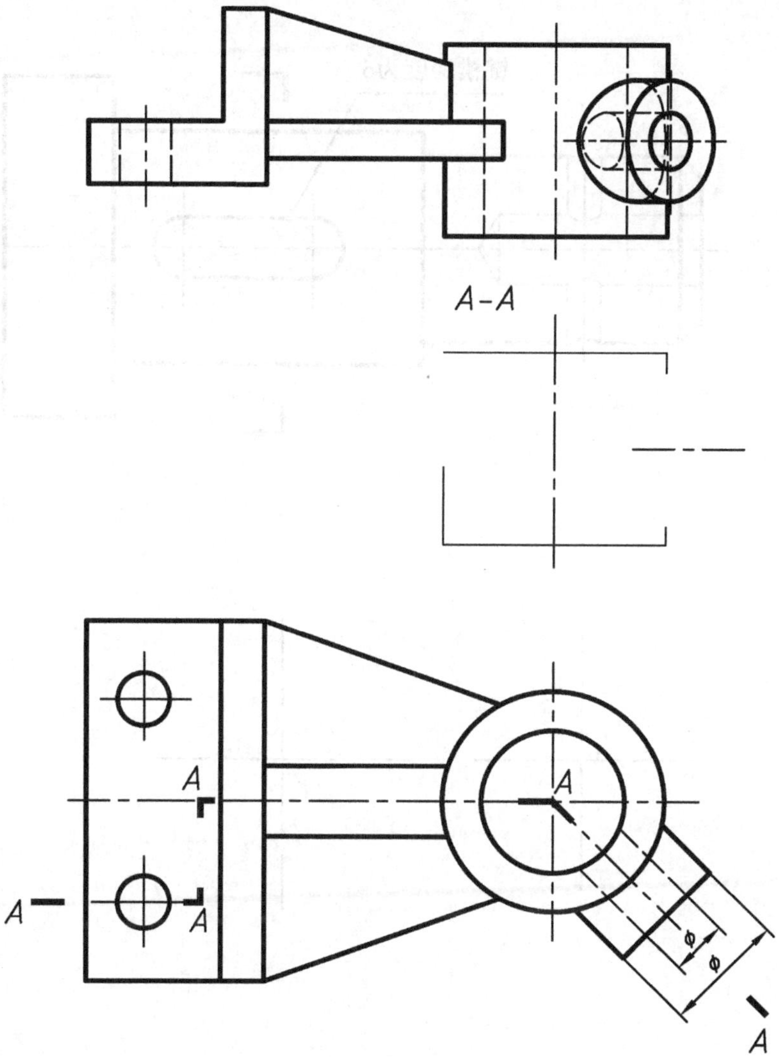

2-79. 在指定位置绘制该机件的移出断面图

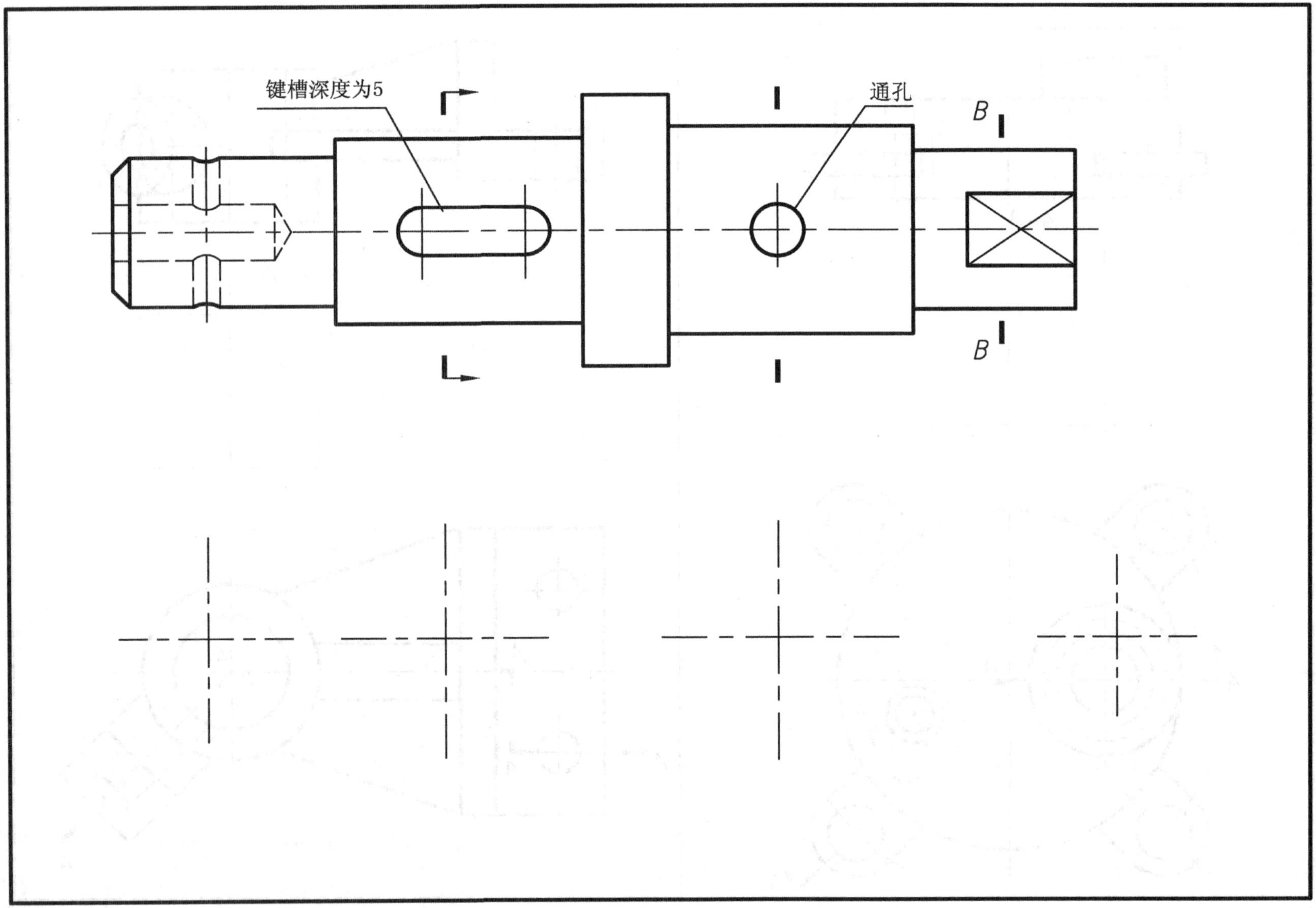

 班级 姓名 学号

2-80. 画出该机件的*A*-*A*、*B*-*B*断面图

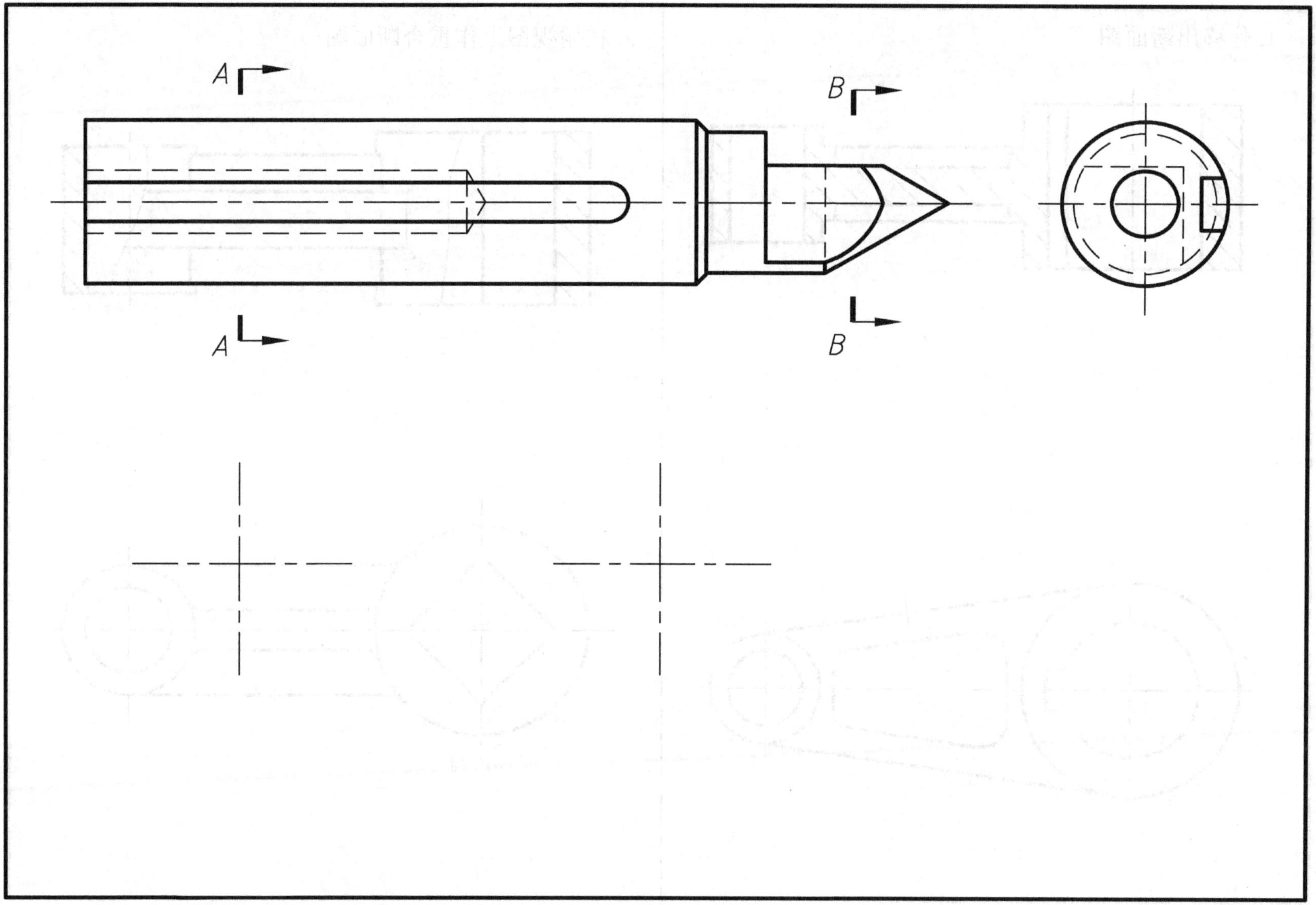

班级 姓名 学号

2-81. 绘制机件的断面图

1. 作移出断面图

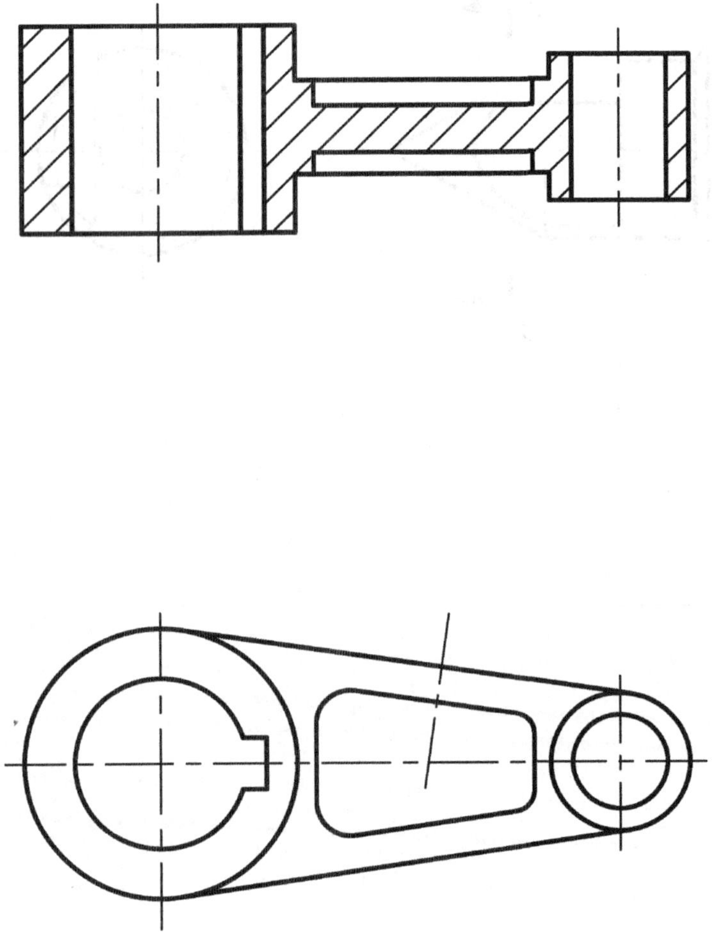

2. 在俯视图上作重合断面图

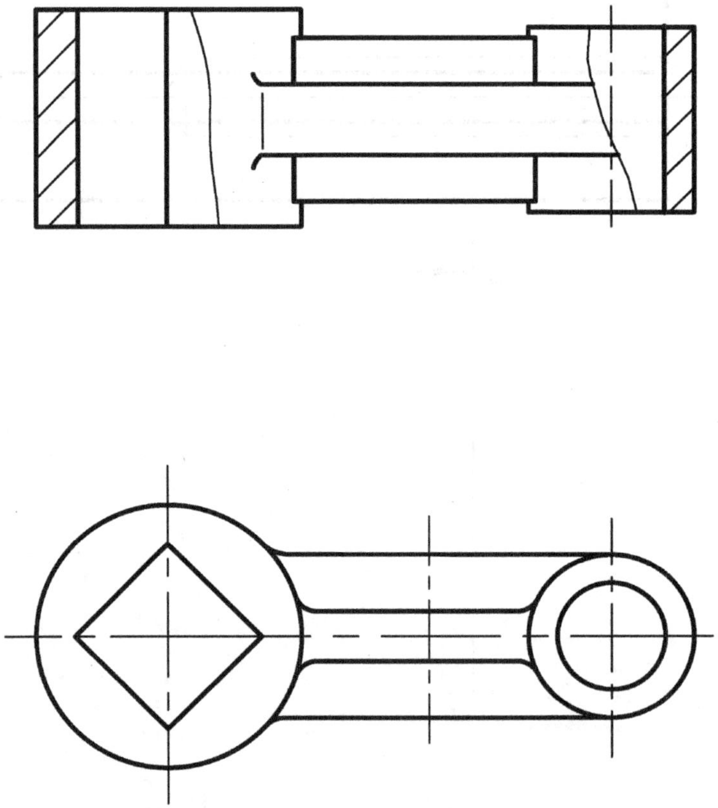

2-82. 按规定画法，画出正确的主视图（全剖视图）

1.

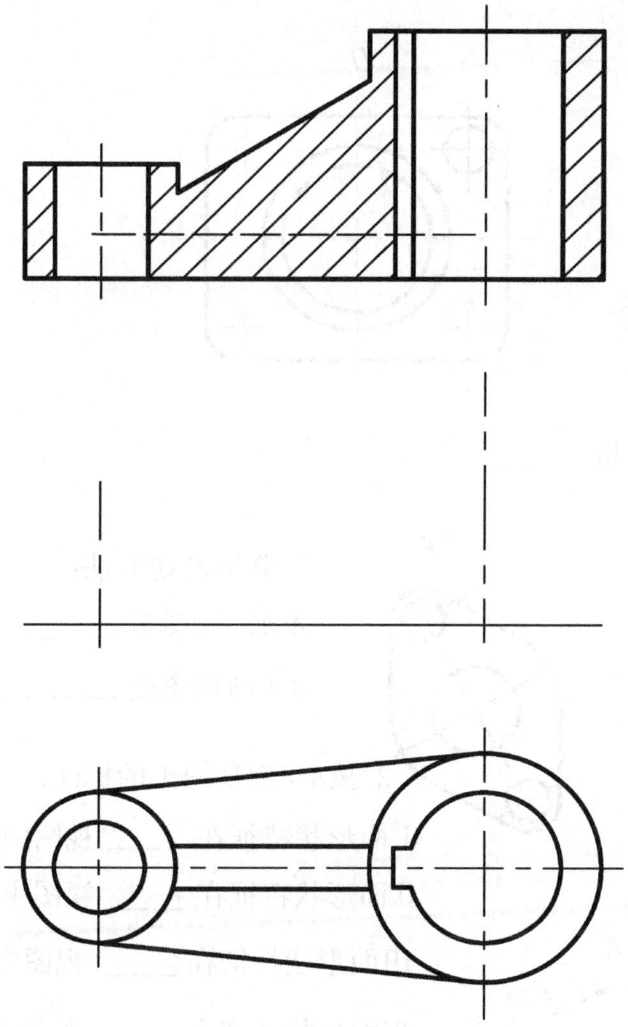

2.

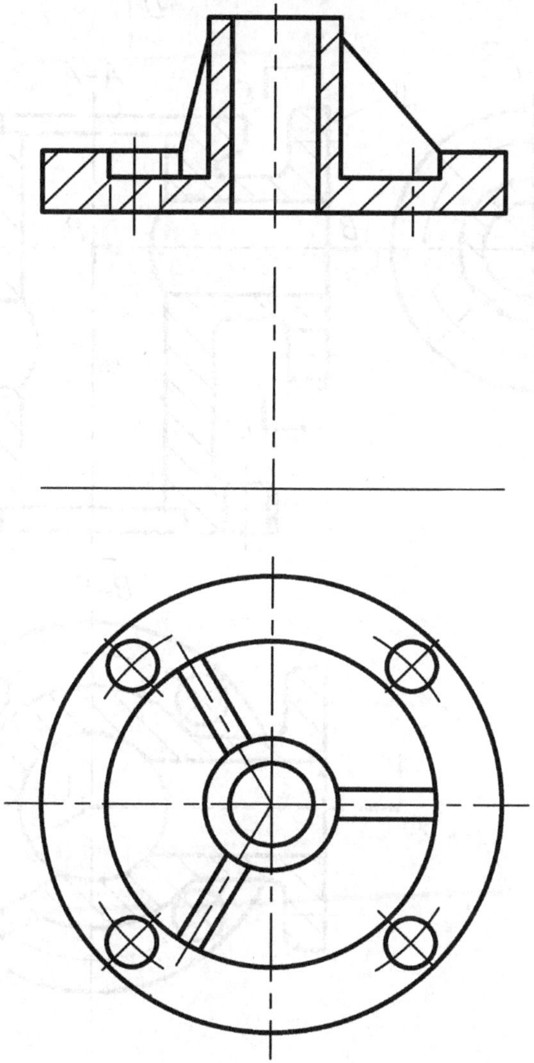

2-83. 根据机件的一组表达方案填空

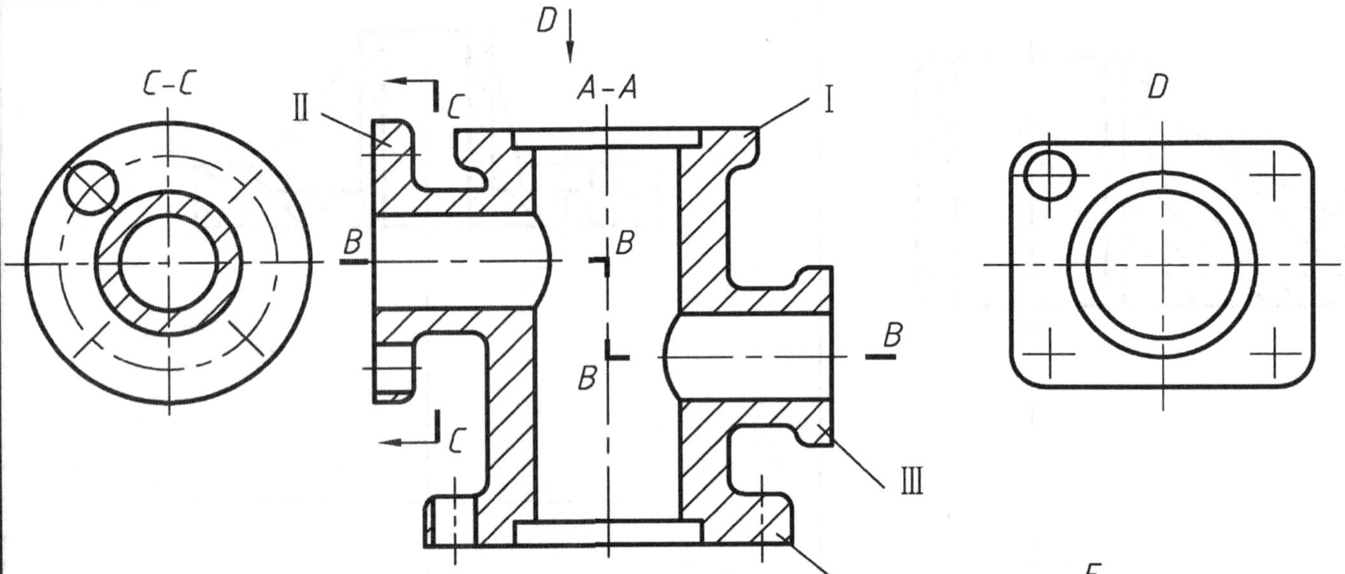

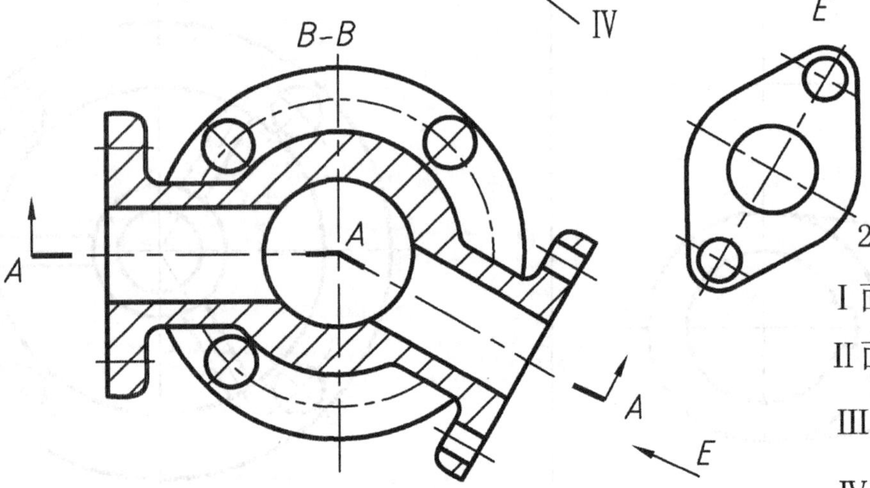

1. 分析剖切方法：

*A-A*剖视图是__________剖；

*B-B*剖视图是__________剖。

2. 按*A-A*剖视图上的标注：

I 面形状特征在______视图中表达；

II 面形状特征在______视图中表达；

III面形状特征在______ 视图中表达；

IV面形状特征在______ 视图中表达。

班级　　　　姓名　　　　学号

2-84. 表达方法综合应用

1. 在零件主视图上作合适的局部剖视图，画出*A-A*俯视图及*B-B*左视图。

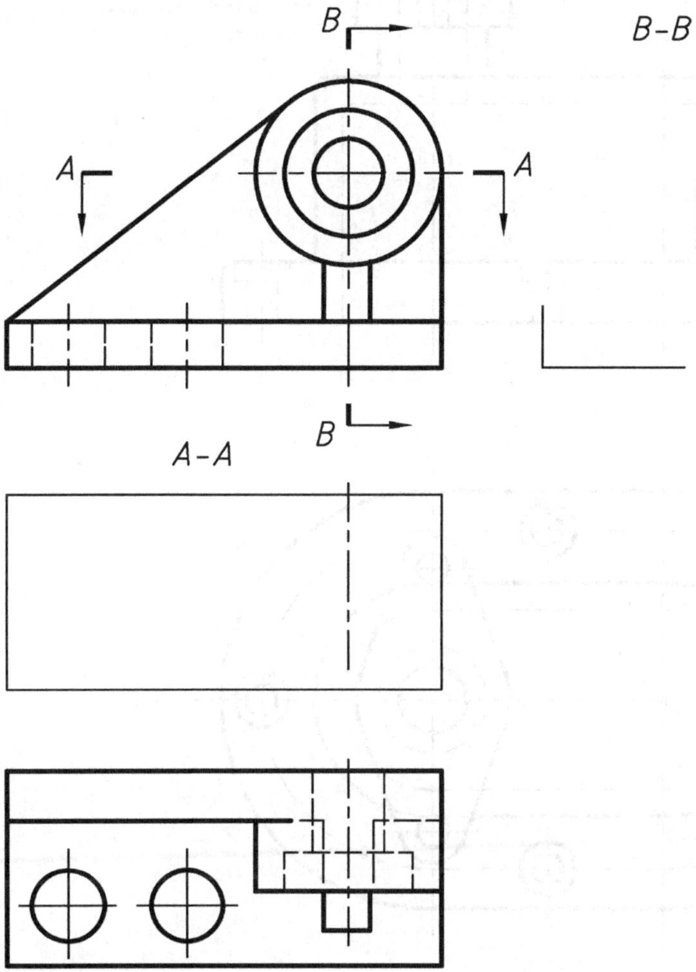

2. 读懂零件结构，在主、俯视图上作合适的局部剖，并作*B-B*剖视图。

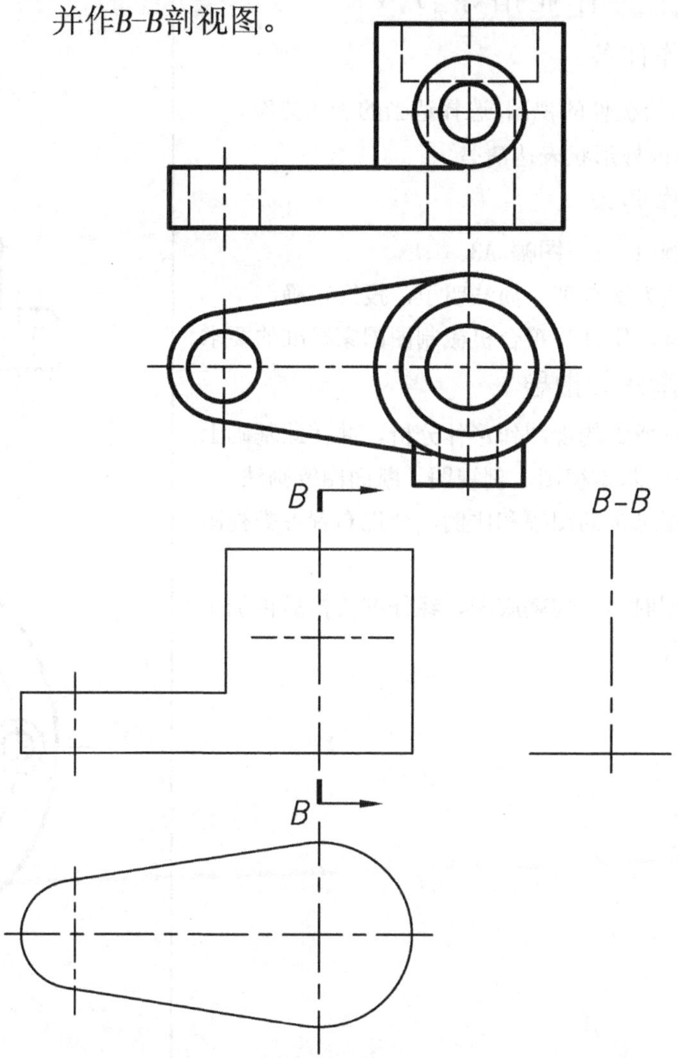

2-85. 选用适当的表达方法绘制下列机件（1）

作业指导书 4

一. 工作任务

根据所给机件的视图，选择适当的表达方案，将机件的内外形状表达清楚。

二. 工作要求

1. 比例 1∶1，图幅 A3。
2. 表达方案合理、简洁明了，投影正确。
3. 线型、字体等符合机械制图国家标准的要求。

三. 工作任务指导

1. 根据所给的视图作形体分析，并在此基础上选择合适的基本视图、剖视图、断面图等画法。
2. 根据选定的图幅和比例，合理布置各类视图的位置。
3. 绘图时，先勾勒底图，经仔细校核后再加工各类线型。

1.

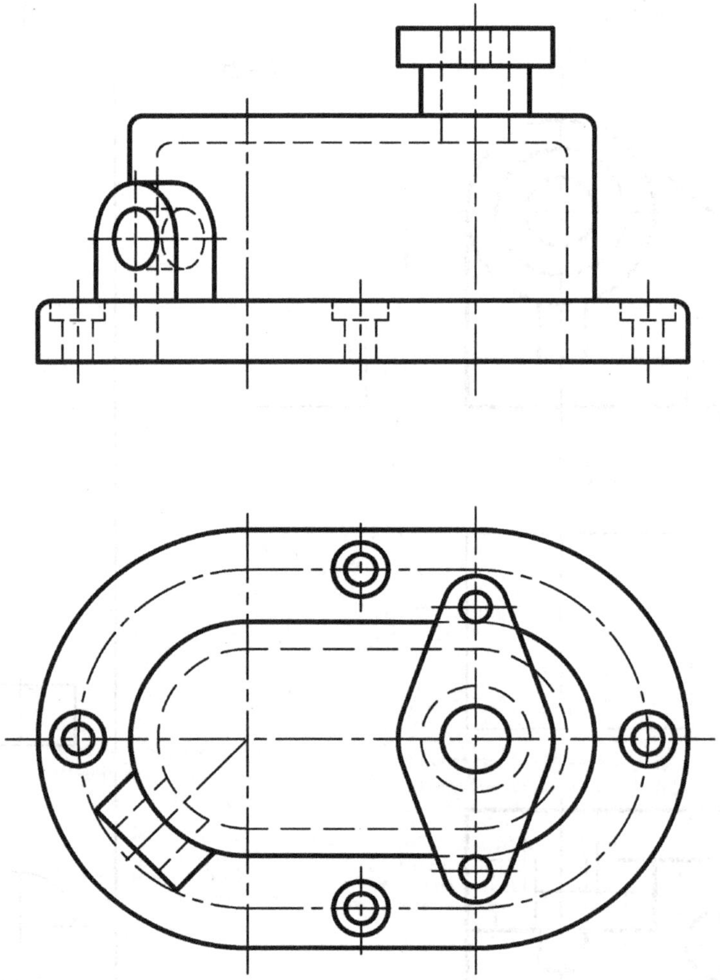

 班级 姓名 学号

2-86. 选用适当的表达方法绘制下列机件（2）

2.

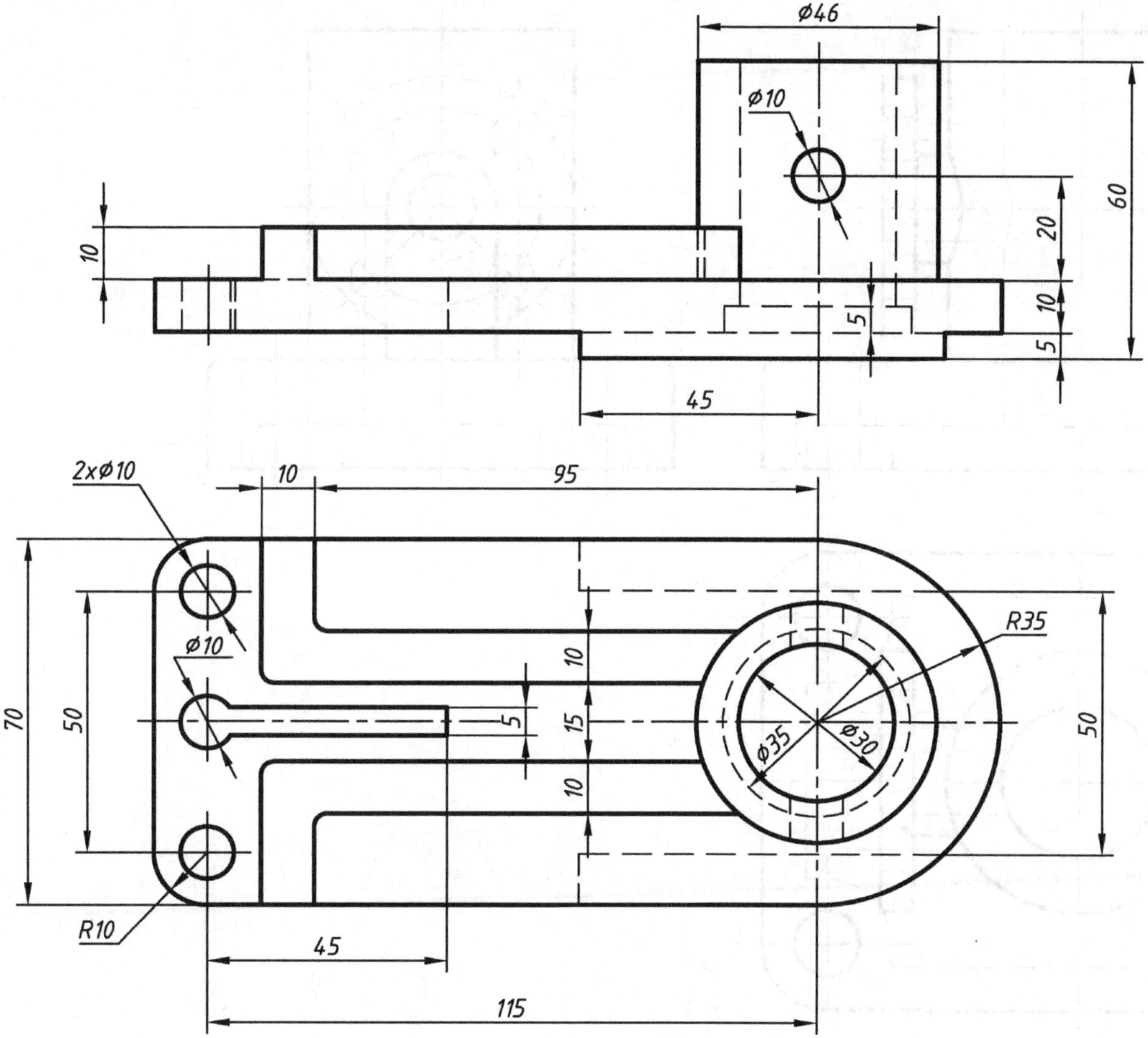

2-87. 选用适当的表达方法绘制下列机件（3）

3.

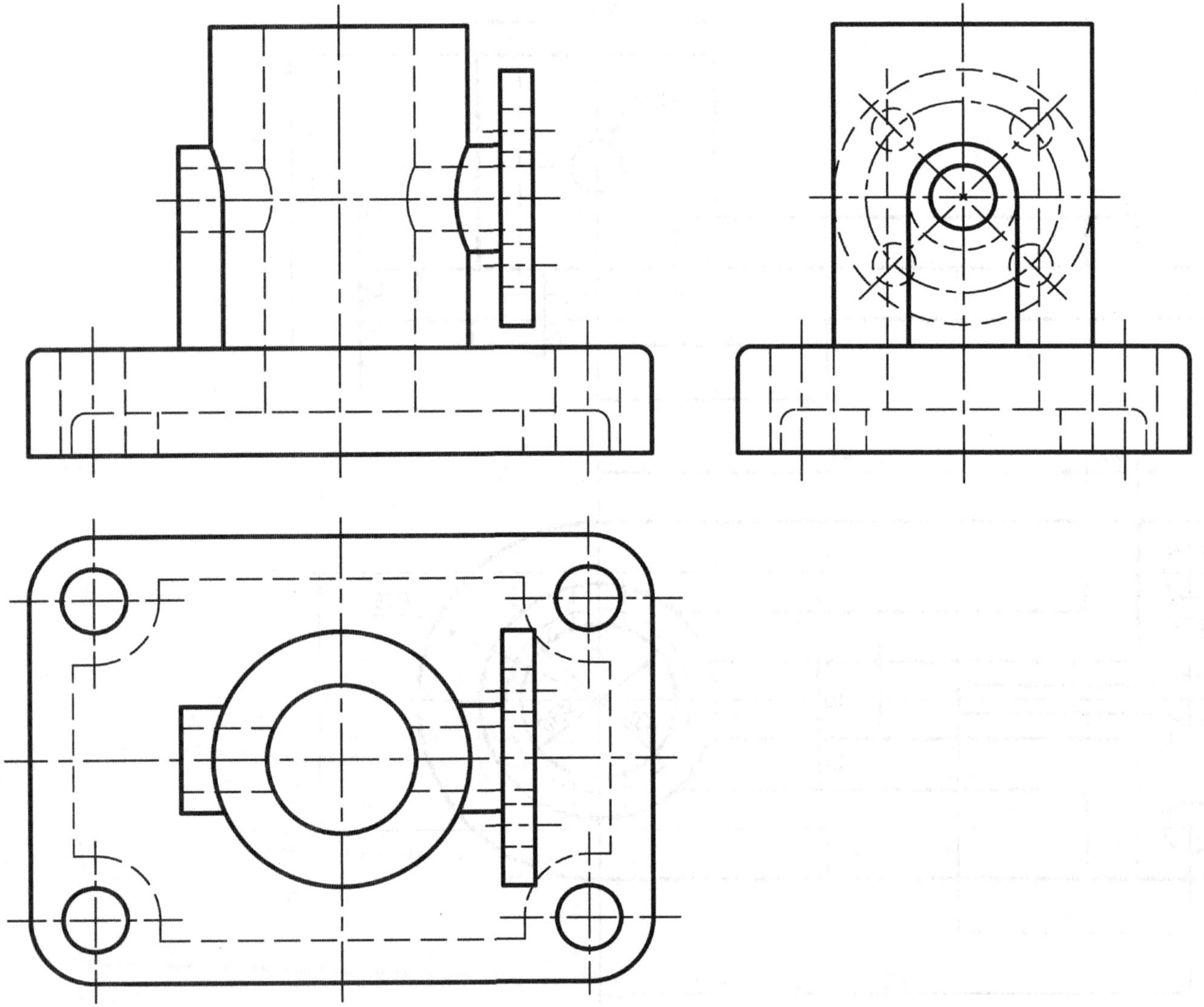

班级　　　　姓名　　　　学号

单元3 AutoCAD二维绘图基础

3-1. AutoCAD 基础训练(1)

1. 利用点的绝对坐标或相对直角坐标绘制圆柱头螺钉头部。

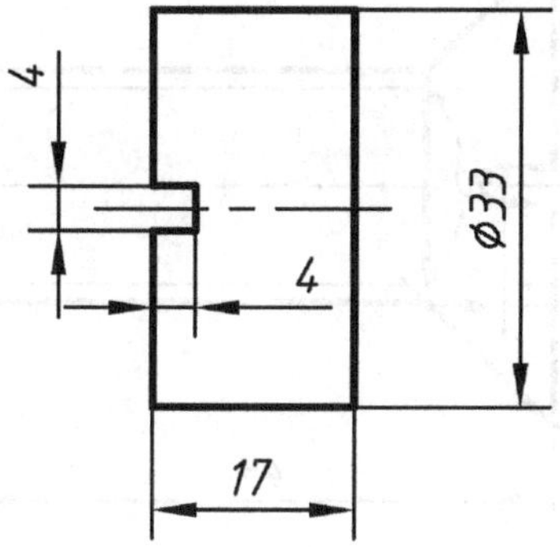

2. 利用点的相对直角坐标或相对极坐标绘制机床顶尖座。

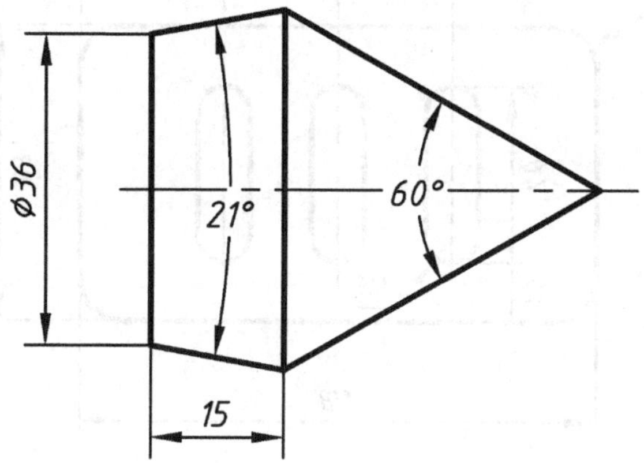

3. 利用矩形及直线命令绘制四棱台。

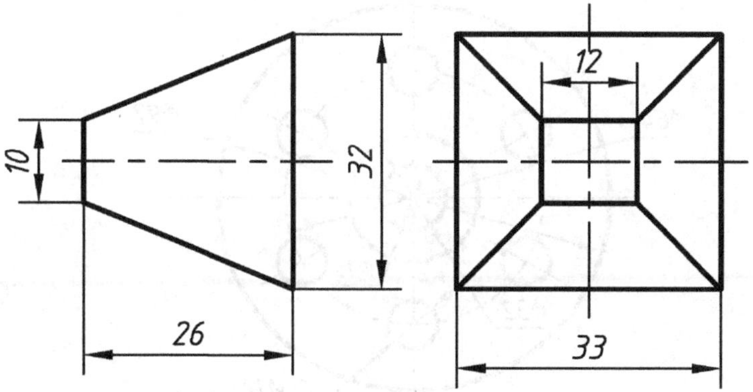

4. 利用正多边形、圆及圆弧等命令绘制螺母。

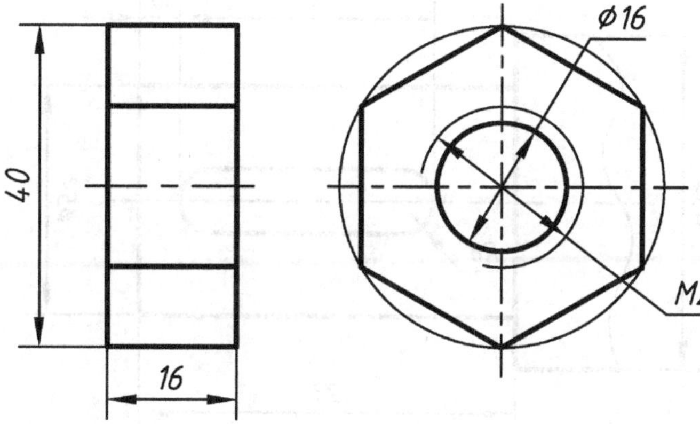

3-2.AutoCAD 基础训练(2)

1.利用圆、多段线等命令绘制带有圆角及键槽的结构。

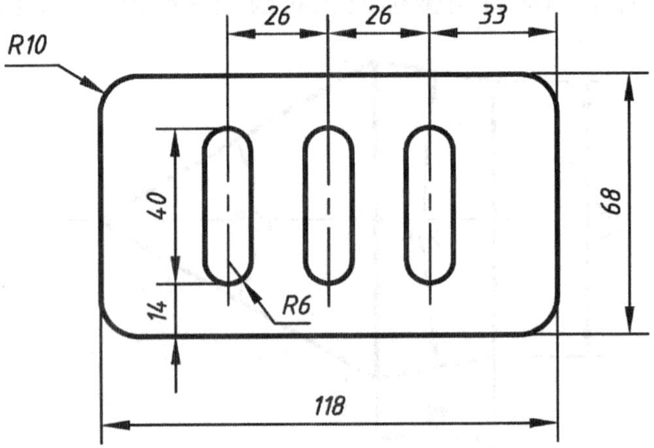

2.利用镜像等命令绘制沉头螺钉。

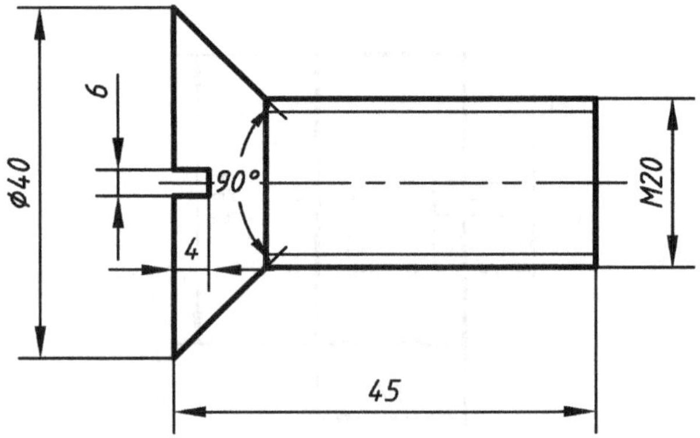

3.利用多段线、样条曲线等命令绘制轴的局部视图。

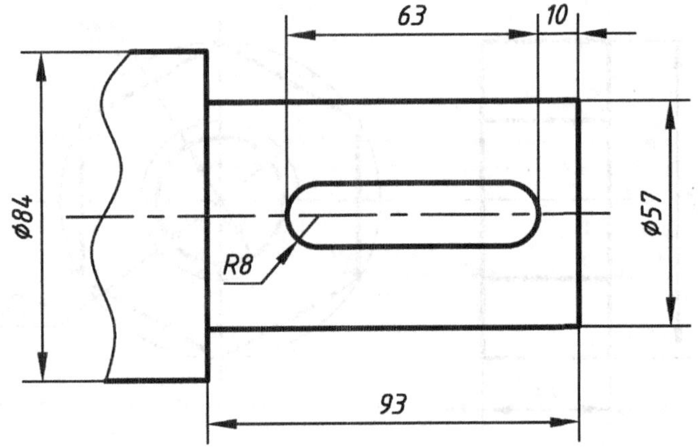

4.利用阵列等命令绘制一个带有均布孔的圆盘结构。

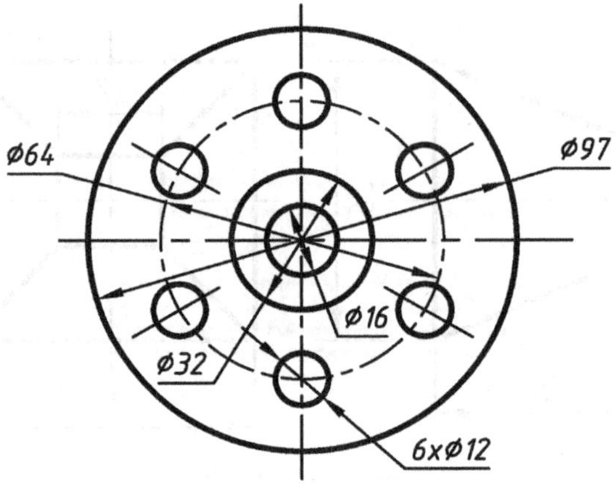

1.

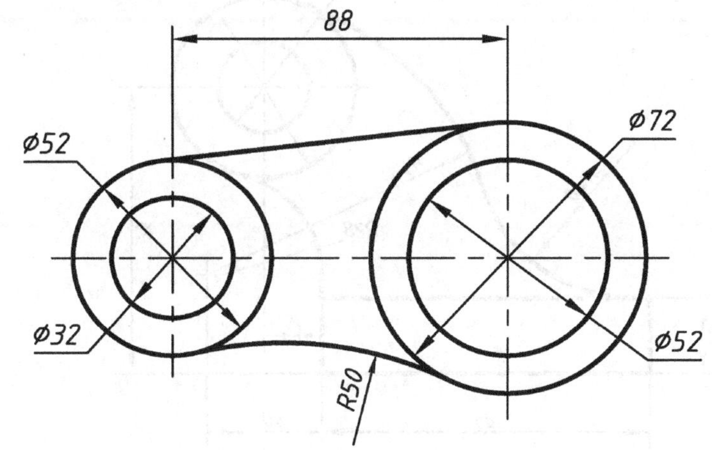
88
Ø52
Ø72
Ø32
Ø52
R50

2.

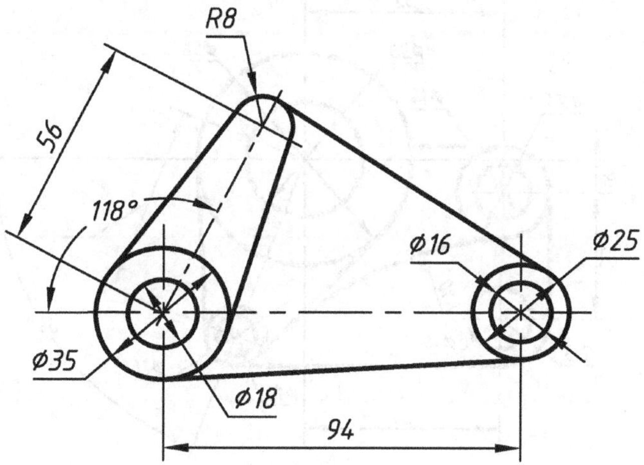
R8
56
118°
Ø16
Ø25
Ø35
Ø18
94

3.

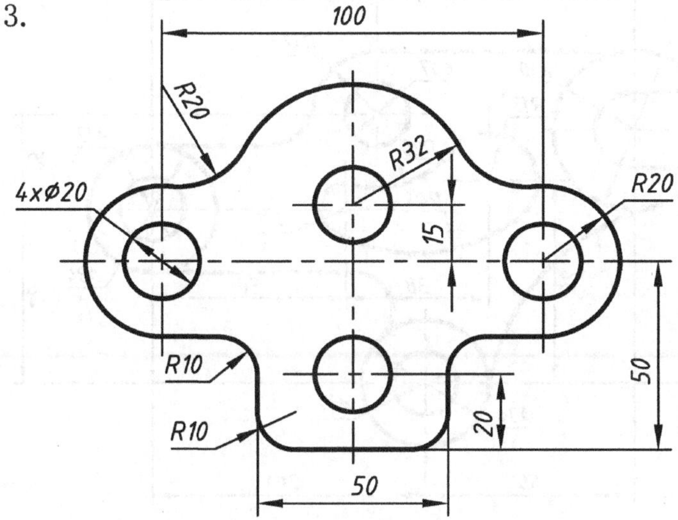
100
R20
R32
4xØ20
R20
15
R10
50
R10
20
50

4.

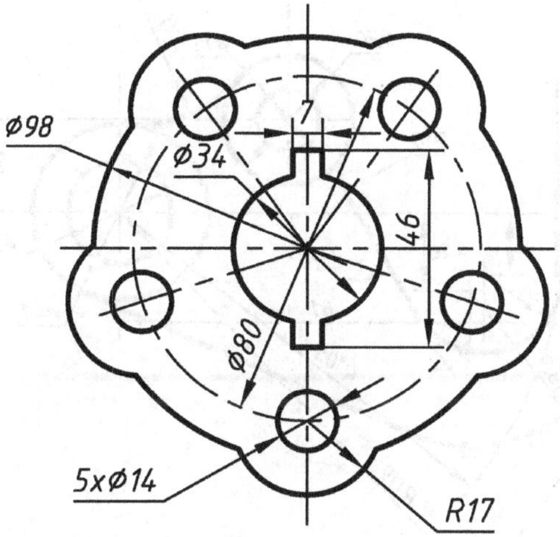
Ø98
7
Ø34
46
Ø80
5xØ14
R17

3-4. AutoCAD 平面图形练习(2)

1.

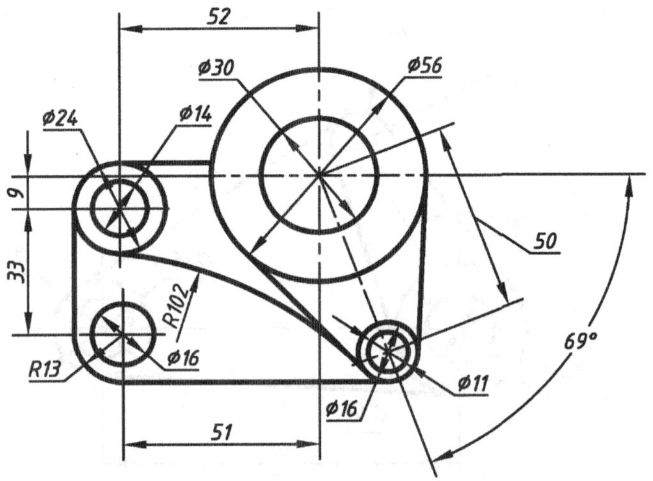

2.

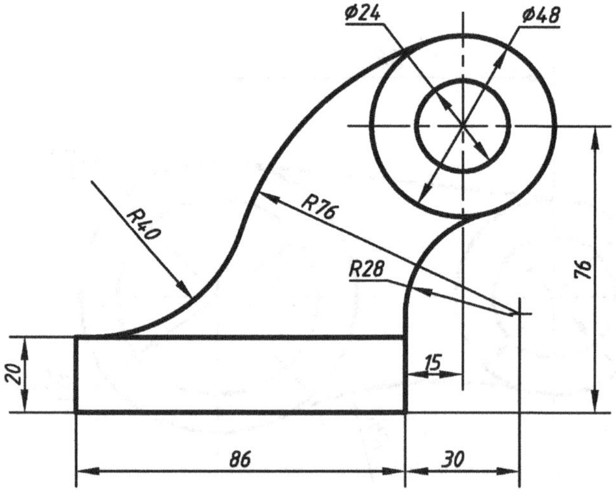

3.

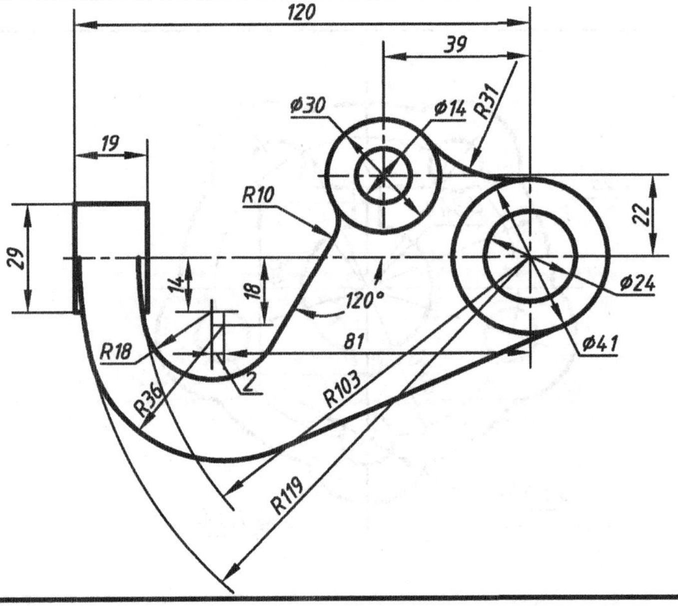

4.

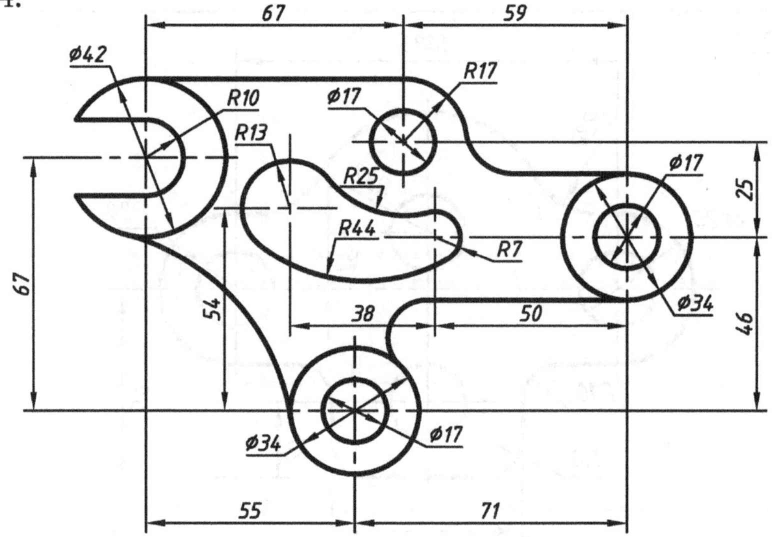

班级　　　　姓名　　　　学号

3-5. AutoCAD 三视图训练

1.

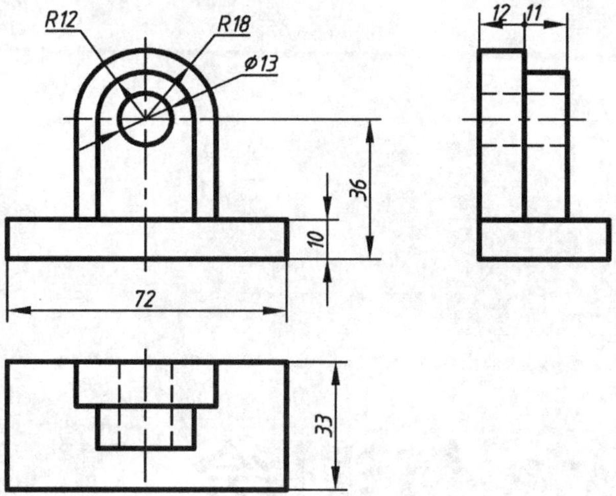

2.

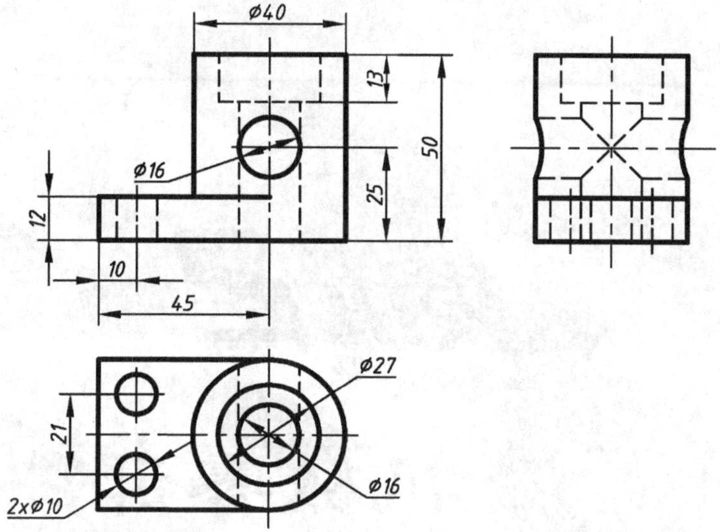

3.

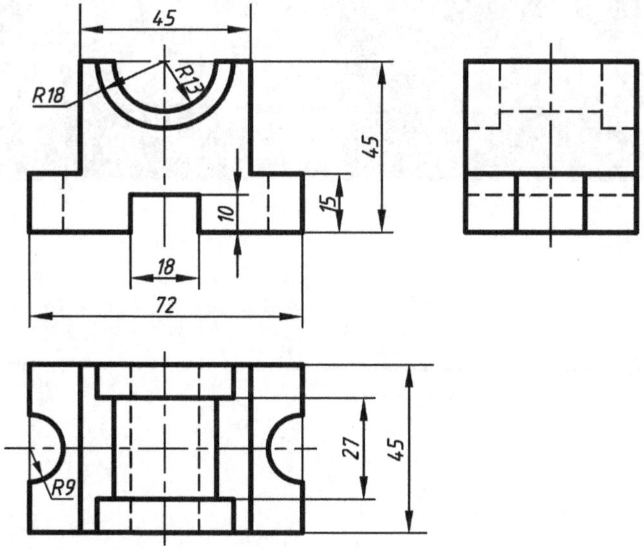

4.

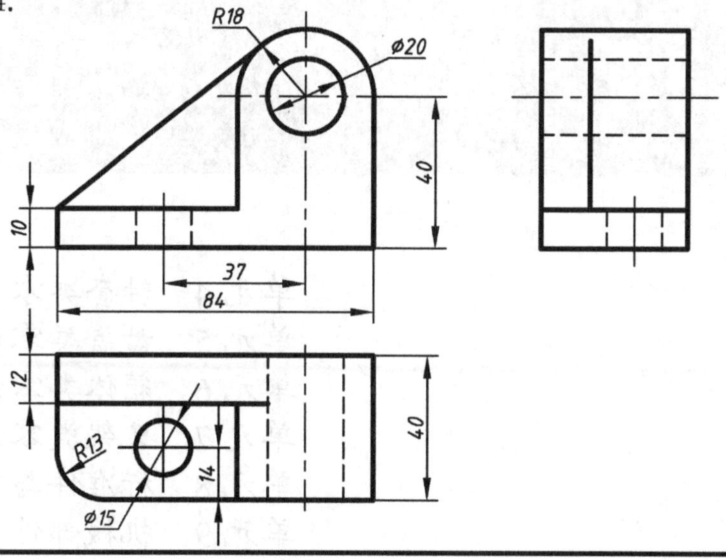

模块2

机械零部件的识读与测绘

单元4　轴套类零件

4-1. 参考立体图，选择一组合适的视图来表达该零件(徒手画，不注尺寸)

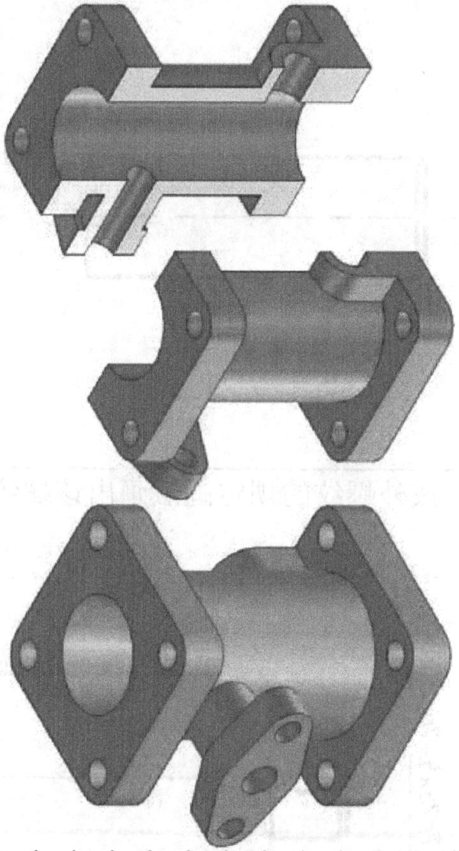

班级　　　　　　　　姓名　　　　　　　　学号

4-2. 根据给出的条件绘制螺纹的视图

1. 已知普通螺纹大径d=16，螺距P=2，右旋，单线，中径与大径的公差带代号均为6g，螺纹有效长度为35。

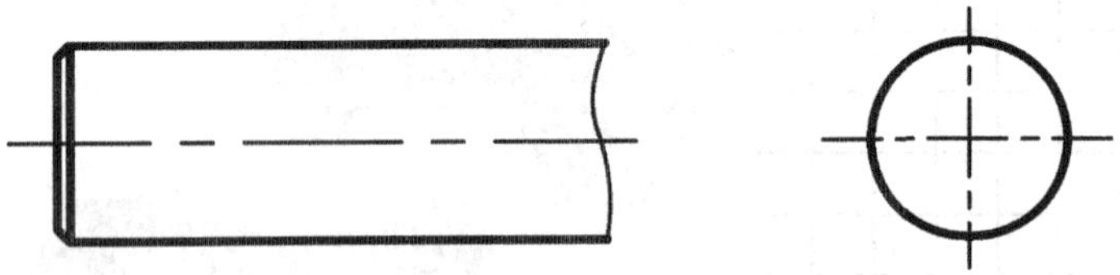

2. 已知普通螺纹（通孔）D=16，螺距P=2.5，右旋，单线，中径与小径公差带代大径号均为6H。

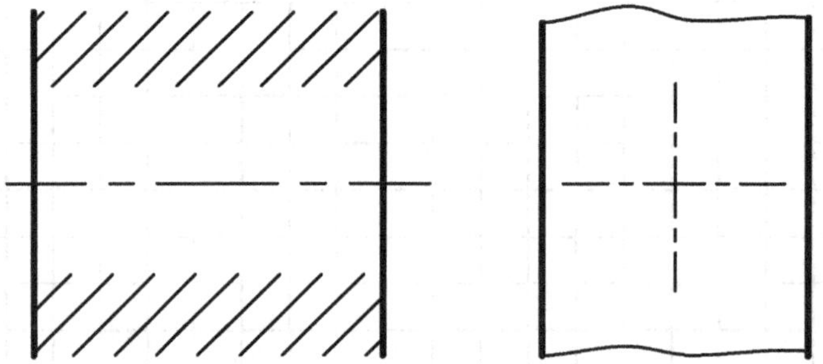

3. 按外螺纹的规定画法画出该螺纹的投影。

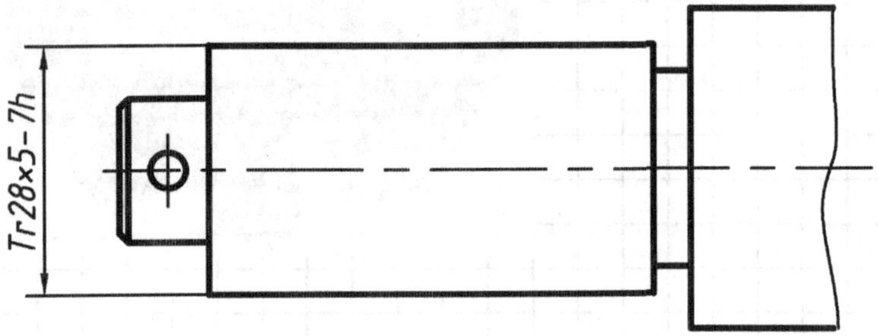

4. 已知普通螺纹大径D=16，螺距P=2，右旋，单线，中径与小径公差带代号均为6H，螺纹有效长度为25。

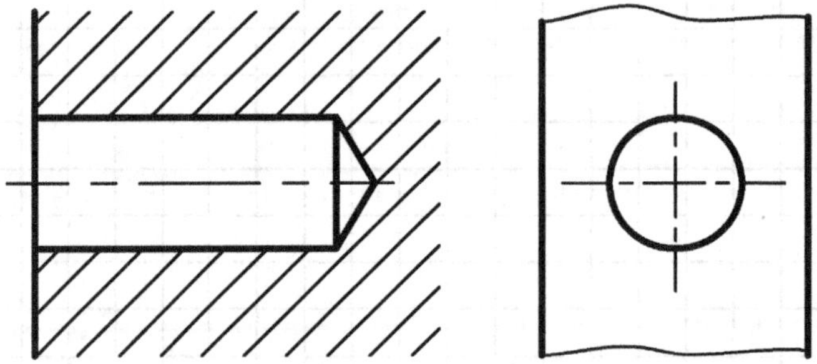

班级　　姓名　　学号

4-3. 螺纹标注

1. 根据给定要求，对下列螺纹结构进行标注。

(1) 普通螺纹:大径20，螺距2.5，右旋,中径及顶径的公差带代号均为6g，中等旋合长度。

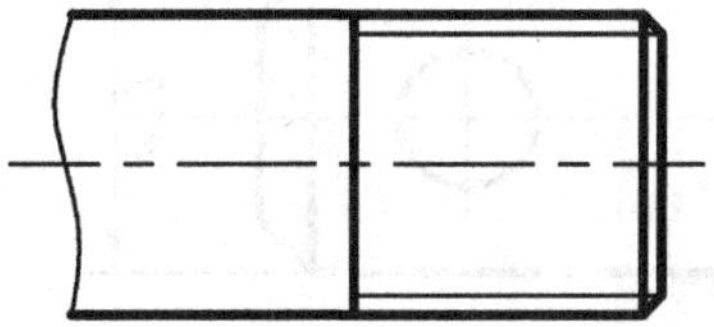

(2) 普通螺纹:大径20，螺距2，左旋，中径和顶径公差带代号为6H，短旋合长度。

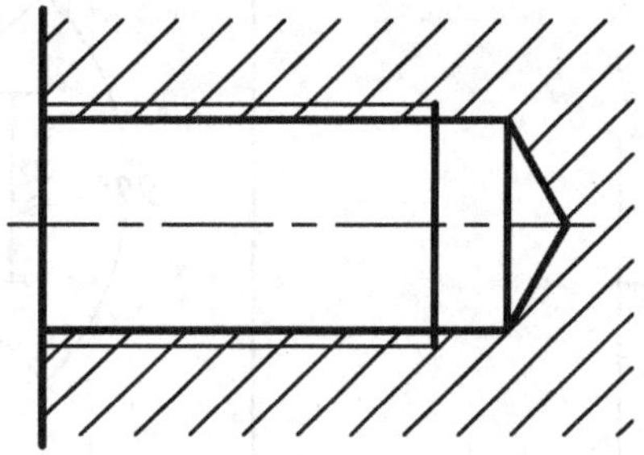

(3) 梯形螺纹：公称直径32,螺距6,双线,右旋,中径公差带代号为8H。

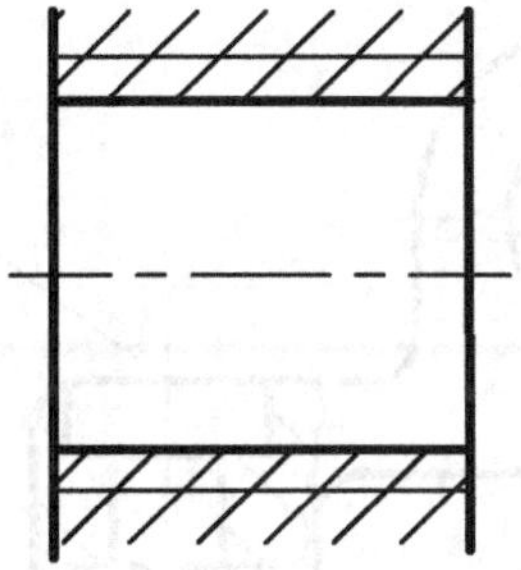

(4) 用螺纹密封的管螺纹：尺寸代号为$1\frac{1}{2}$。

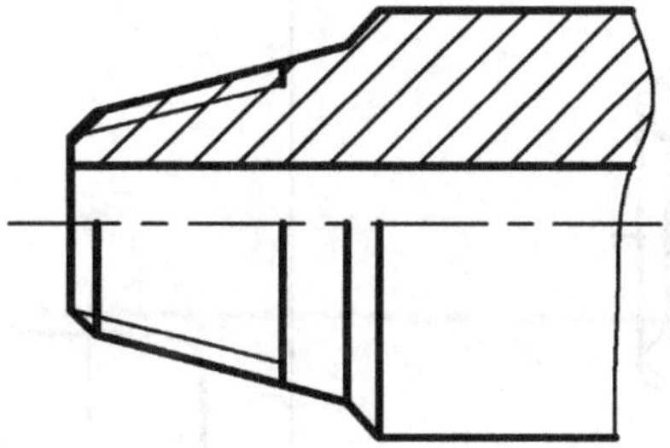

2. 根据图上的螺纹标注，查表填空。

(1)

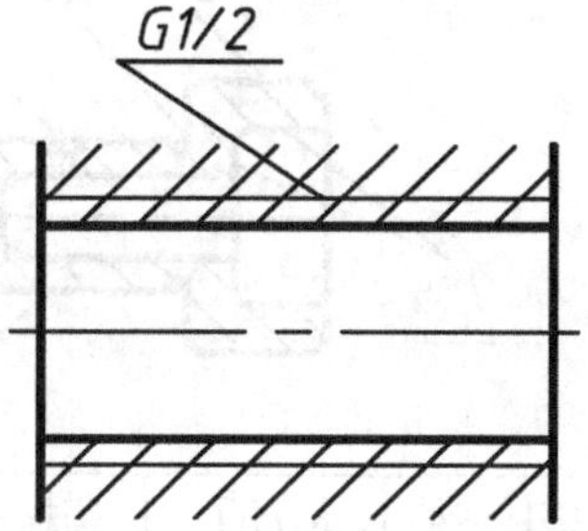

该螺纹为______________________，
尺寸代号为__________，旋向为______。

(2)

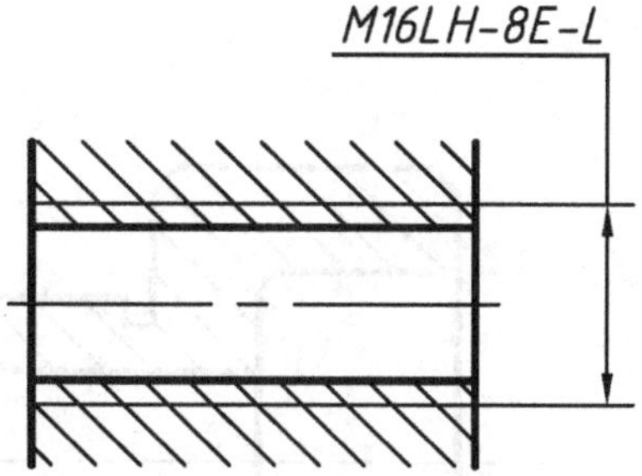

该螺纹为______________________，
螺距________，公称直径为__________，
旋向为__________，中、顶径的公差带为________，旋合长度为________。

4-4. 将指定的表面粗糙度用代号标注在图上

1. 导套

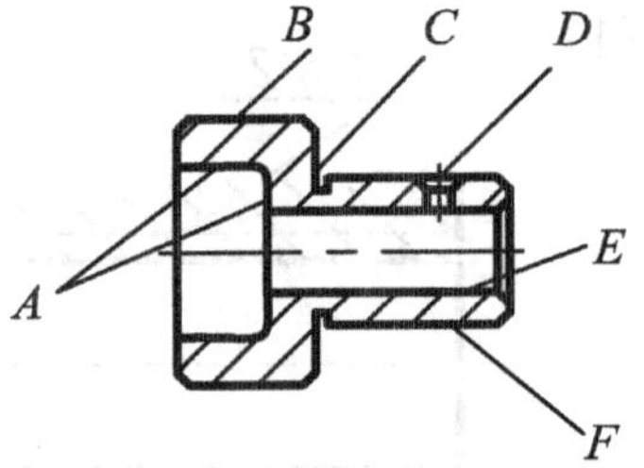

需标注处	Ra值	需标注处	Ra值
A	3.2	E	1.6
B	6.3	F	3.2
C	3.2	其 余	12.5
D	6.3		

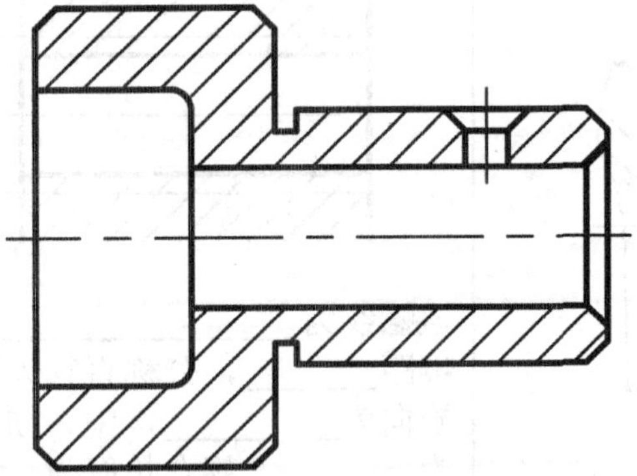

2. 小轴

ϕ20、ϕ30圆柱表面 √Ra 1.6 ；右台阶面 √Ra 3.2 ； 90° 内锥面 √Ra 1.6 ；其余 √Ra 3.2 。

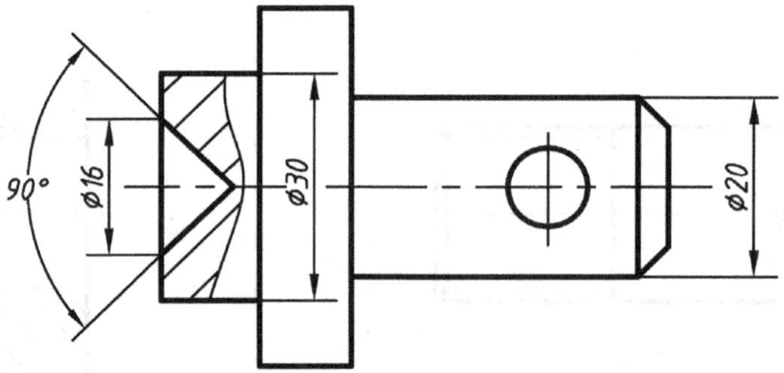

3. 支座

底面 √Ra 6.3 ；台阶孔各面 √Ra 12.5 ；轴孔 √Ra 3.2 ；其余 √ 。

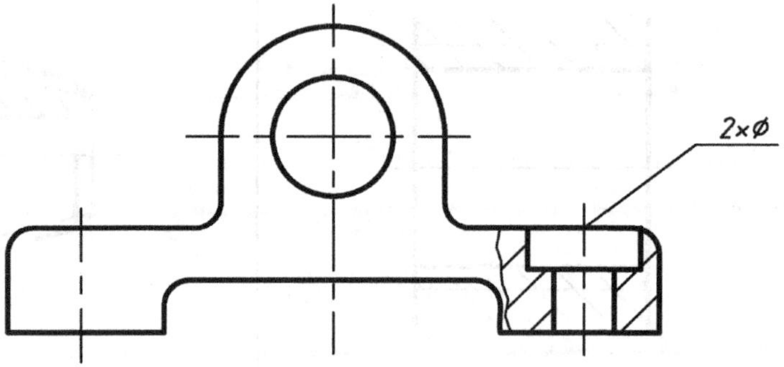

 班级 姓名 学号

说明下表中所示配合代号的意义，在零件图中标注极限偏差值，并填表。

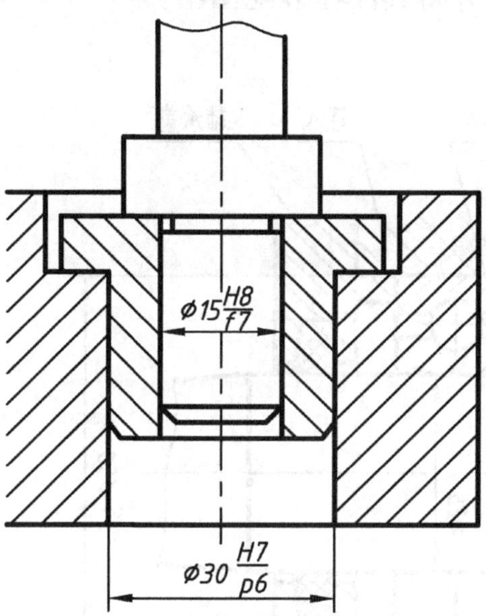

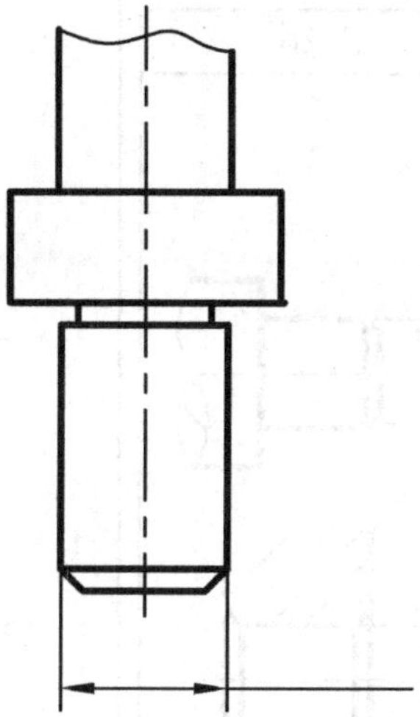

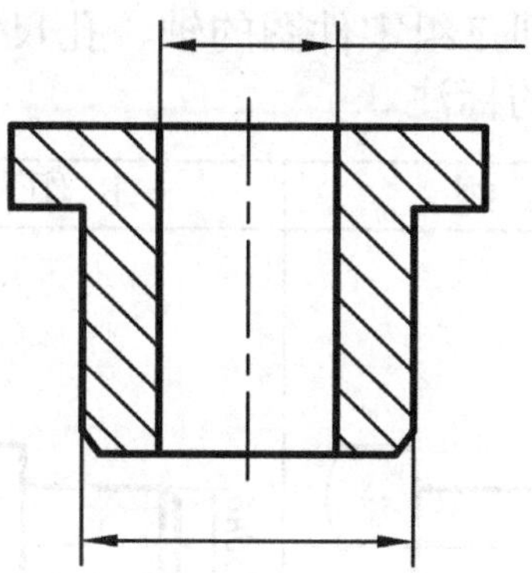

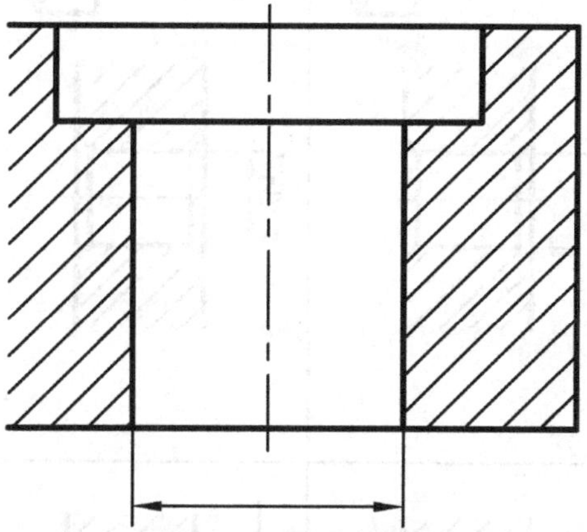

配合代号	公称尺寸	基准制	配合种类	公差等级		孔极限偏差值		轴极限偏差值	
				轴	孔	上	下	上	下
$\phi 15\frac{H8}{f7}$									
$\phi 30\frac{H7}{p6}$									

1. 按下列三组零件图的轴、孔尺寸及公差，在装配图中作相应的标注。

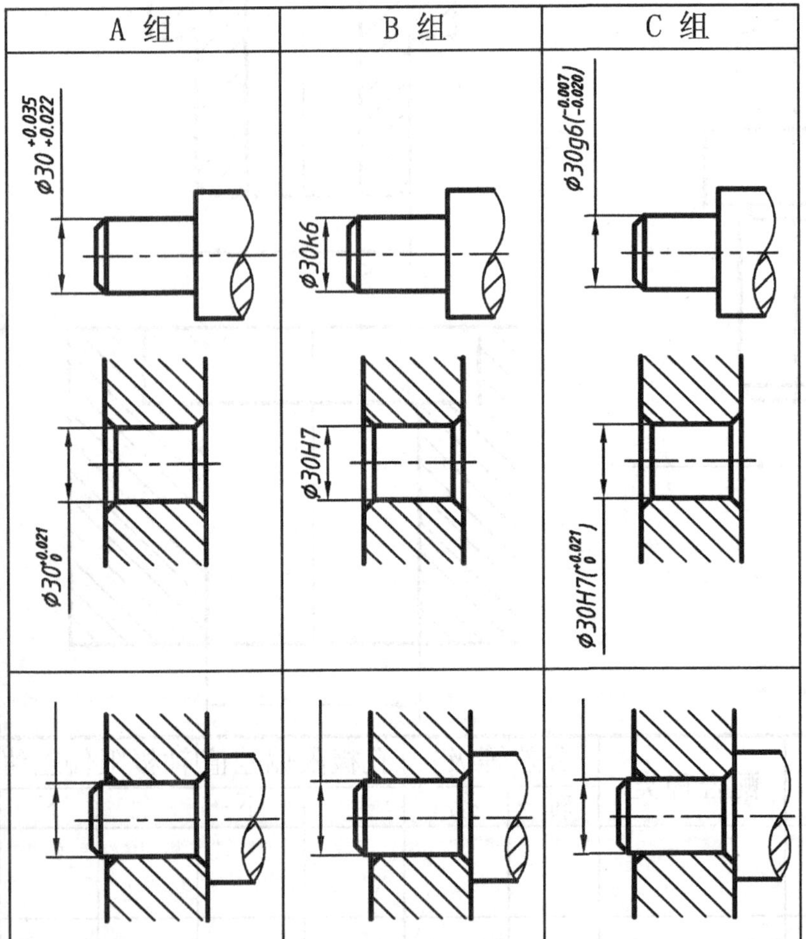

A 组	B 组	C 组
该配合为________配合。	该配合为________配合。	该配合为________配合。

2. 按所给出的各轴、孔的极限偏差值，查表找出相应的公差带代号，并将其注在装配图中。

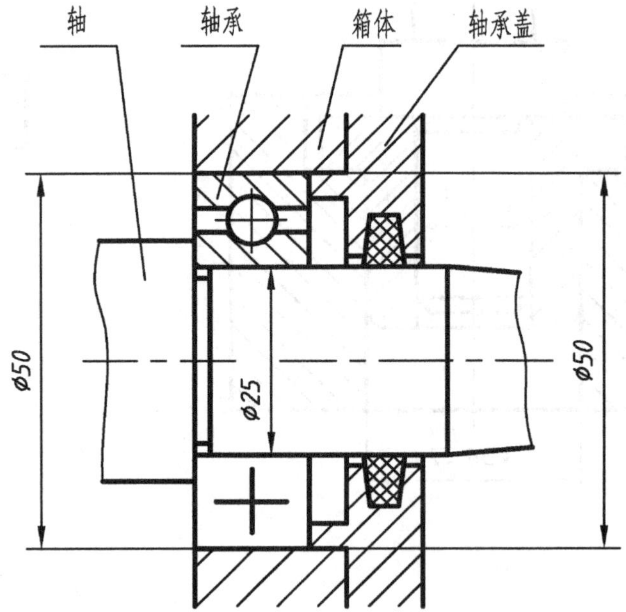

轴径：$\phi25^{+0.015}_{+0.002}$

轴承内孔：$\phi25^{+0.021}_{0}$

轴承外圈：$\phi50^{0}_{-0.016}$

箱体孔：$\phi50^{+0.007}_{-0.018}$

轴承盖左端外圆：$\phi50^{-0.025}_{-0.050}$

 班级 姓名 学号

把装配图上的公差代号标注在零件图的相应位置上。

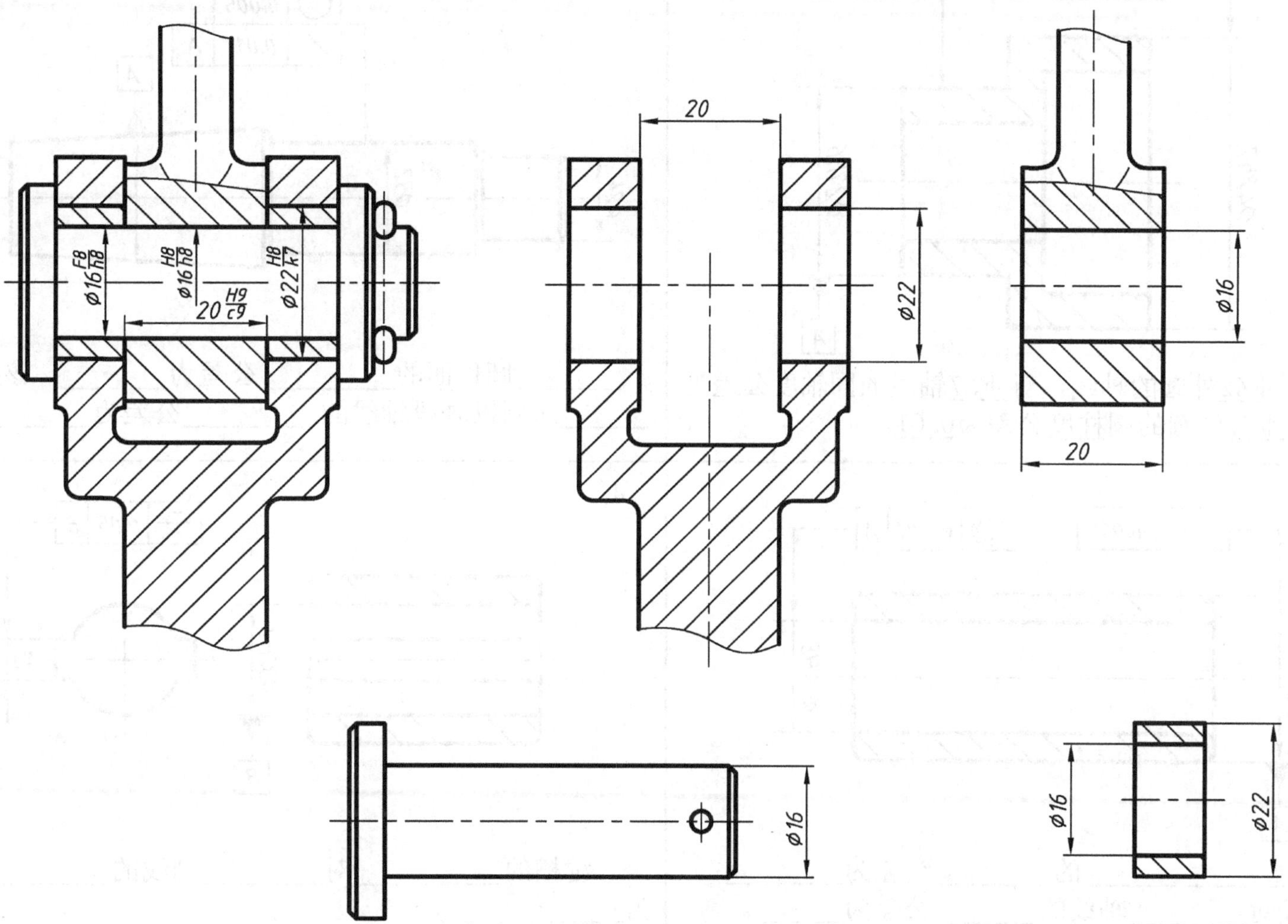

4-8.识读几何公差

1.

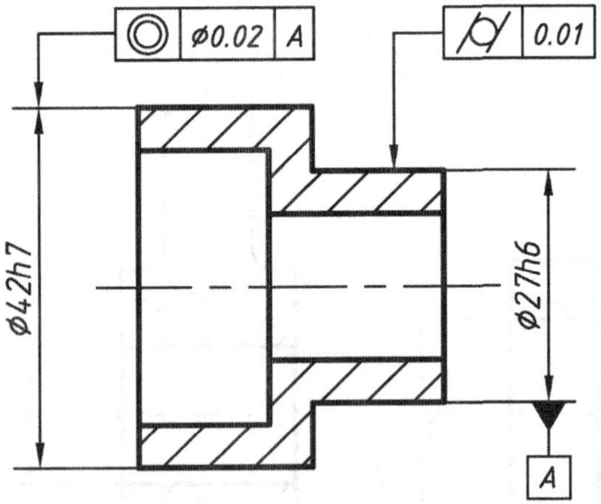

例：ϕ42外圆的轴线，对ϕ27轴线的同轴度公差为ϕ0.02；ϕ27外圆的圆柱度公差为0.01。

2.

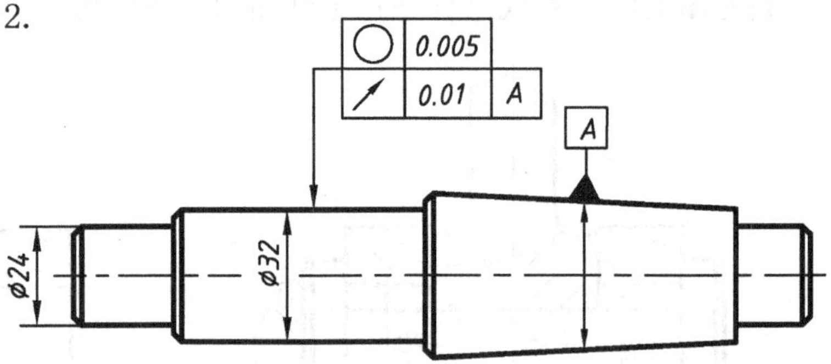

________圆柱面的__________公差为________；该外圆______对圆锥轴段轴线的__________公差为_______。

3.

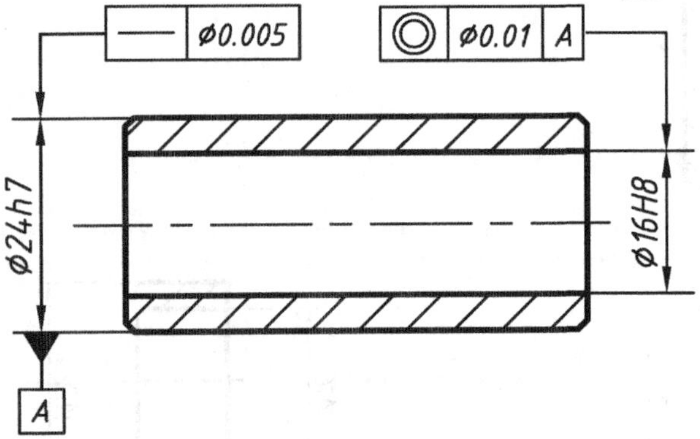

___________________的_________公差为_________；内孔轴线对_________轴线的________公差为______。

4.

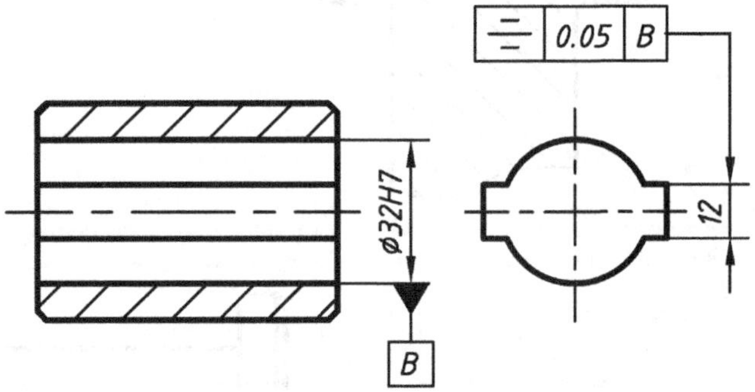

键槽的___________对__________轴线的__________公差为_____________。

 班级 姓名 学号

1. 轴:

(1) 左端 ϕ30圆柱的圆度公差为0.004,其轴线的直线度公差为 ϕ0.012。

(2) ϕ60圆柱的左端面对右端面平行度公差为0.02。

(3) ϕ60圆柱的轴线对两个 ϕ30圆柱的公共轴线的同轴度公差为 ϕ0.015。

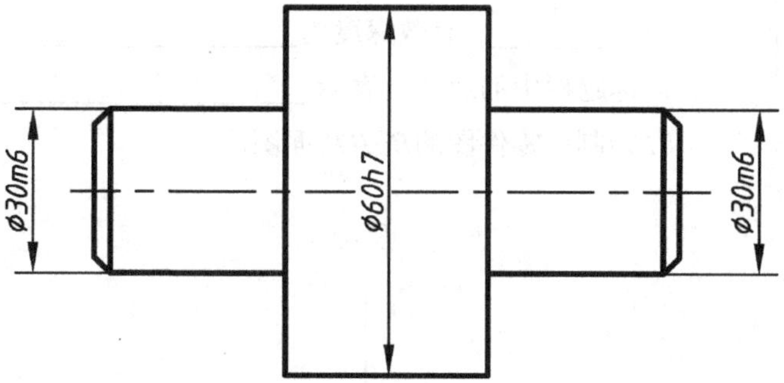

2. 套:

(1) ϕ80外圆柱面的圆柱度公差为0.04。

(2) ϕ80外圆柱面对 ϕ40孔轴线的径向圆跳动公差为0.04。

(3) 左端面对孔轴线的垂直度公差为0.01。

(4) 左右两个端面的相互平行度公差为0.02。

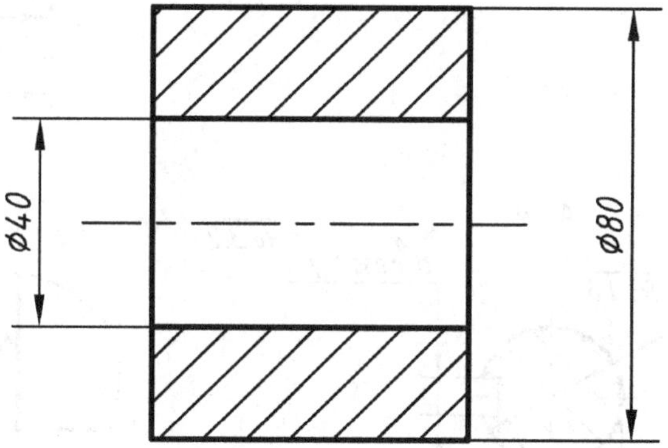

4-10. 阅读“搅拌轴”零件图

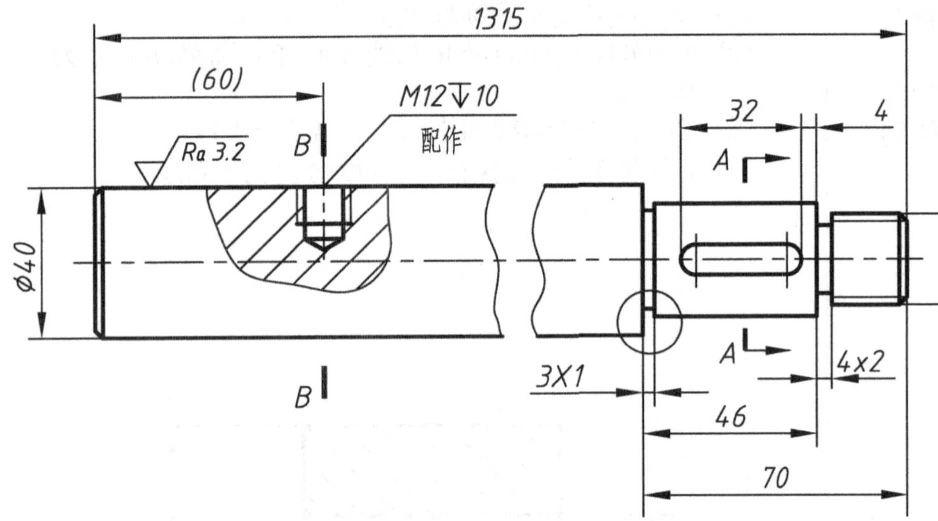

1. 该零件的主视图符合________位置原则，采用了__________剖视和__________画法。除主视图外，该零件还采用了______________。

2. 用符号“▲”在图中标出该零件的径向尺寸基准和轴向尺寸基准。

3. 键槽的宽度为________，深度为_________。

4. 该零件__________面表面粗糙度要求最高，*Ra*值为__________。

5. 螺纹退刀槽的宽度为______，深度为____。

6. “M12”螺纹孔为普通________牙螺纹，大径为________，有效深度为____________。

7. 标题栏中的“45”表示______________。

8. 绘制该零件图的*B*-*B*断面图。

A-A

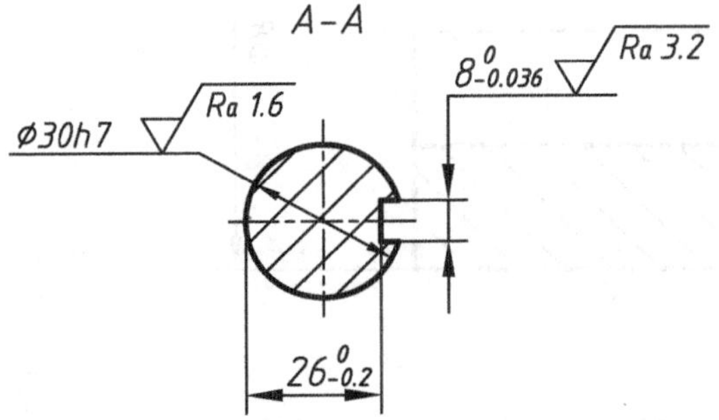

5:1

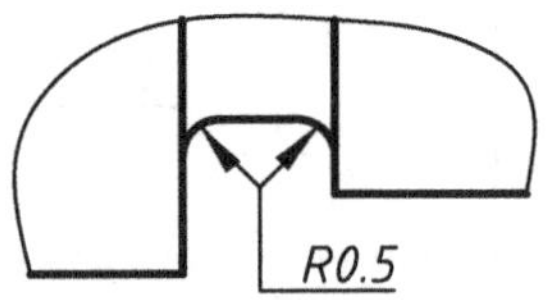

B-B

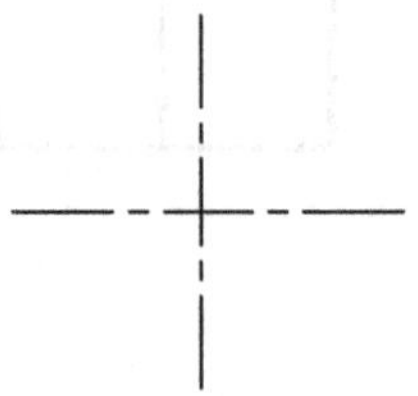

技术要求
未注倒角C1

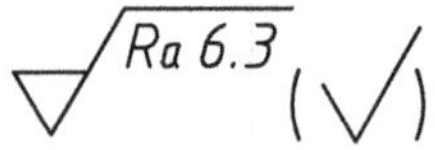

设 计			搅 拌 轴	(图 号)	
工 艺				比 例	1:2
审 核			45	(企业名)	

班级　　　　姓名　　　　学号

4-11. 阅读“方轴”零件图

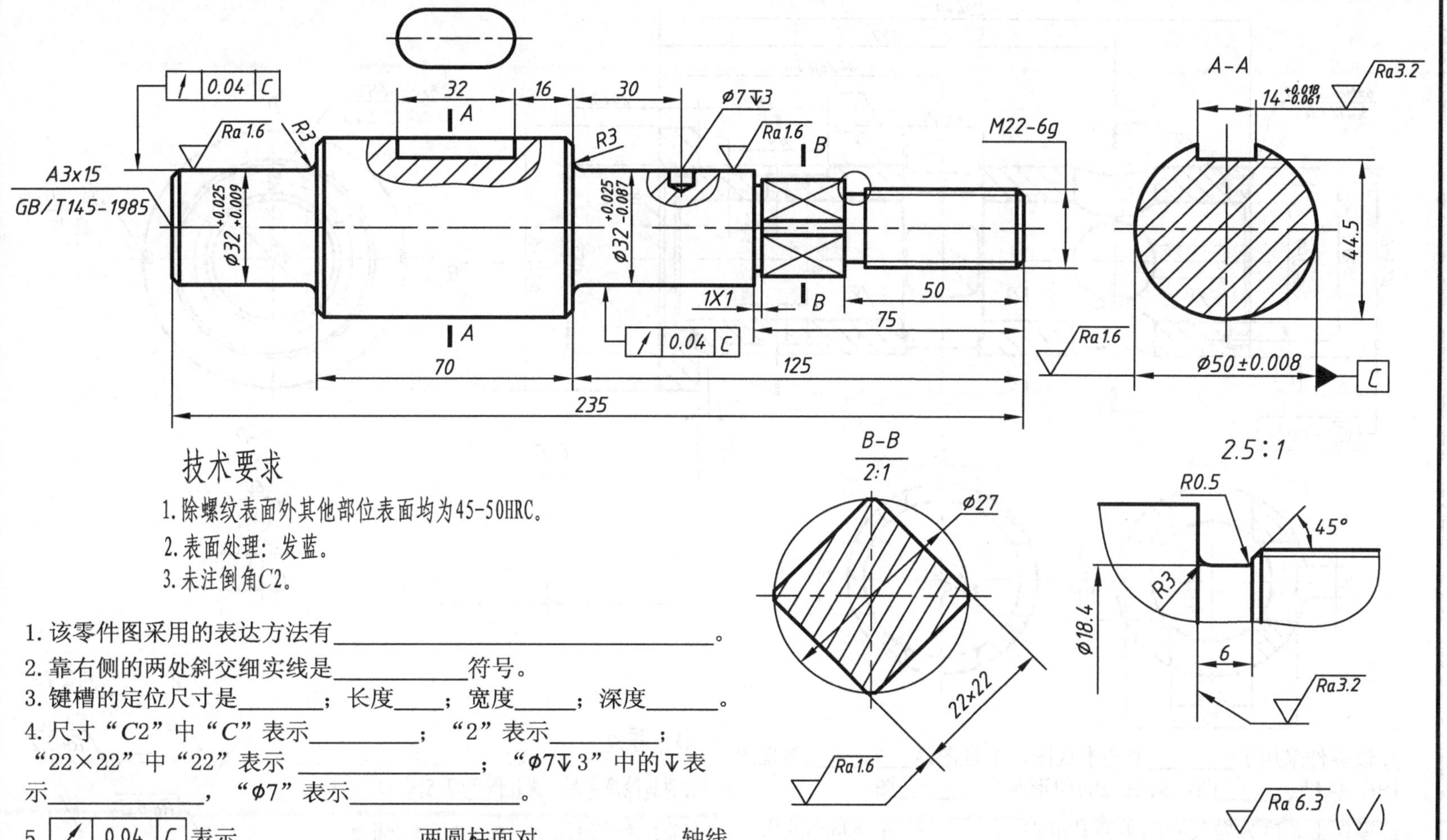

技术要求

1. 除螺纹表面外其他部位表面均为45-50HRC。
2. 表面处理：发蓝。
3. 未注倒角C2。

设计			方轴	（图号）
工艺				比例 1:1
审核			45	（企业名）

1. 该零件图采用的表达方法有________________。
2. 靠右侧的两处斜交细实线是________符号。
3. 键槽的定位尺寸是______；长度____；宽度____；深度____。
4. 尺寸“C2”中“C”表示________；“2”表示________；“22×22”中“22”表示________；“ϕ7↧3”中的↧表示________，“ϕ7”表示________。
5. [↗ 0.04 C] 表示________两圆柱面对________轴线的________公差为________。
6. 尺寸“A3×15”表示的结构是____________。

4-12. 阅读“套筒”零件图

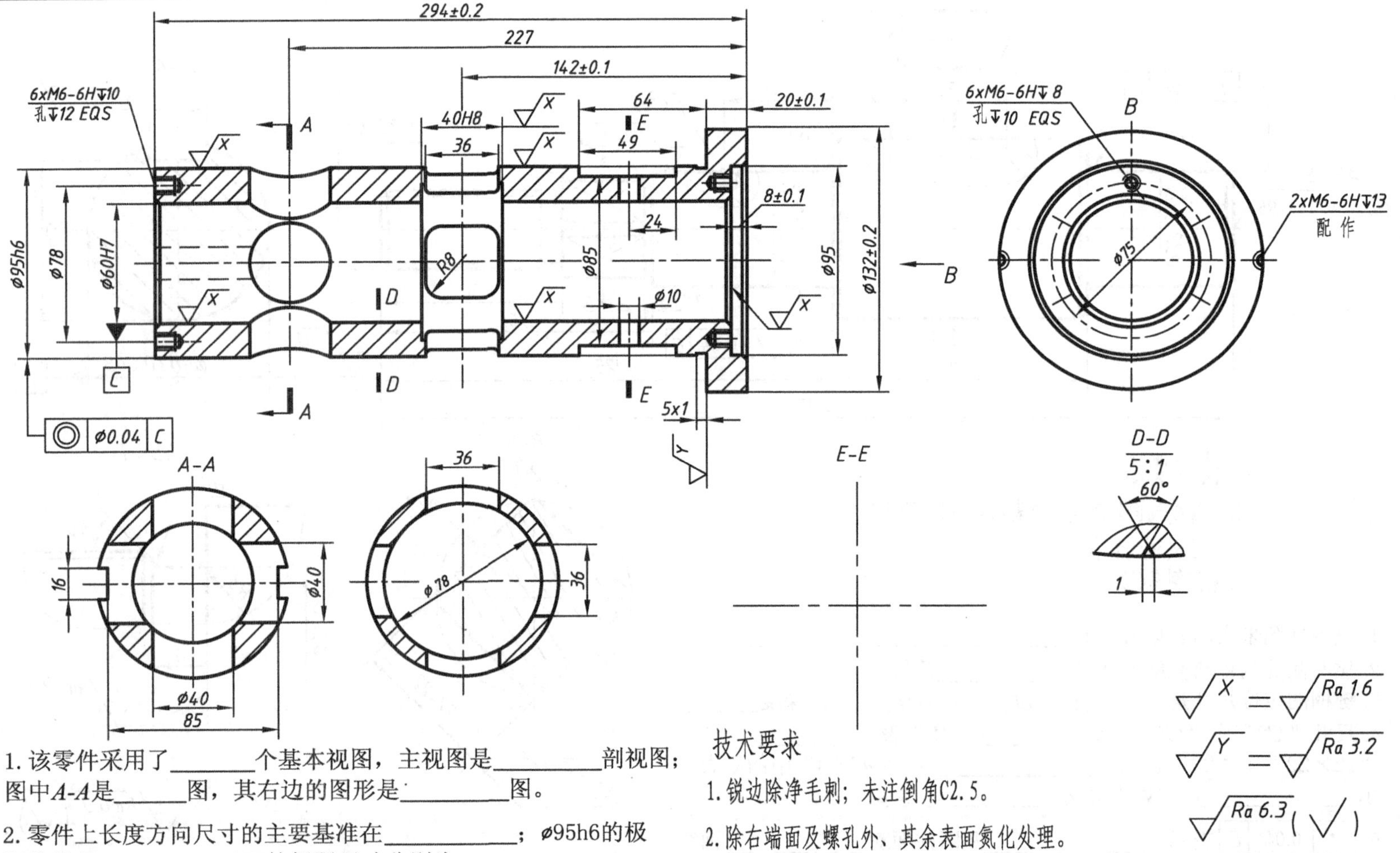

1. 该零件采用了________个基本视图，主视图是__________剖视图；图中*A-A*是_______图，其右边的图形是__________图。

2. 零件上长度方向尺寸的主要基准在____________；ø95h6的极限偏差是________；ø60H7的极限尺寸分别为_______________。

3. *B*向视图是__________视图，采用了___________画法；图形*D-D*是_________________。

4. 在指定位置补画E-E断面图。

技术要求

1. 锐边除净毛刺；未注倒角C2.5。

2. 除右端面及螺孔外、其余表面氮化处理。

设 计			套 筒	（图 号）	
工 艺				比 例	1:1
审 核			45	（企业名）	

班级 姓名 学号

4-13.阅读“轴”零件图，并作CAD三维造型

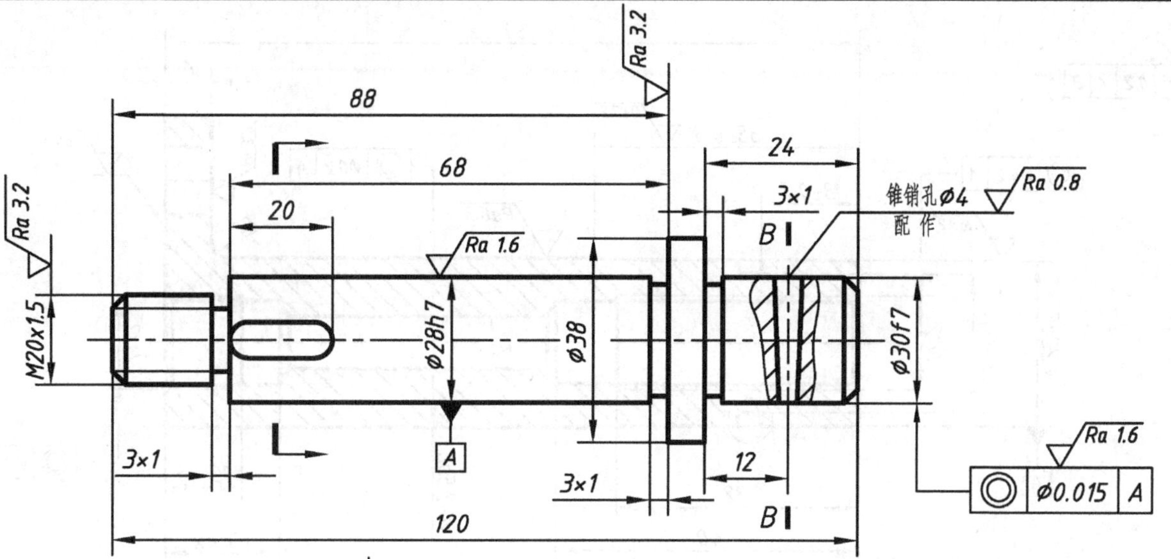

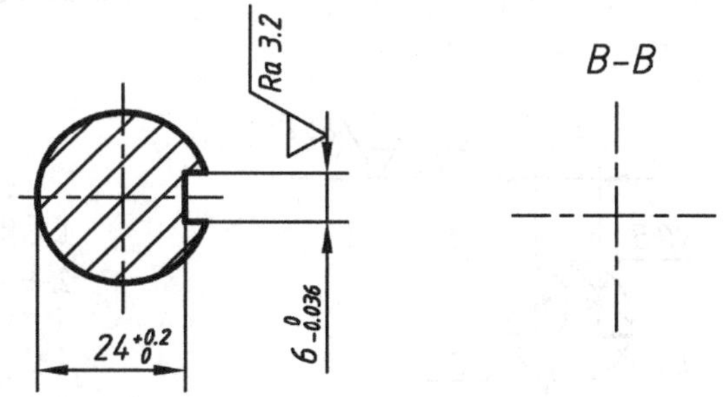

1. 该零件的主视图为______________剖视图。
2. 用符号“▲”在图中标出该零件的径向尺寸基准和轴向尺寸基准。
3. 键槽的宽度为_________，深度为__________。
4. 此零件_________面表面粗糙度要求最高，Ra为_________。
5. 螺纹退刀槽的宽度为_________，深度为__________。
6. 锥销孔的定位尺寸为______________。
7. 解释“M20×1.5”的含义______________________________。
8. 在指定位置补画B-B断面图。

技术要求:

1、未注倒角C1。

2、调质230HBS。

Ra 6.3 (√)

设 计			轴	（图 号）	
工 艺				比 例	
审 核			45	（企业名）	

4-14. 阅读“长感应支撑器”零件图，并作CAD三维造型

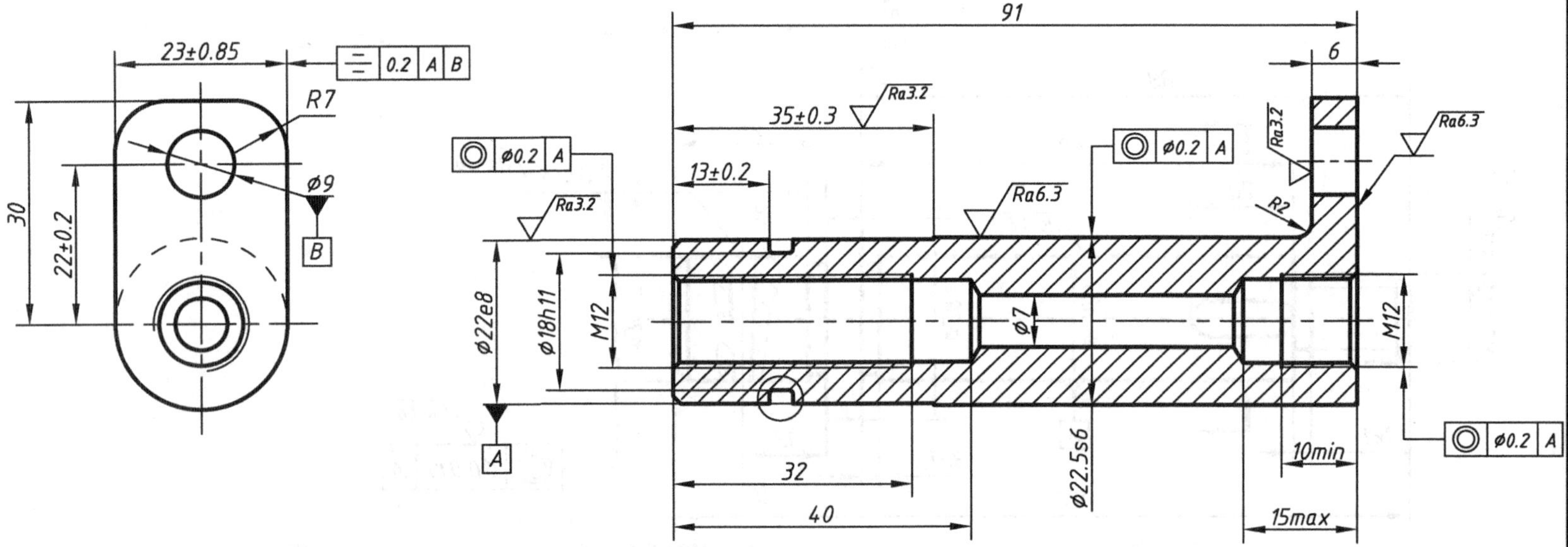

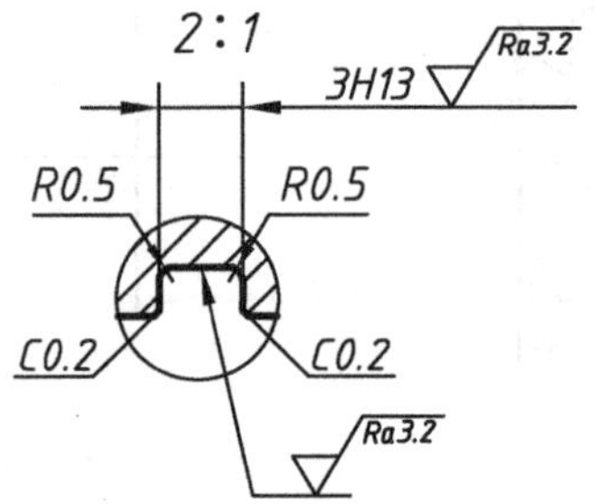

技术要求

1. 零件表面不得有磕碰划伤
2. 未注倒角C1

Ra 12.5 (√)

1. 该零件图采用的表达方法有______________________________。

2. 尺寸“ϕ22.5s6”的公称尺寸为__________，上偏差为__________，下偏差为__________，公差为____________。

3. 用符号“▲”在图中标出该零件的径向尺寸基准和轴向尺寸基准。

4. | ⌯ | 0.2 | A | B | 表示____________对____________________轴线的____________公差为______________。

设 计			长感应支撑器	（图 号）	
工 艺				比 例	
审 核			A356-T6	（企业名）	

班级　　　　姓名　　　　学号

4-15. 绘制“输出轴”的零件工作图(选择合适的比例、图幅；应用类比法确定粗糙度和几何公差)

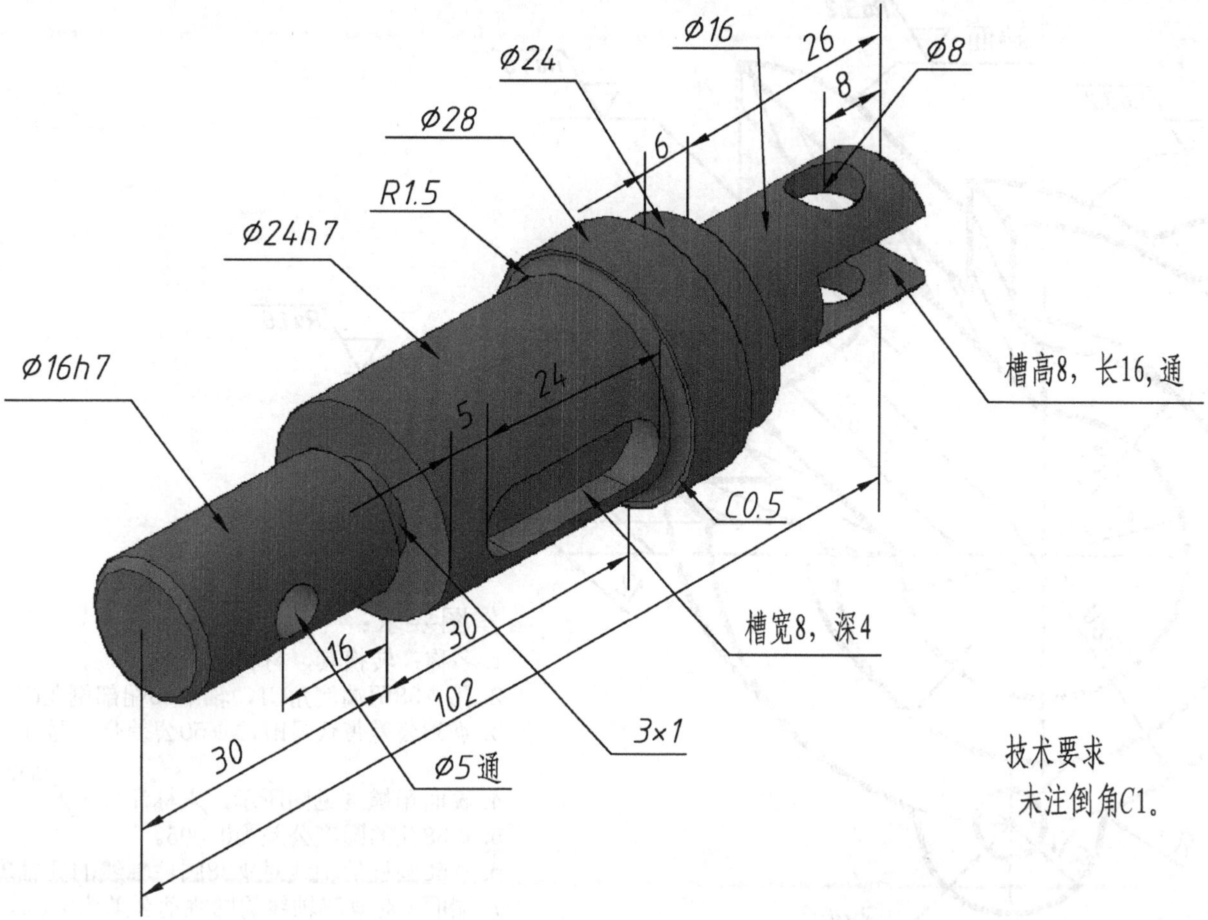

技术要求

未注倒角C1。

设计			输出轴	(图号)	
工艺				比例	1:1
审核			45	(企业名)	

4-16. 根据立体图绘制“转换套”完整的零件图

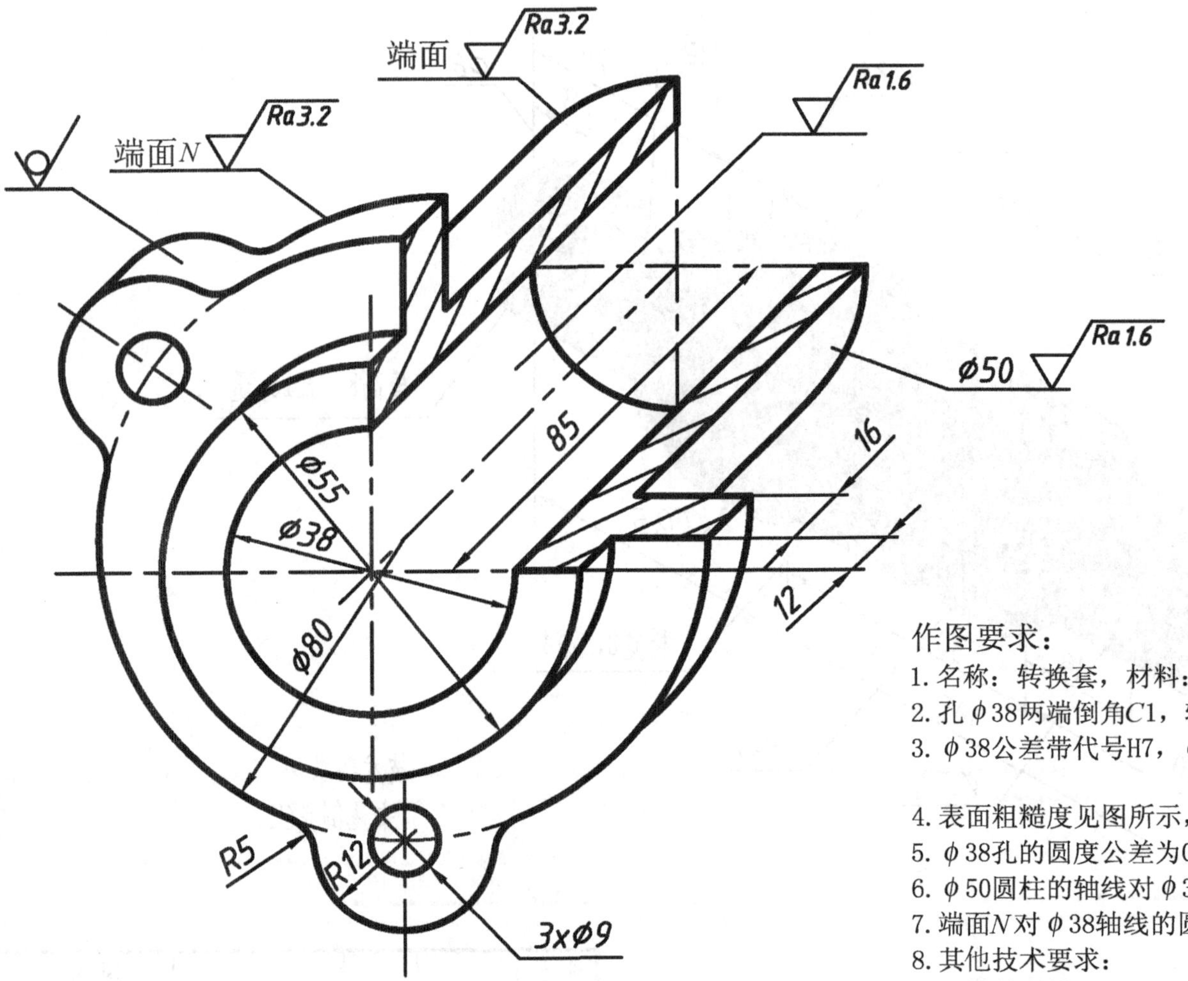

作图要求：

1. 名称：转换套，材料：HT150。
2. 孔 ϕ38两端倒角$C1$，轴 ϕ 50端部倒角$C2$。
3. ϕ 38公差带代号H7，ϕ 50公差带代号m6。
4. 表面粗糙度见图所示，未标注处 Ra 6.3 。
5. ϕ 38孔的圆度公差为0.005。
6. ϕ 50圆柱的轴线对 ϕ 38圆柱轴线的同轴度公差为 0.01。
7. 端面N对 ϕ 38轴线的圆跳动公差为0.02。
8. 其他技术要求：
 (1)铸件时效处理。
 (2)锐边去除毛刺。

班级　　姓名　　学号

作业指导书 5

一．工作任务

测绘轴类(或套类）零件，绘制零件工作图。

二．工作要求

1. 比例 1∶1；图幅 A4(或A3)。
2. 表达方案合理。
3. 投影正确。
4. 尺寸基准选择合理。
5. 技术要求标注规范。
6. 线型、字体等符合机械制图国家标准的要求。

三．任务指导

1. 在选择表达方案时，建议按加工位置放置零件，主视图考虑整体形象作投影方向。

轴类零件的主视图可采用局部剖等表示方法，其他视图可用断面图、局部放大图等方法；而套类零件的主视图可采用全剖、半剖或局部剖，其他视图可用基本视图、剖视图、对称简化画法、相同结构的简化画法等。

可提出几个表达方案比较选优，然后选出最佳方案。

2. 轴套类零件选择整体轴线为其径向尺寸基准，轴向则选择重要的台阶面作为尺寸基准。

3. 技术要求的标注采用类比法，可参考教材有关图例并在指导老师的指导下进行。

4. 测绘量具有游标卡尺、千分尺及钢直尺等。注意对测量数值圆整处理，键槽等标准结构的尺寸需查表确定。

一级直齿圆柱齿轮减速器从动轴装配线

从动轴三维造型

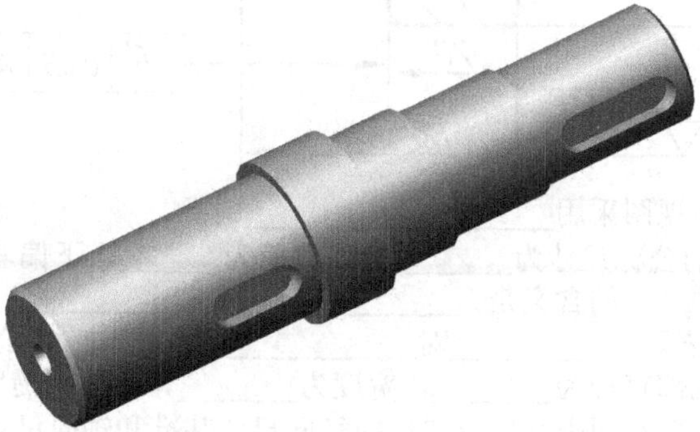

单元 5　盘盖类零件

5-1. 阅读“圆盘”零件图

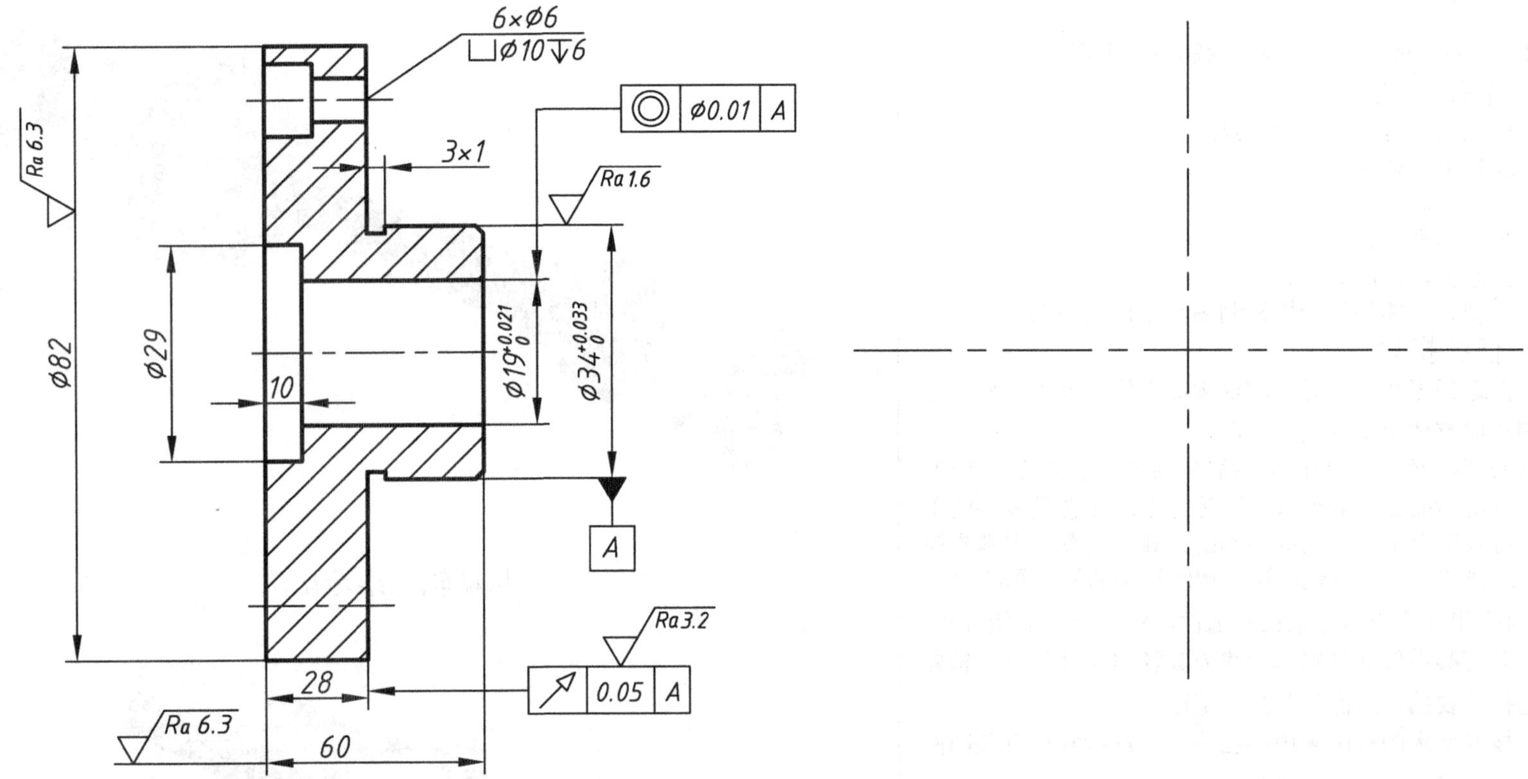

1. 该零件的主视图采用________________剖视。
2. 孔$\phi 19^{+0.021}_{0}$ 的公称尺寸为______，上偏差为______，下偏差为______，公差为______ 。
3. 尺寸“$\frac{6\times\phi 6}{⌴\phi 10↧6}$”的含义是：____。
4. [◎ | ϕ0.01 | A] 表示__________对__________的__________公差为 ϕ0.01。
5. 退刀槽的底部直径为______，宽度为______，表面粗糙度*Ra*为______。
6. 用符号“▲”在图中标出该零件的径向尺寸基准和轴向尺寸基准。
7. 补画该零件的左视图。

Ra 12.5 (√)

设计			圆盘	(图号)	
工艺				比例	1:1
审核			45	(企业名)	

5-2. 阅读“托盘”零件图

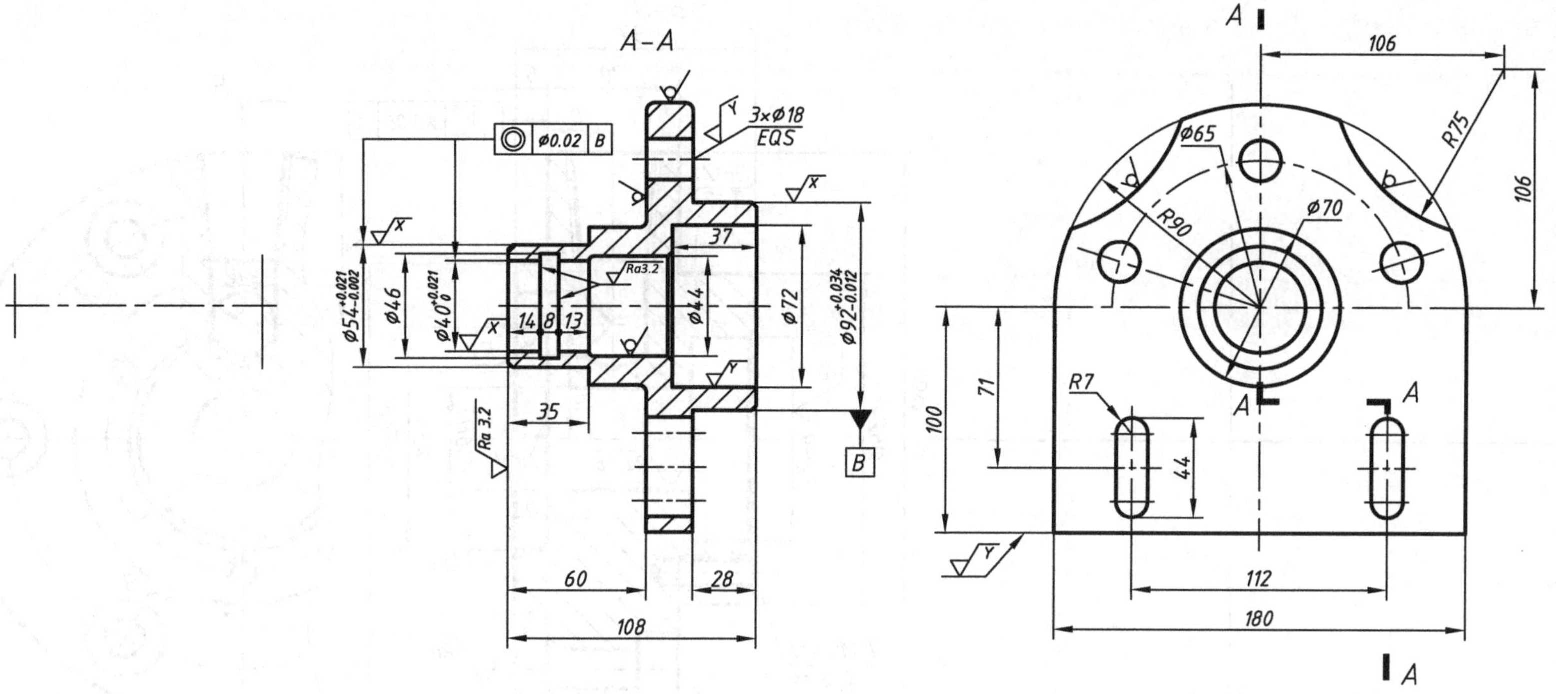

1. 该零件图的主视图是________剖视，采用了________________________的剖切平面。

2. 轴$\phi 54^{+0.021}_{+0.002}$的公称尺寸为_______，查表可知其公差带代号为___________。

3. 尺寸“$\frac{3\times\phi 18}{EQS}$”的含义是:__________________________________。

4. [◎ | ϕ0.02 | B]表示__________________对__________的________公差为0.02。

5. 用符号“▲”在图中标出该零件在各个方向上的尺寸基准。

6. 在指定位置将主视图改画成视图（虚线不画）。

技术要求

1. 铸件不得有砂眼及裂纹;

2. 未注倒角C2，未注圆角R2~R4。

$\sqrt{X}$ = $\sqrt{Ra\ 1.6}$

$\sqrt{Y}$ = $\sqrt{Ra\ 12.5}$

$\sqrt{Ra\ 6.3}$ ($\sqrt{}$)

设 计			托 盘	（图 号）	
工 艺				比 例	1:1
审 核			HT150	（企业名）	

班级　　　　姓名　　　　学号

5-3. 阅读“法兰盘”零件图

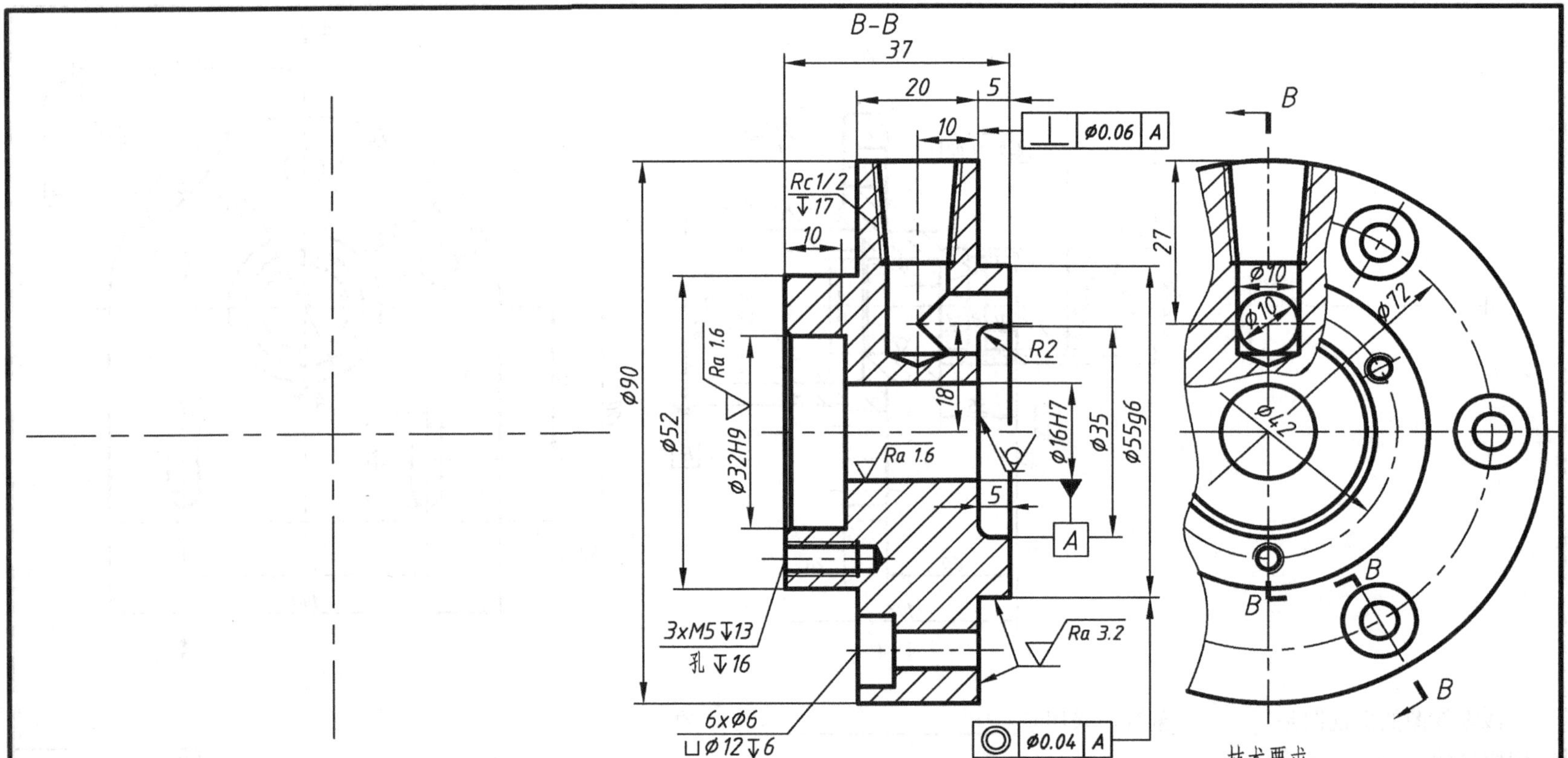

技术要求

1. 铸件不得有砂眼、裂纹等缺陷；

2. 未注倒角C1.5。

Ra 12.5 (√)

1. 该零件的主视图是________剖视图，采用________的剖切平面。
2. 该零件长度方向尺寸的主要基准在零件的______侧，是直径为______圆柱的______端面。
3. 该零件上有______处几何公差，分别是________度和________度，测量基准是____________。
4. 该零件左端面凸缘有______个螺孔，公称尺寸是________，螺纹长度是________。
5. 该零件左端面有________个是柱形沉孔，尺寸是________________。
6. 在指定位置画出该零件的右视图（虚线不画）。

设 计			法兰盘	（图 号）	
工 艺				比 例	
审 核			HT150	（企业名）	

 班级 姓名 学号

5-4. 阅读“方盖”零件图

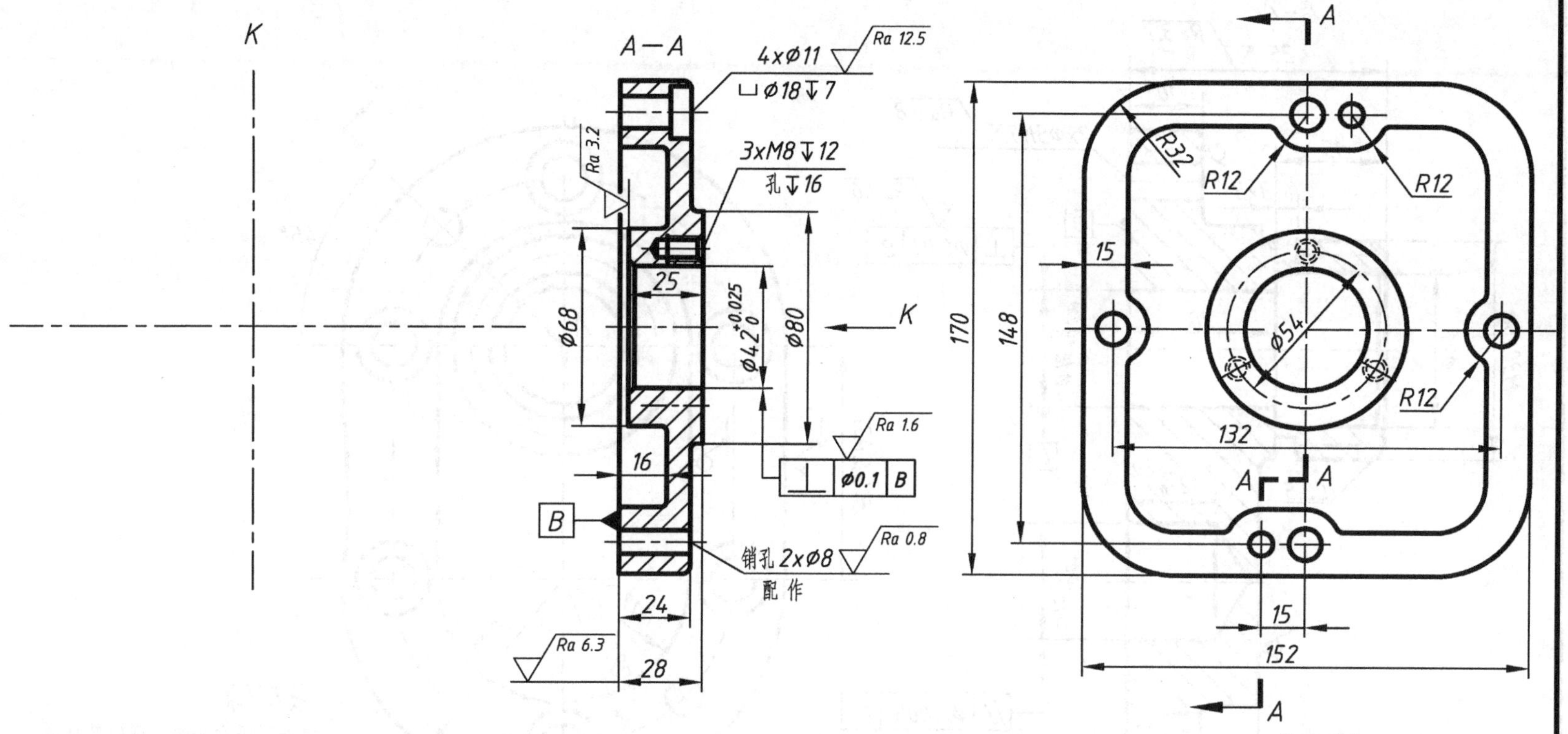

技术要求

1. 未注铸造圆角均为R2～R3。
2. 未注孔口倒角均为C2。

1. 该零件的主视图是________剖视图，采用的是__________剖切平面。
2. 零件轴向尺寸的主要基准是________________，径向尺寸的主要基准是____________________。
3. 该零件右端凸缘上有____个螺孔，公称尺寸________，螺纹长度________。
4. 该零件________面粗糙度要求最高，Ra值是________。
5. 在指定位置画出K向视图。

设计			方盖	（图号）	
工艺				比例	
审核			HT150	（企业名）	

5-5. 阅读“泵盖”零件图，并作CAD三维造型

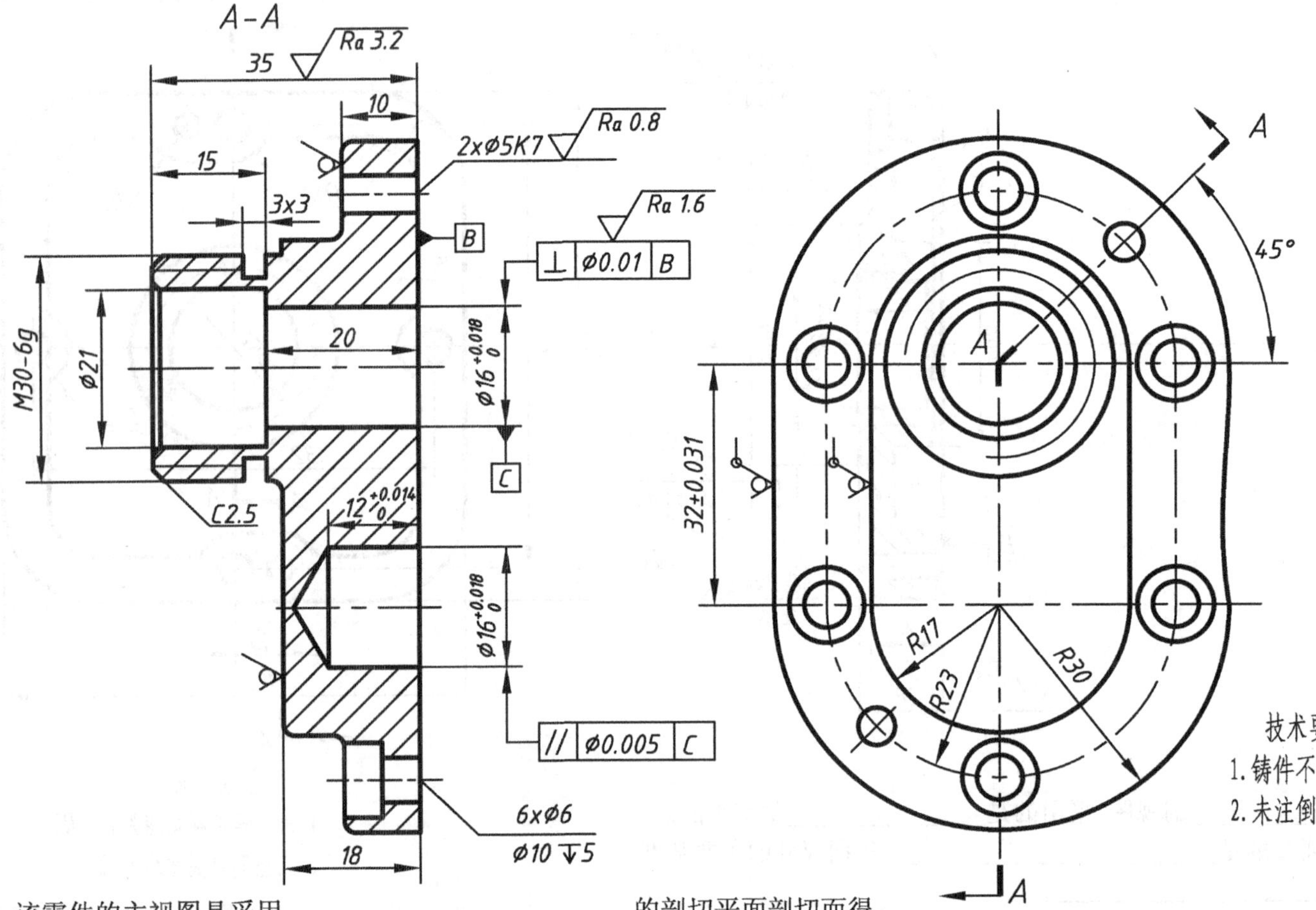

技术要求

1. 铸件不得有砂眼、裂纹等缺陷;
2. 未注倒角C1，未注圆角R1~R2。

Ra 12.5 (√)

1. 该零件的主视图是采用__________________的剖切平面剖切而得。
2. 零件上有____处几何公差，分别是______度和_____度，基准分别是___________和____________。
3. 该零件上有____个销孔，尺寸是______；有________个沉孔，尺寸是__________。
4. 尺寸$\phi 16^{+0.018}_{0}$ 的最大极限尺寸是__________，其公差带代号是______________。

设计		泵 盖	(图 号)	
工艺			比例	1:1
审核		HT150	(企业名)	

　　班级　　姓名　　学号

5-6. 阅读“阀盖”零件图，并作CAD三维造型

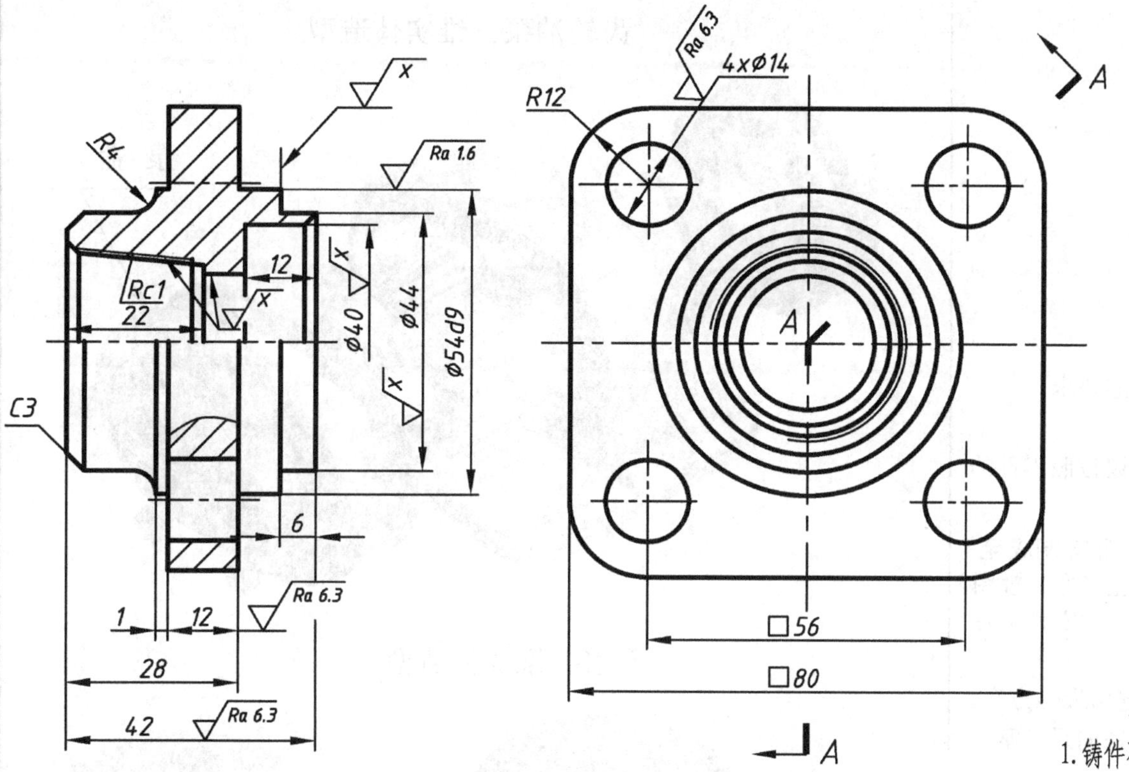

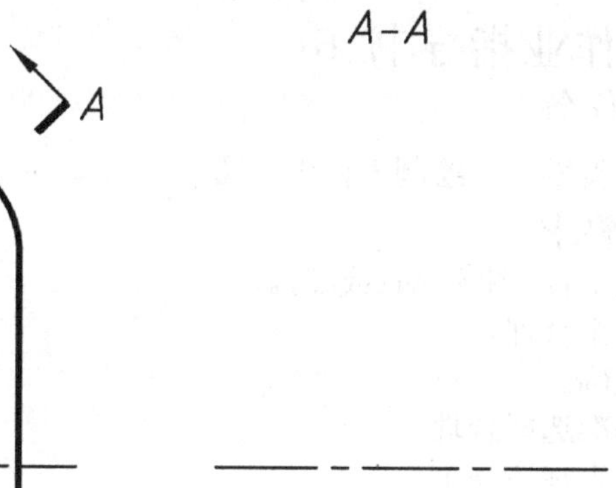

技术要求

1. 铸件不得有砂眼、裂纹等缺陷；
2. 锐边倒钝，孔口倒角C1.5。

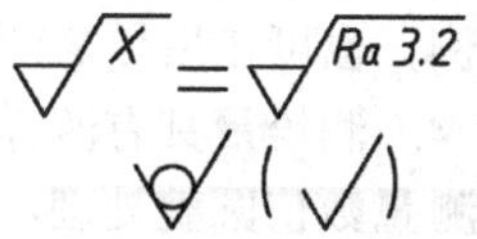

1. 该零件共采用了 ______个视图，主视图采用了 ________剖和________剖。
2. 该零件边缘分布有_______个孔，其定位尺寸为 ________________。
3. 尺寸“*C*3”中的“*C*”表示____________；“3”表示 ______________。
4. ϕ54d9的外圆直径，尺寸最大可加工成____________，最小可加工成

_________，公差为______，公差带代号为_____，基本偏差代号为_________。

5. 符号 √Ra 1.6 表示该表面可用 ___________方法获得，其单位为__________。
6. 在指定位置将主视图改画成*A*-*A*全剖视图。

设 计			阀 盖	（图 号）	
工 艺				比 例	
审 核			*HT150*	（企业名）	

班级　　　　姓名　　　　学号

作业指导书 6

一．工作任务

测绘盘盖类零件，绘制零件工作图。

二．工作要求

1. 比例 1：1；图幅 A4(或A3)。
2. 表达方案合理。
3. 投影正确。
4. 尺寸基准选择合理。
5. 技术要求标注规范。
6. 线型、字体等符合机械制图国家标准的要求。

三．任务指导

1. 在选择盘盖类零件的表达方案时，建议按照零件的加工位置放置。

该类零件的主视图可灵活采用剖切平面绘制成全剖、半剖或局部剖视图；其他视图一般为左（右）视图，在表达了主体结构形状特征的同时，同时表达零件上各种孔的分布状态。

可提出几个表达方案比较选优，然后选出最佳方案。

2. 盘盖类零件一般选择整体轴线作为其径向尺寸基准，轴向则选择重要的端面作为尺寸基准。
3. 技术要求的标注可采用类比法，如参考教材有关图例，也可在指导老师的指导下进行。
4. 测绘量具有游标卡尺、千分尺及钢直尺等。注意对测量数值圆整处理，销孔、螺孔等标准结构的尺寸需要查表确定。

齿轮油泵三维实体造型

泵盖三维实体造型

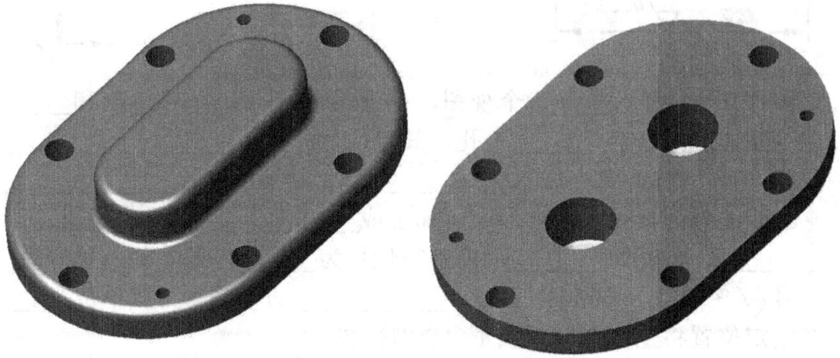

6-1. 阅读“阀座”零件图

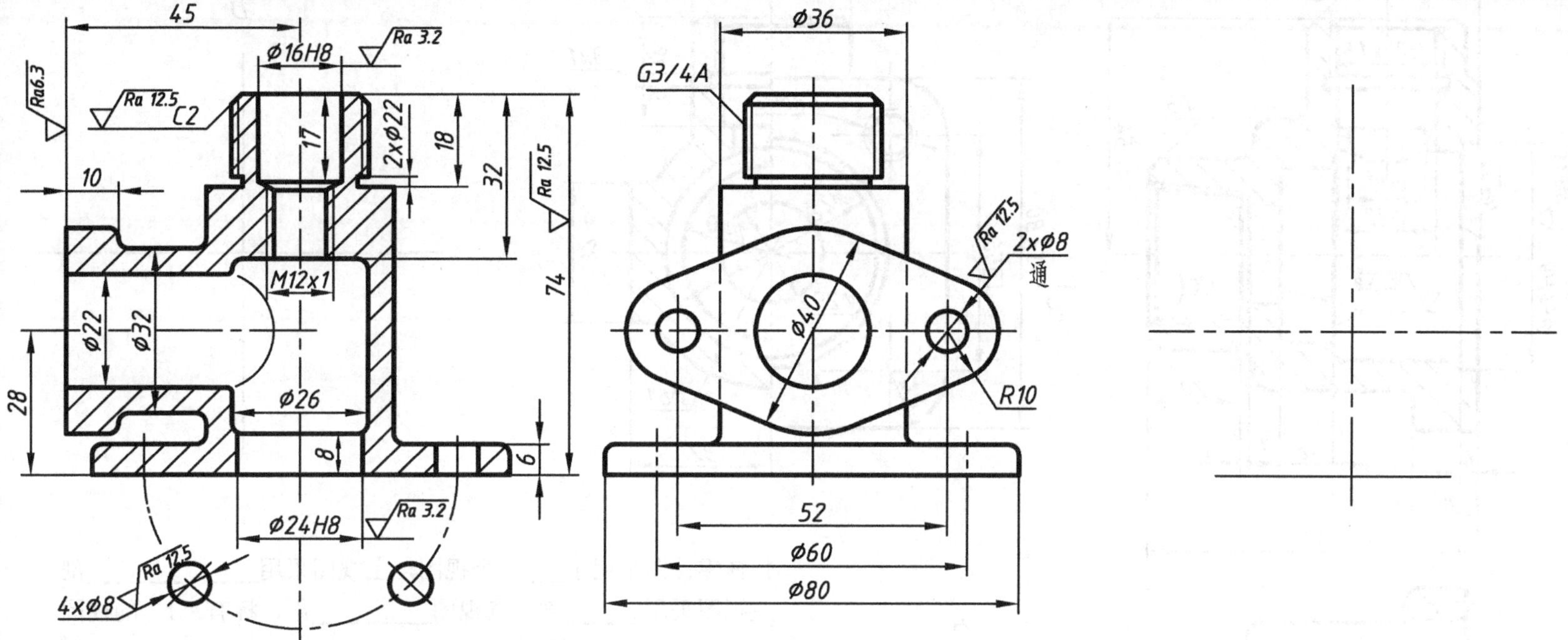

1. 该零件图采用了________个视图，主视图是 ________________剖视图。
2. 图中尺寸“M12×1”的公称直径为________，螺距为______________。
3. 该零件底板上直径为Φ8的孔有______个，定位尺寸是________________，起________________________________ 作用。
4. 该零件上的螺纹退刀槽的槽宽为__________，槽深为______________。
5. 孔Φ16H8的公称尺寸为_______，公差等级为____级，基本偏差代号为______，上偏差为_________，下偏差为_________，公差为___________。
6. 在指定位置将该零件的左视图改画为半剖视图。

技术要求
未注铸造圆角R2～R3。

Ra 12.5 (√)

设计			阀　座	（图　号）	
工艺				比例	
审核			HT150	（企业名）	

班级　　　　姓名　　　　学号

6-2. 阅读“阀体”零件图

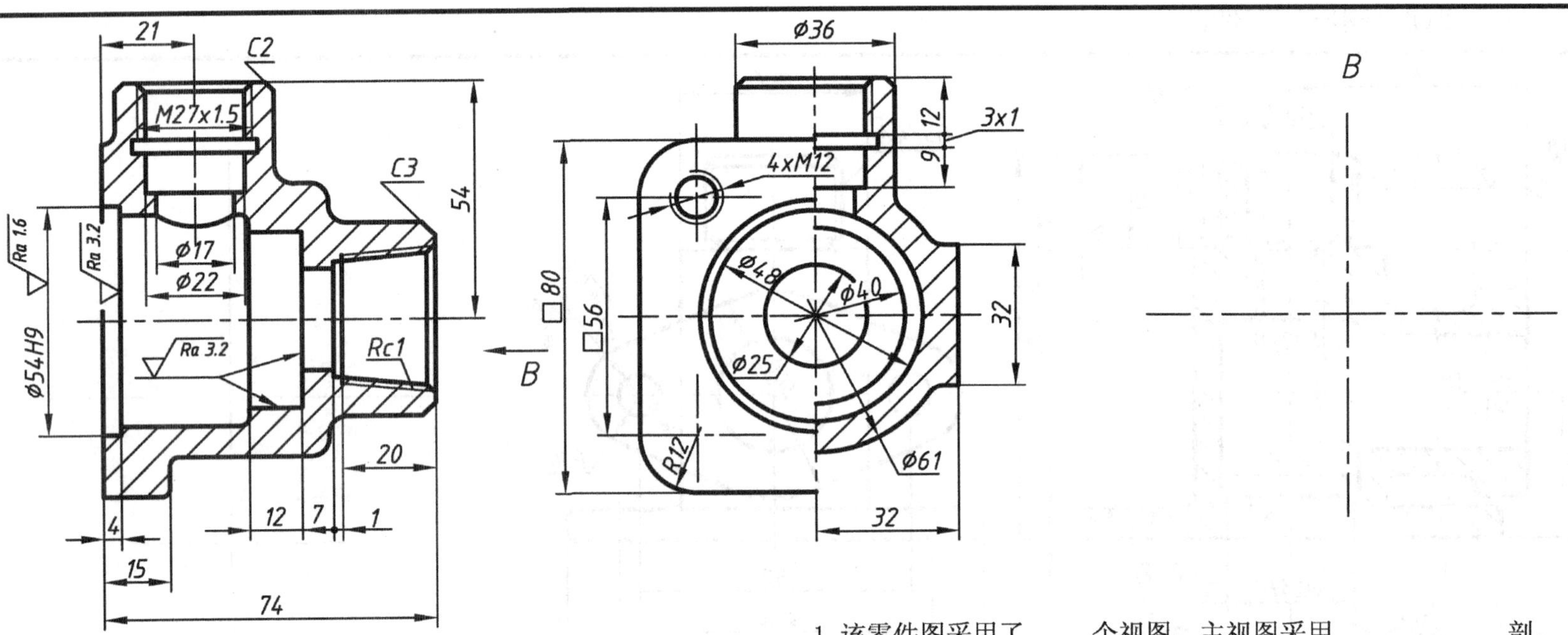

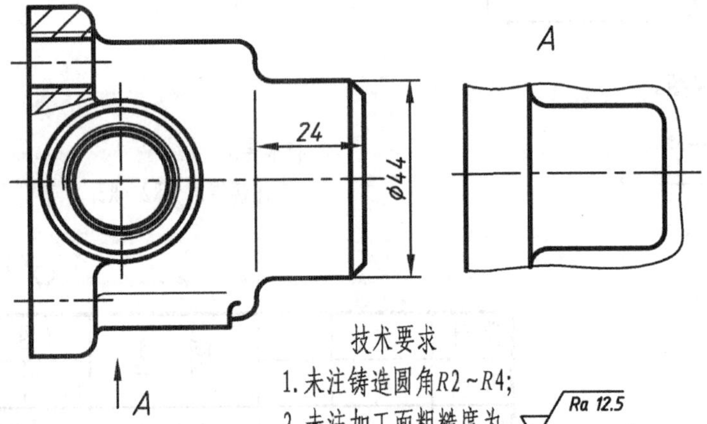

1. 该零件图采用了_____个视图，主视图采用_____________剖，左视图采用______剖，俯视图_________剖，标有“A”的视图是__________ 视图。

2. 图中“M27×1.5”表示的是________ （粗，细）牙普通螺纹，公称直径为___________，螺距为______________。

3. 尺寸“□80”表示的含义为：_________________________。

4. 零件上端的螺纹退刀槽的槽宽为____，槽深为_______。

5. 在指定位置作出B向视图。（虚线不画）

技术要求

1. 未注铸造圆角R2~R4;

2. 未注加工面粗糙度为 Ra 12.5 。

(√)

设计			阀体	（图号）
工艺				比例
审核			HT200	（企业名）

班级 姓名 学号

6-3. 阅读“蜗轮箱”零件图

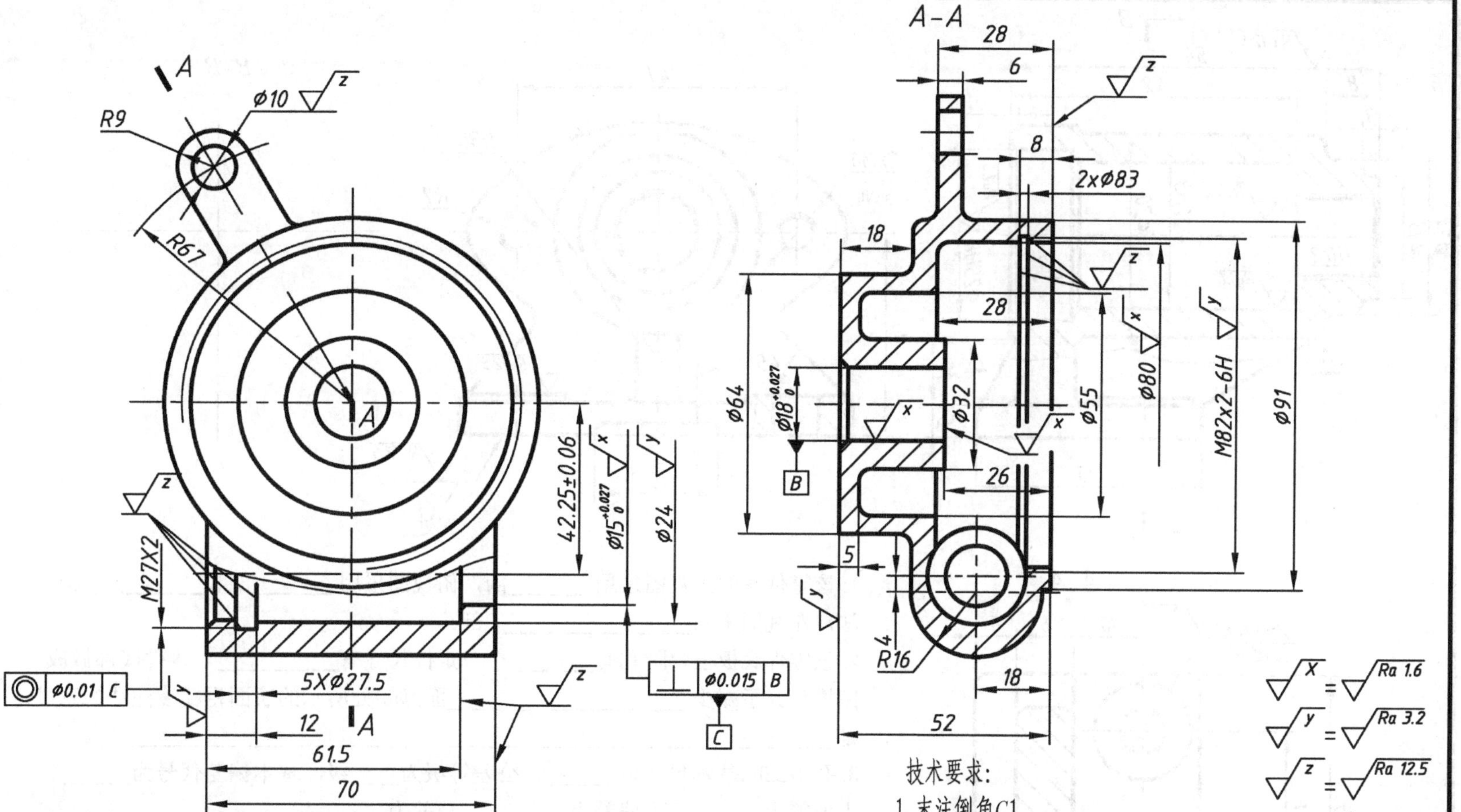

技术要求:

1. 未注倒角C1。
2. 未注铸造圆角R2~R3。

1. 该零件的主视图采用______剖；左视图采用_________剖，其采用的是_________________________剖切面。
2. 解释尺寸“2×φ83”的含义：______________________________。
3. 指出该零件的长、宽、高三个方向的主要尺寸基准。
4. 解释 ⊥ | φ0.015 | B 的含义：______________________________。
5. 作出该零件的后视图。(另附纸)

设计			蜗轮箱	(图 号)	
工艺				比 例	
审核			HT150	(企业名)	

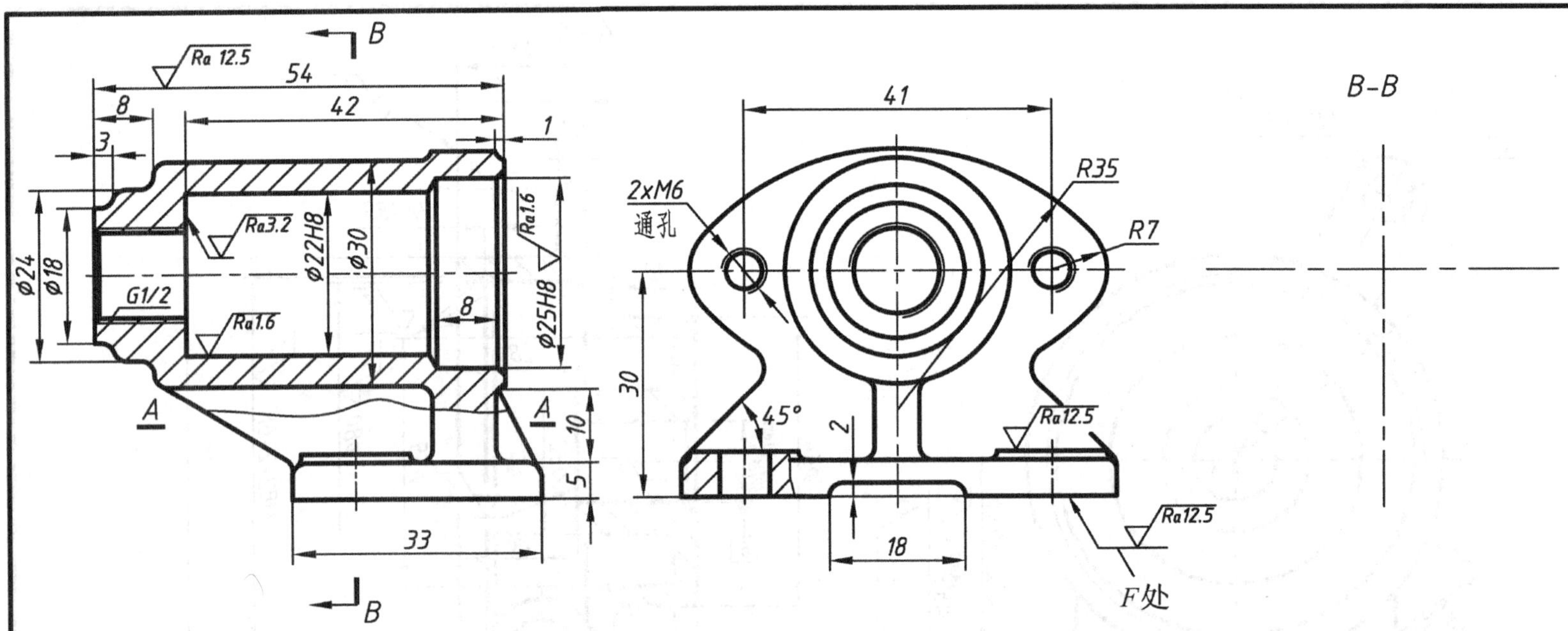

A-A

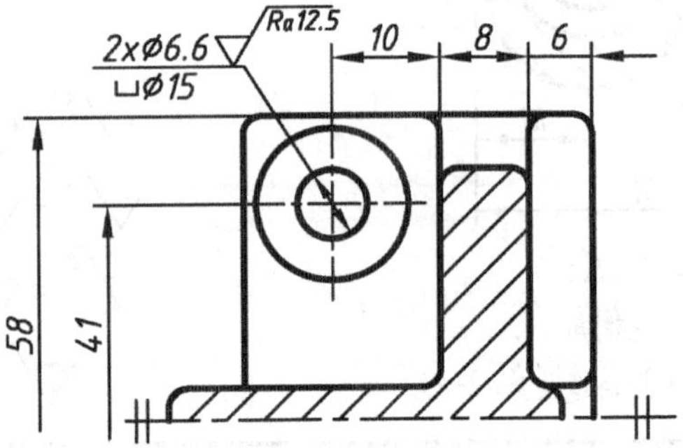

技术要求

1. 铸件不得有砂眼、气孔等缺陷。
2. 未注圆角为R2~R3，倒角C1。

1. 该零件图的主视图采用 ______剖，俯视图采用________剖和__________ 画法，左视图采用________________剖。

2. 该零件底板上台阶孔有_______个，定位尺寸有__________。零件底部做成凹槽是为了减少__________________面，如F处所示的表面粗糙度注法的意义是____。

3. 孔 ϕ22H8基本尺寸为______，公差等级为____级，基本偏差代号为______，上偏差为______，下偏差为_______，公差为_______________。

4. 在指定位置作出该零件的B-B剖视图。

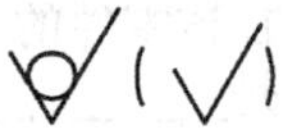

设 计			座 体	（图 号）
工 艺				比 例 1:1
审 核			HT200	（企业名）

 班级 姓名 学号

6-5.阅读“座体”零件图，并进行CAD三维造型

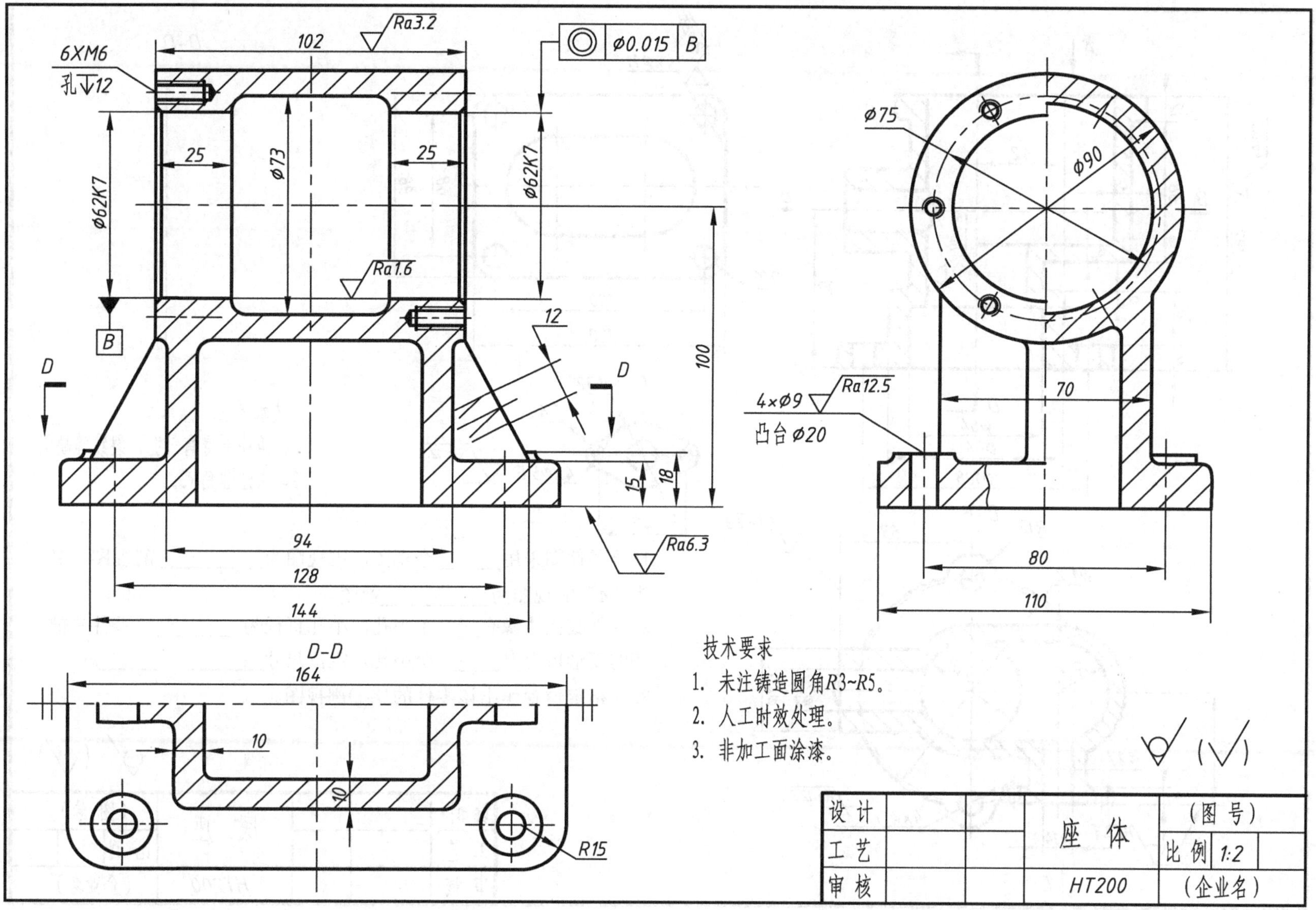

技术要求

1. 未注铸造圆角R3~R5。
2. 人工时效处理。
3. 非加工面涂漆。

设计		座 体	（图 号）	
工艺			比 例	1:2
审核		HT200	（企业名）	

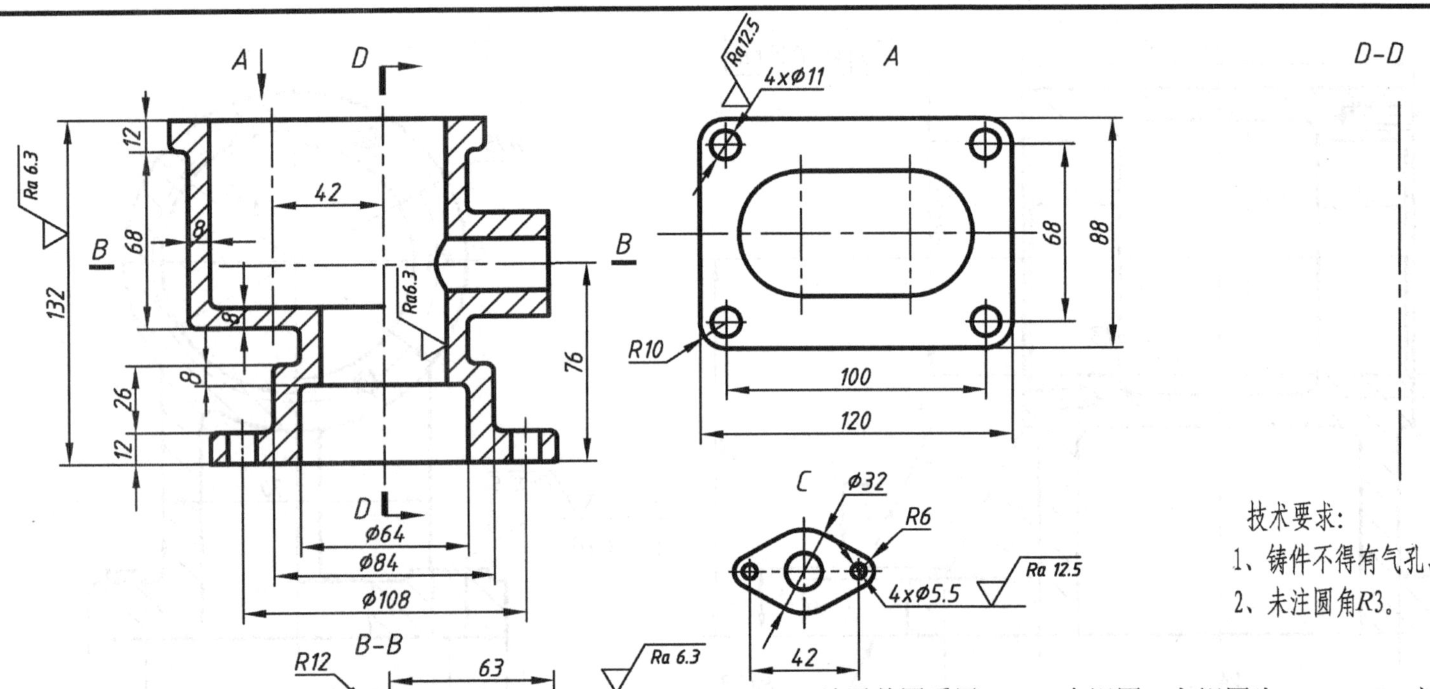

技术要求:

1、铸件不得有气孔、裂纹等缺陷。

2、未注圆角R3。

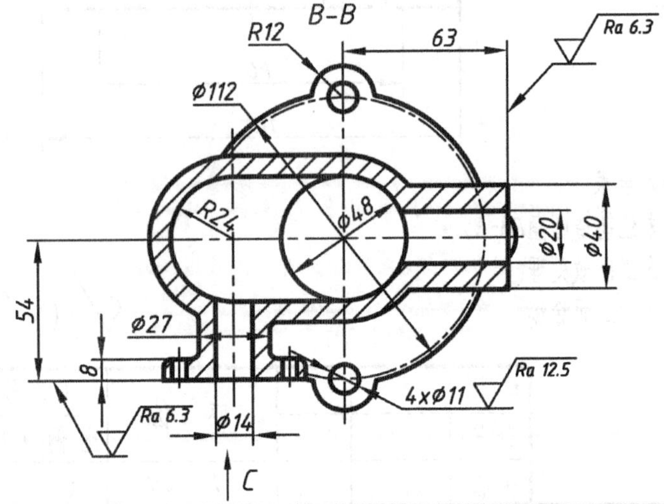

1. 该零件图采用______个视图，主视图为__________剖视图，名为“A”的视图为__________视图。

2. 零件底板边缘有____个小孔，小孔直径为________。零件左前侧的菱形板上有______个小孔，定位尺寸_______________。

3. 在指定位置作出该零件的D-D剖视图。

Ra (√)

设 计			底 座	(图 号)	
工 艺				比 例	
审 核			HT200	(企业名)	

班级 姓名 学号

作业指导书 7

一．工作任务

测绘箱体类零件，绘制零件工作图。

二．工作要求

1. 比例 1∶1，图幅 A2。
2. 表达方案合理。
3. 投影正确。
4. 尺寸基准选择合理。
5. 技术要求标注规范。
6. 线型、字体等符合机械制图国家标准的要求。

三．任务指导

1. 在选择箱体类零件的表达方案时，建议选择工作位置放置或自然安放位置。

由于该类零件结构比较复杂，一般需用几个基本视图表达主体结构。其主视图需考虑整体形象，一般可采用全剖、半剖或局部剖视图。除此之外，需要对一些局部结构作进一步的表达，这时可采用局部视图、向视图、局部放大图以及各种简化方法等。

可提出几个表达方案比较选优，然后选出最佳方案。

2. 箱体类零件的尺寸基准需选择长、宽、高三个方向，常常为一些重要的端面、对称面或轴线。
3. 技术要求的标注可采用类比法，如参考教材有关图例，也可在指导老师的指导下进行。
4. 测绘量具有游标卡尺、千分尺及钢直尺等。注意对测量数值圆整处理，沉孔、螺孔等标准结构的尺寸需要查表确定。

齿轮油泵三维实体造型

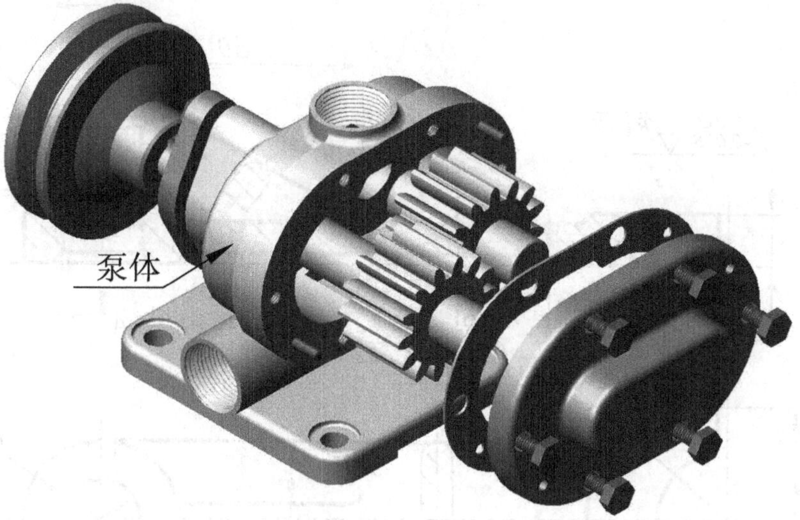

泵体三维实体造型

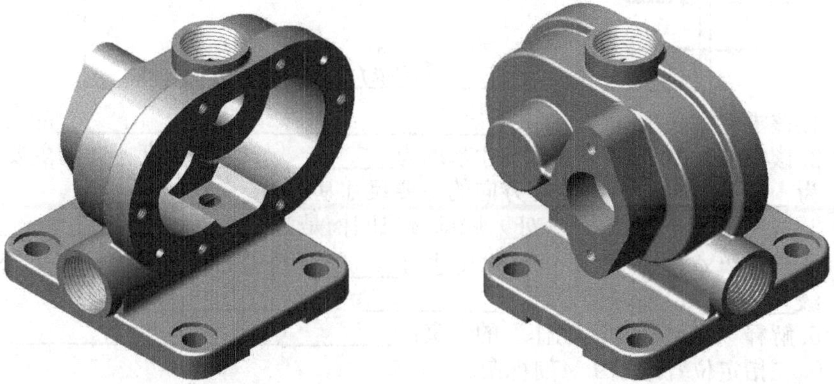

7-1. 阅读“拨叉”零件图

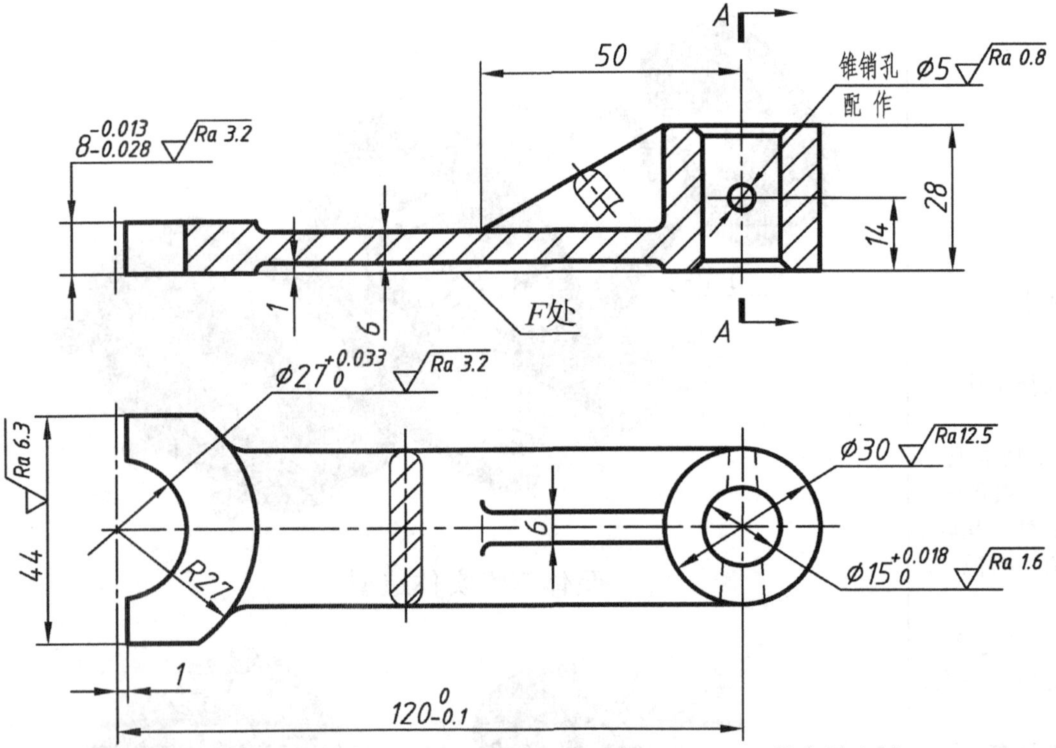

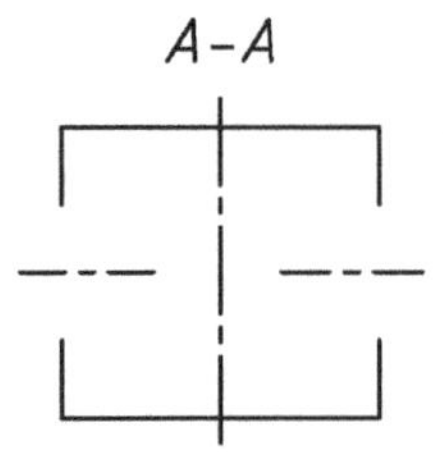

技术要求

1. 未注圆角R2~R4；未注倒角C1
2. 铸件不得有气孔、砂眼等缺陷

1. 该零件图采用了________________________的表达方法。
2. 该零件长度方向的主要尺寸基准为__________，宽度方向的主要尺寸基准为__________，高度方向的主要尺寸基准为__________。
3. 拨叉中间连接部分（F处）底部做成凹槽是为了减少__________面。
4. 尺寸“$\phi15^{+0.018}_{0}$”中公称尺寸为______，公差带代号______，公差等级______，基本偏差代号__________，公差__________。
5. 解释“锥销孔 $\phi5$ 配作”的含义：________________________。
6. 在指定位置绘制A-A剖视图。

设 计			拨 叉	（图 号）
工 艺				比 例 1:1
审 核			HT200	（企业名）

　　班级　　姓名　　学号

7-2. 阅读“刹车支架”零件图

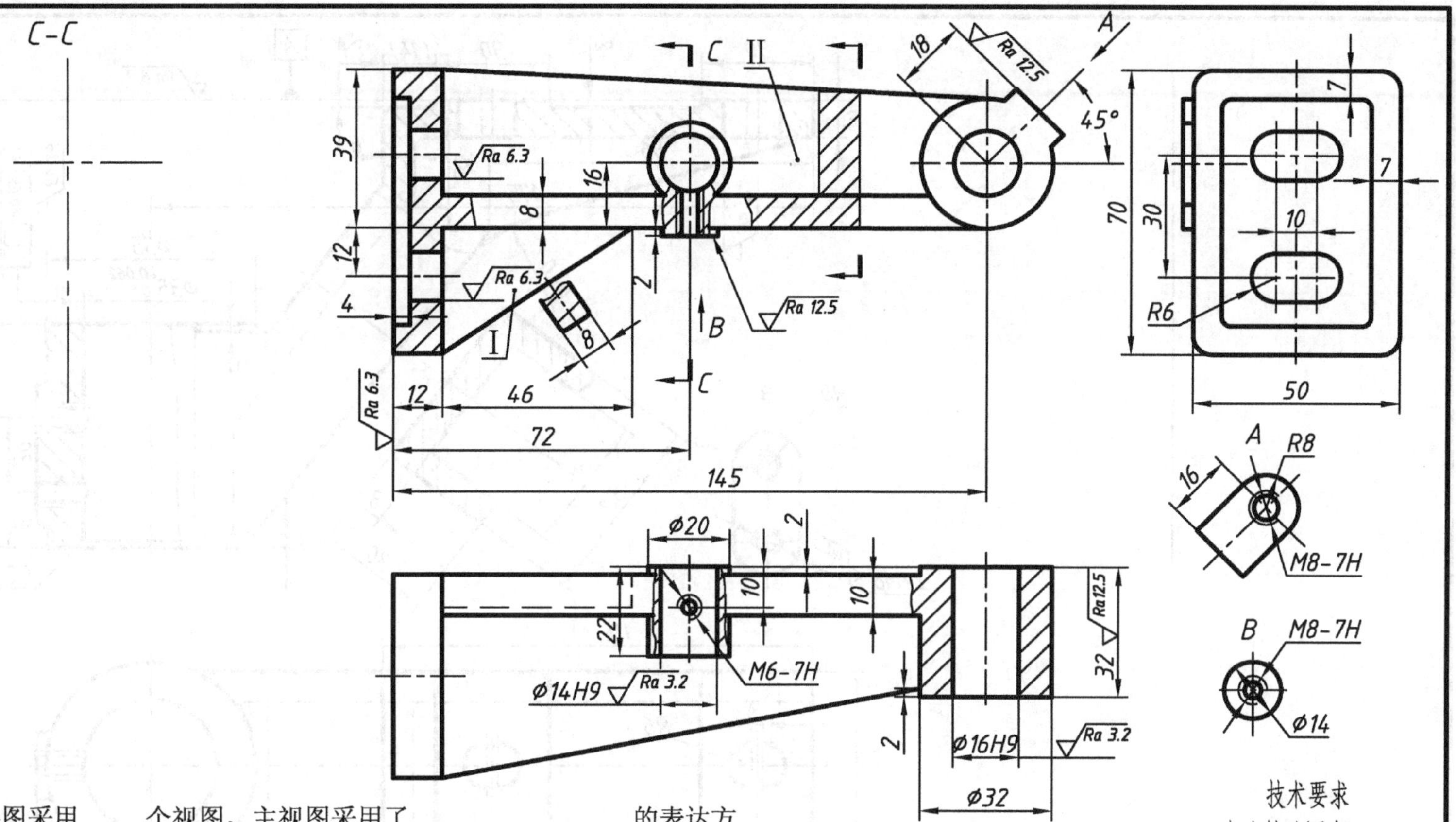

1. 该零件图采用______个视图，主视图采用了____________________的表达方法，名称为“*A*”的视图是__________________视图。
2. 图中Ⅰ处的断面形状为______________________形状，Ⅱ处结构的断面形状为_______________________________。
3. 图中 ϕ16H9的圆孔，直径尺寸最大可加工成______________，最小可加工成___________，公差为______________。
4. 在指定位置作出该零件的*C*-*C*剖视图。

技术要求

1. 未注铸造圆角*R*3～*R*5；
2. 毛坯要进行退火处理。

$\bigtriangledown$ (√)

设 计			刹车支架	（图 号）	
工 艺				比 例	
审 核			HT200	（企业名）	

7-3. 阅读“托脚”零件图

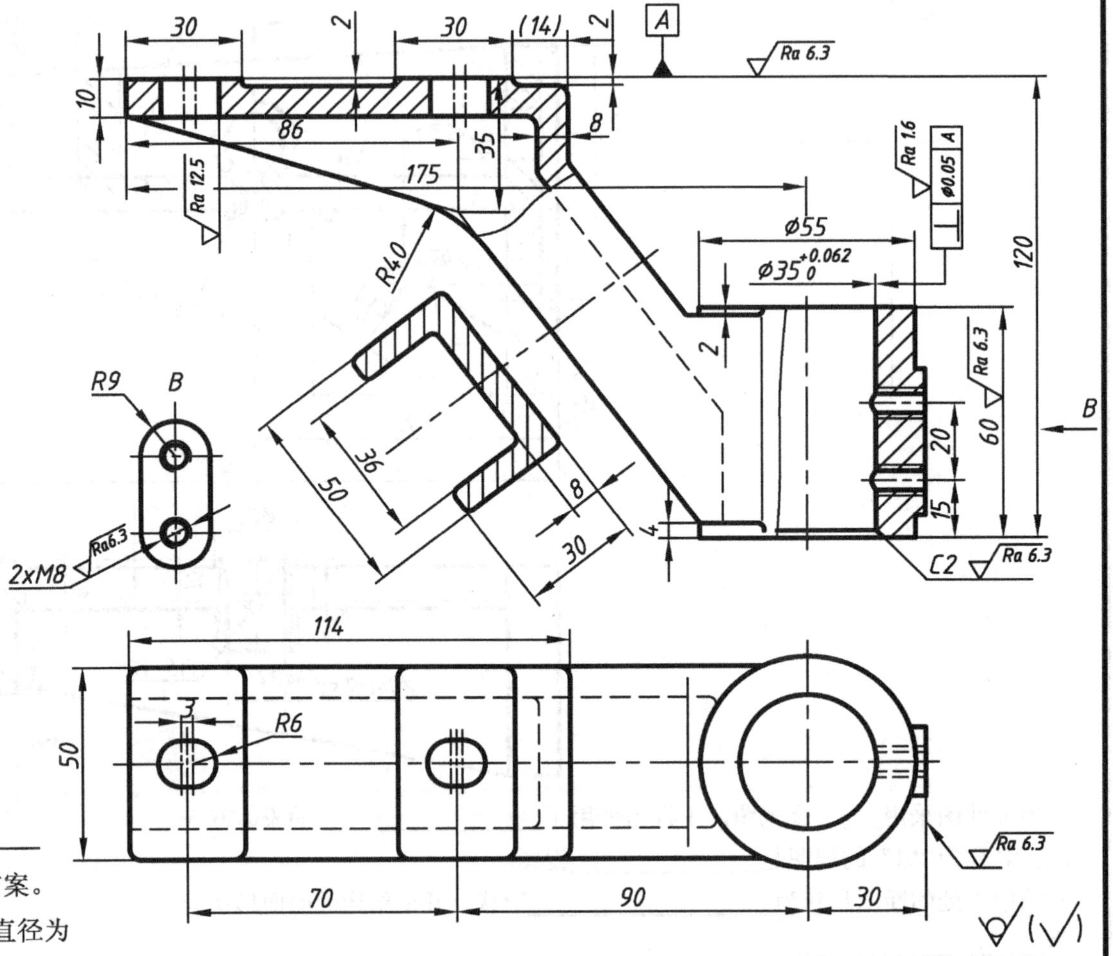

1. 该零件图采用了____的表达方案。

2. 零件右端凸台有______个螺纹孔，公称直径为____________，螺距为____________。

3. 该零件中间的连接部分的形状为______________。

4. 在指定位置作出该零件的右视图（虚线不画）。

技术要求：
未注圆角R2～R3。

设计			托脚	（图号）	
工艺				比例	1:1
审核			HT200	（企业名）	

　　班级　　姓名　　学号

7-4. 阅读“弯臂”零件图

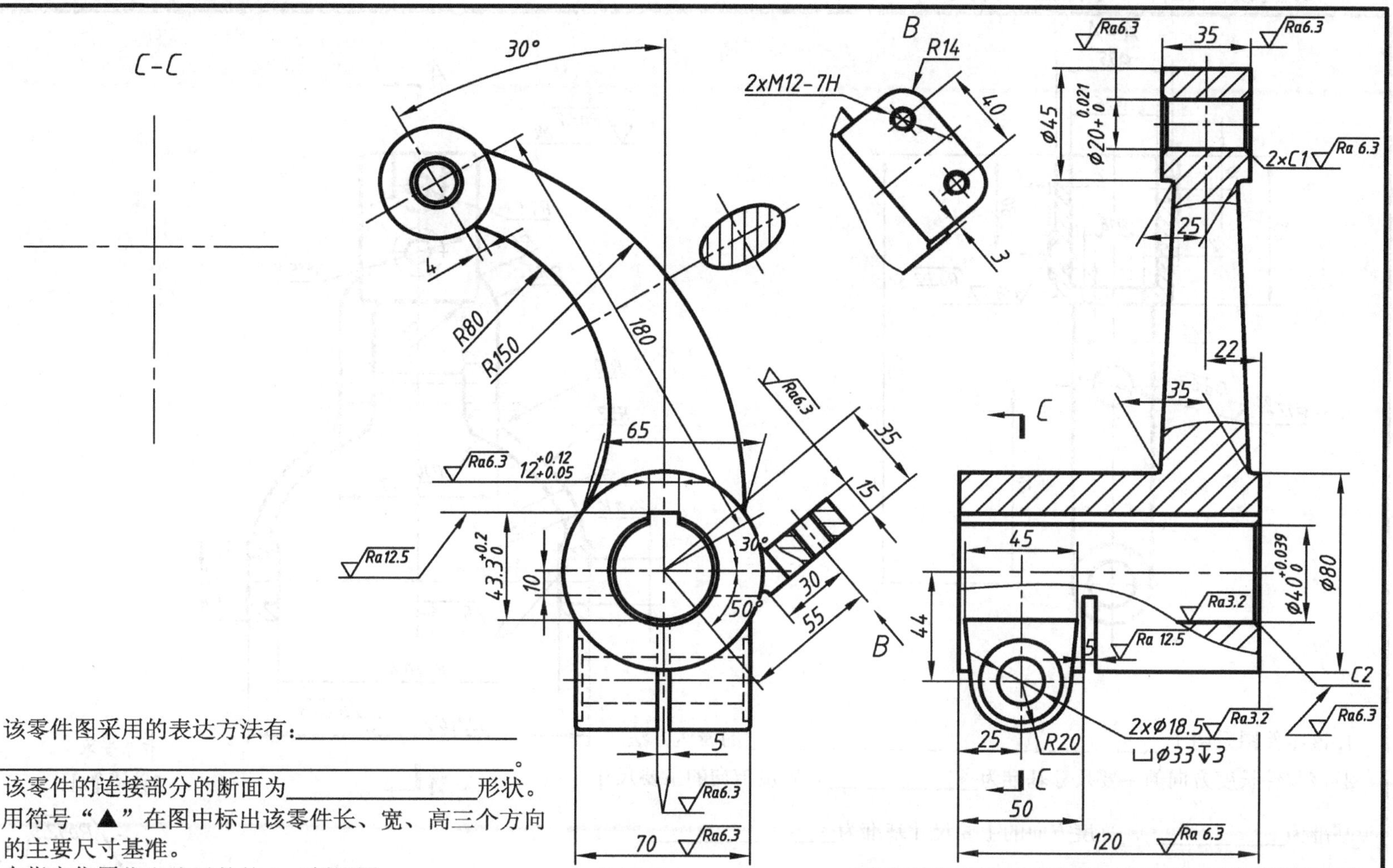

1. 该零件图采用的表达方法有：____。

2. 该零件的连接部分的断面为______________形状。

3. 用符号“▲”在图中标出该零件长、宽、高三个方向的主要尺寸基准。

4. 在指定位置作出该零件的C-C剖视图。

技术要求

未注圆角R2~R4

✓(✓)

设计			弯 臂	（图 号）
工艺				比 例
审核			HT250	（企业名）

7-5. 阅读“杠杆”零件图，并用AutoCAD软件绘制该零件图

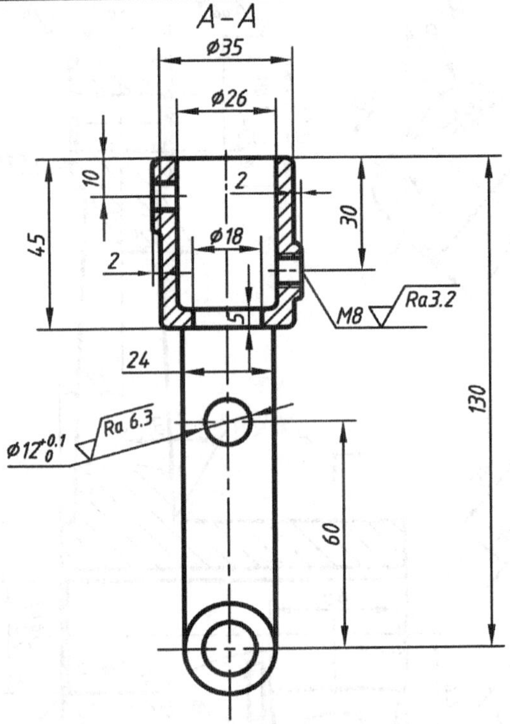

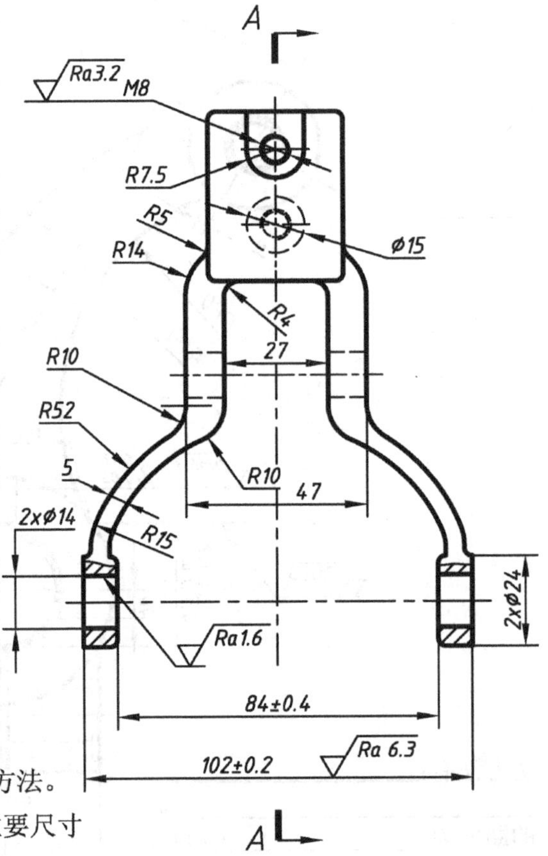

1. 该零件图采用了________________________的表达方法。

2. 该零件长度方向的主要尺寸基准为__________，宽度方向的主要尺寸基准为__________，高度方向的主要尺寸基准为______________。

3. Ra12.5(√) 的含义是______________________________。

技术要求

未注圆角R1

Ra12.5(√)

设计			杠杆	(图号)	
工艺				比例	1:1
审核			356-T6	(企业名)	

班级　　姓名　　学号

7-6. 阅读“拨叉”零件图，并用AutoCAD软件绘制该零件图

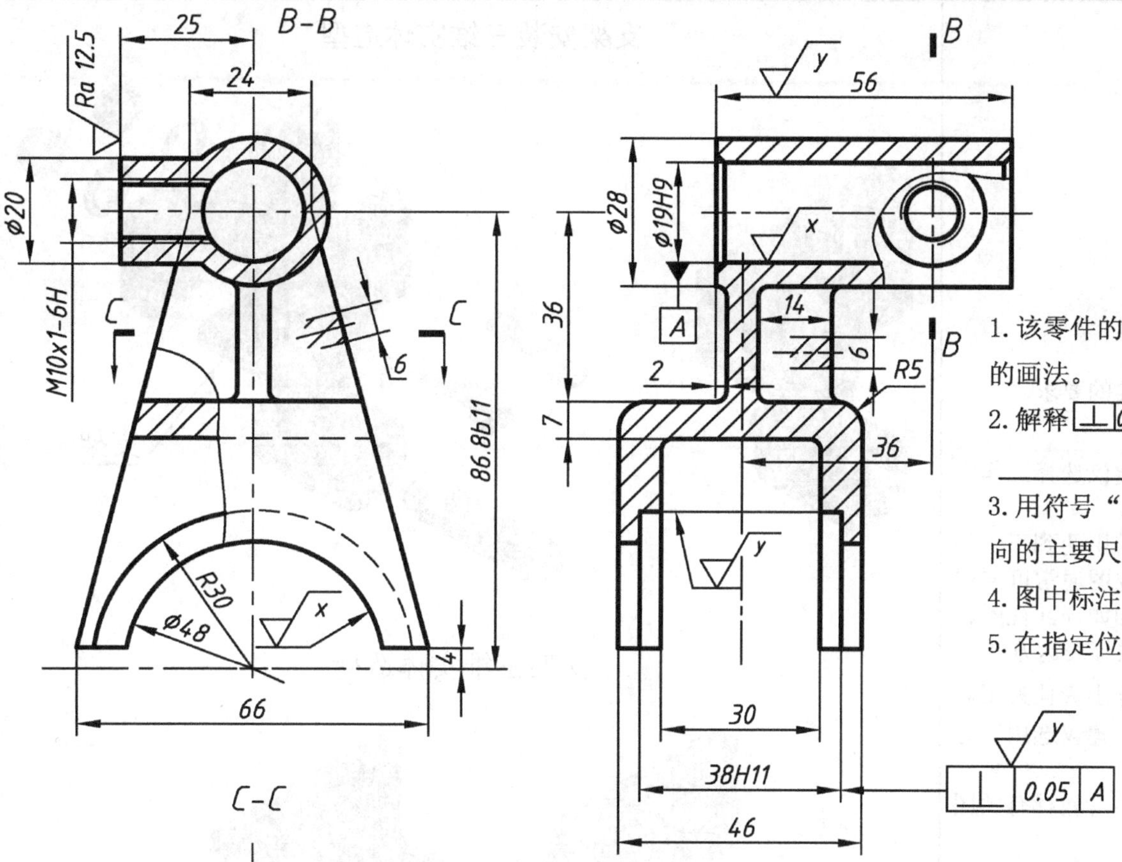

1. 该零件的主视图采用了________剖及________的画法。

2. 解释 ⊥ 0.05 A 的含义：

________________________________。

3. 用符号“▲”在图中标出该零件长、宽、高三个方向的主要尺寸基准。

4. 图中标注“φ48”的含义是________________。

5. 在指定位置作出该零件的C-C断面图。

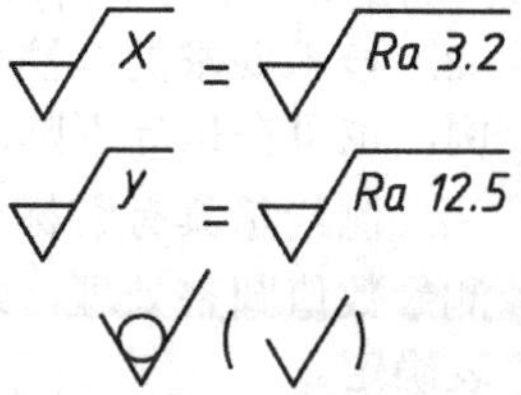

技术要求

1. 未注圆角R3~R5;
2. 铸件不得有气孔、砂眼等缺陷;
3. 未注倒角C1.5

设 计			拨 叉	（图 号）
工 艺				比 例 1:1
审 核			ZL102	（企业名）

7-7. 叉架类零件测绘

作业指导书 8

一．工作任务

测绘叉架类零件，绘制零件工作图。

二．工作要求

1. 比例 1：1，图幅A3。
2. 表达方案合理。
3. 投影正确。
4. 尺寸基准选择合理。
5. 技术要求标注规范。
6. 线型、字体等符合机械制图国家标准的要求。

三．任务指导

1. 在选择叉架类零件的表达方案时，建议选择工作位置放置。

由于该类零件结构都比较复杂，一般需用两到三个基本视图表达主体结构。叉架类零件的主视图通常可采用全剖或局部剖视图，根据具体细节再增加如局部视图、向视图、断面图、局部放大图及简化画法等表达方法。

可提出几个表达方案比较选优，然后选出最佳方案。

2. 选择长、宽、高三方向尺寸基准时，建议选用三方向的重要平面、对称面、轴线等。

3. 技术要求的标注可采用类比法，如参考教材有关图例，也可在指导老师的指导下进行。

4. 测绘量具有游标卡尺、千分尺及钢直尺等，注意对测量数值圆整处理，螺孔、销孔等标准结构的尺寸需查表确定。

支架安装三维实体造型

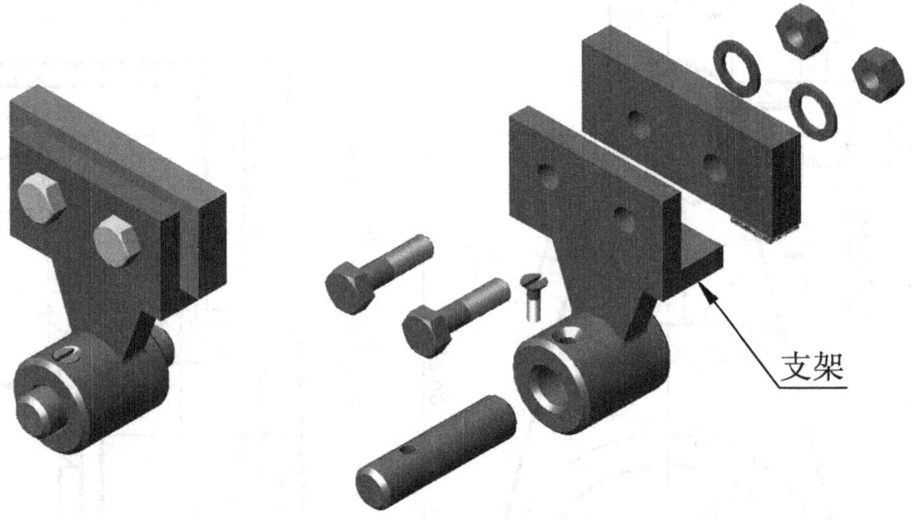

支架三维实体造型

8-1. 绘制螺纹连接图

1. 把左边一组零件a拧入右边的零件b内（注：零件b上带有内螺纹），试绘制螺纹连接图。

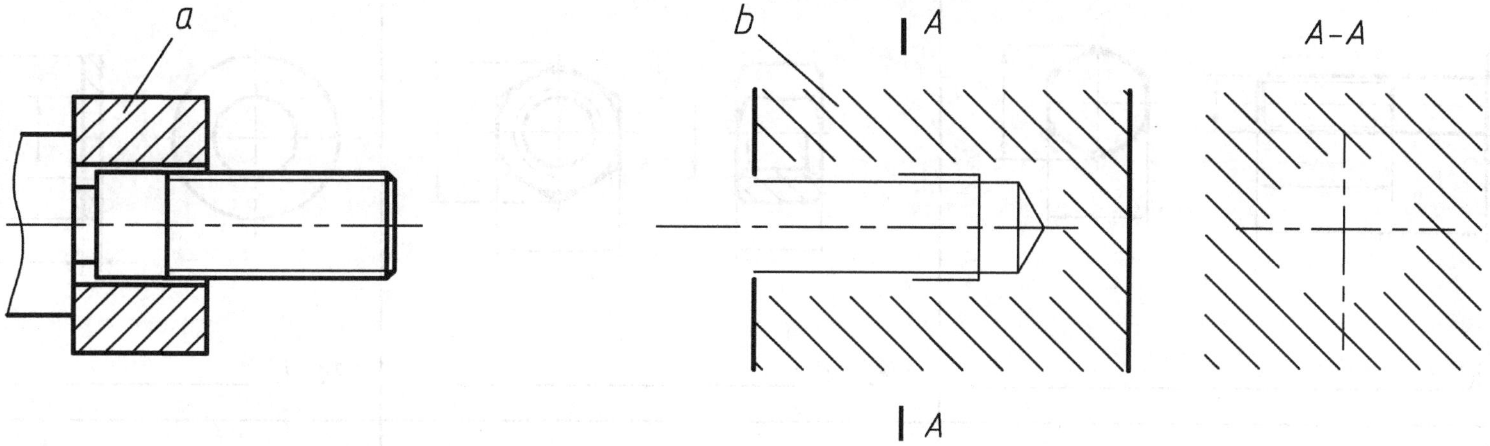

2. 分析图中螺纹连接画法中的错误，并在指定位置画出正确的图形。

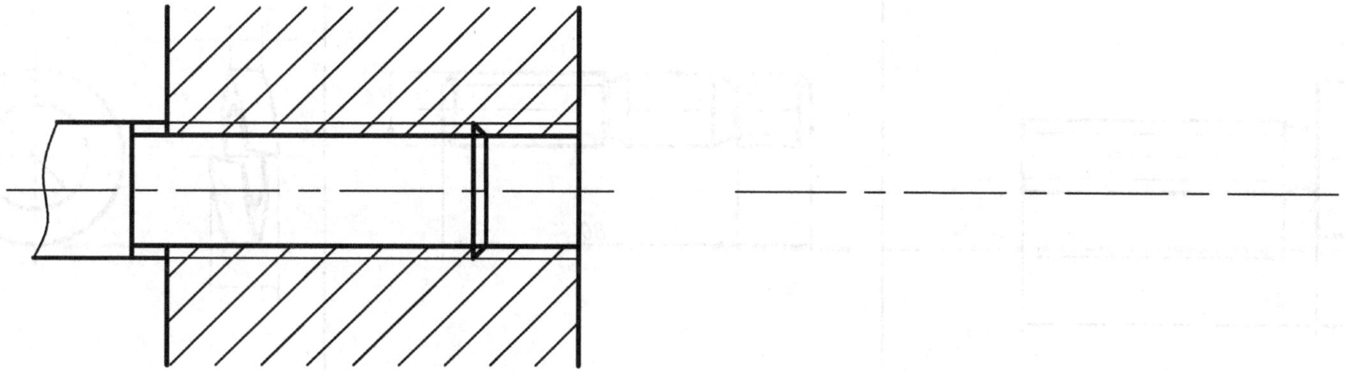

班级　　姓名　　学号

8-2.查表填写下列螺纹紧固件的尺寸，并写出其规定标记

1.六角头螺栓（GB/T 5782-2000），螺纹规格M12，公称长度45。

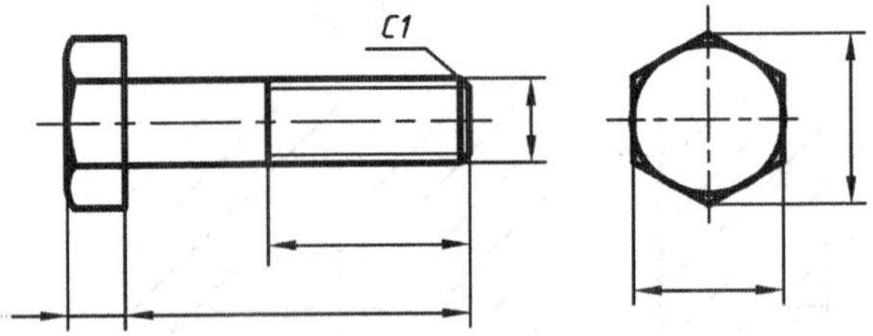

标 记 ______________________

2.六角螺母（GB/T 6170-2000），螺纹规格M20。

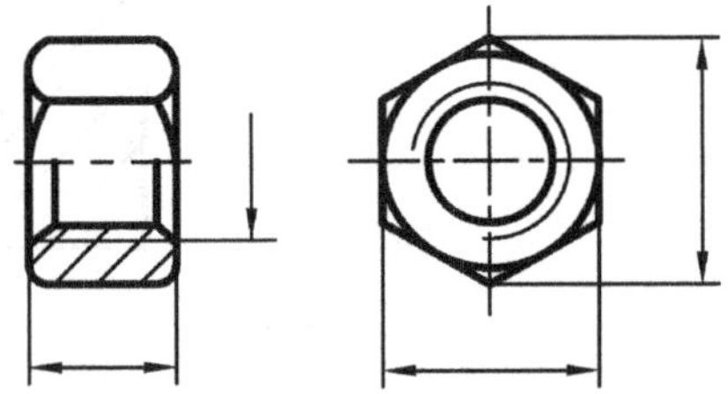

标 记 ______________________

3.平垫圈（GB/T 97.1-2002），公称尺寸12。

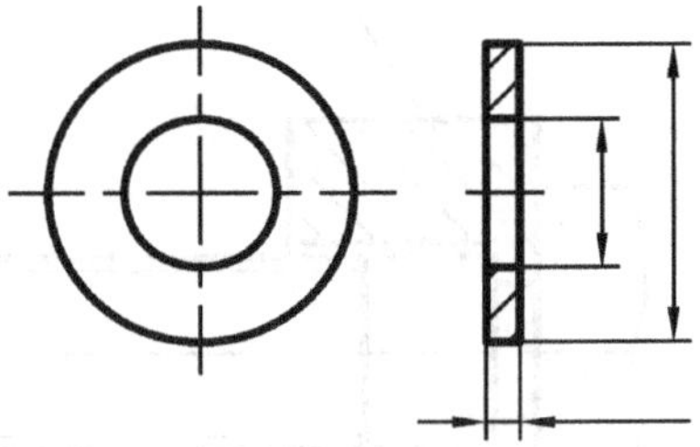

标 记 ______________________

4.开槽盘头螺钉（GB/T 67-2000），螺纹规格M10，公称长度40。

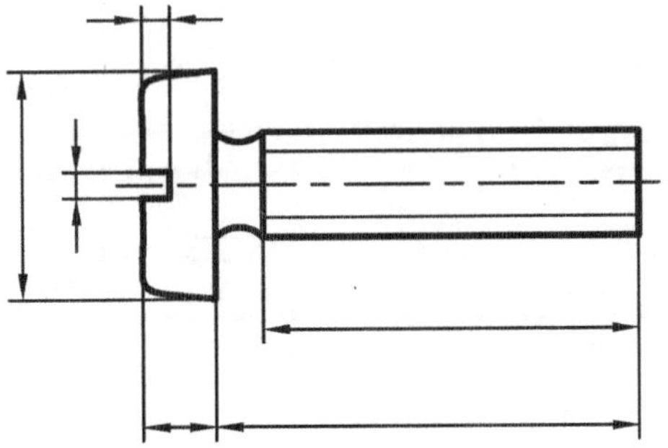

标 记 ______________________

5.双头螺柱（GB/T 897-1988），螺纹规格M20，公称长度80。

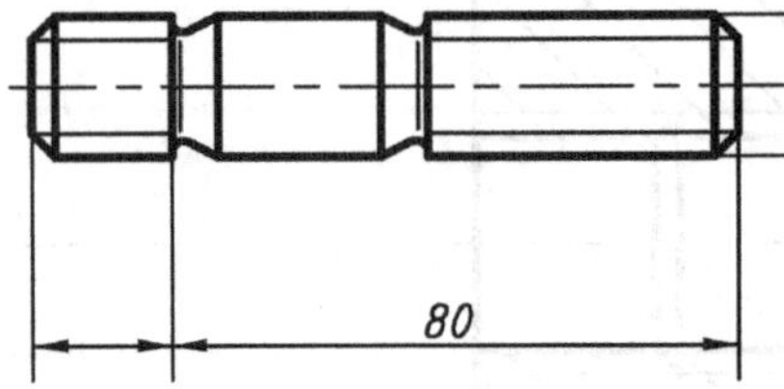

标 记 ______________________

6.弹簧垫圈（GB/T 93-1987），公称尺寸16。

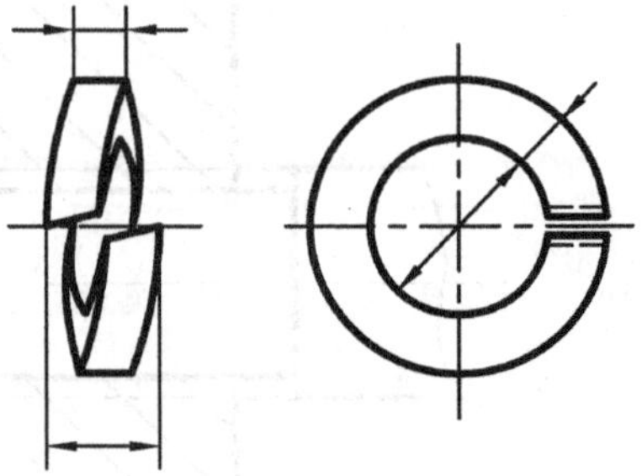

标 记 ______________________

 班级 姓名 学号

8-3.利用简化画法绘制螺栓连接及螺柱连接图

1.螺栓连接（ 螺栓 GB/T 5782 M16×60, 垫圈 GB/T 97.1 16, 螺母 GB/T 6170 M16）

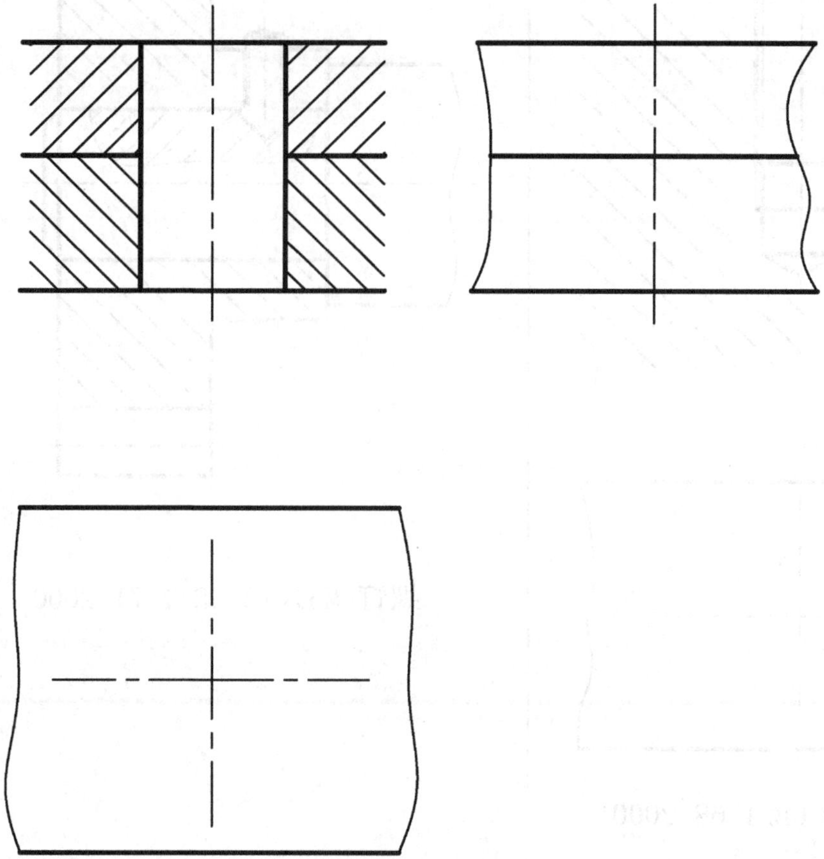

2.螺柱连接（ 螺柱 GB/T 897 M12×30 ,垫圈 GB/T 93 12, 螺母 GB/T 6170 M12）

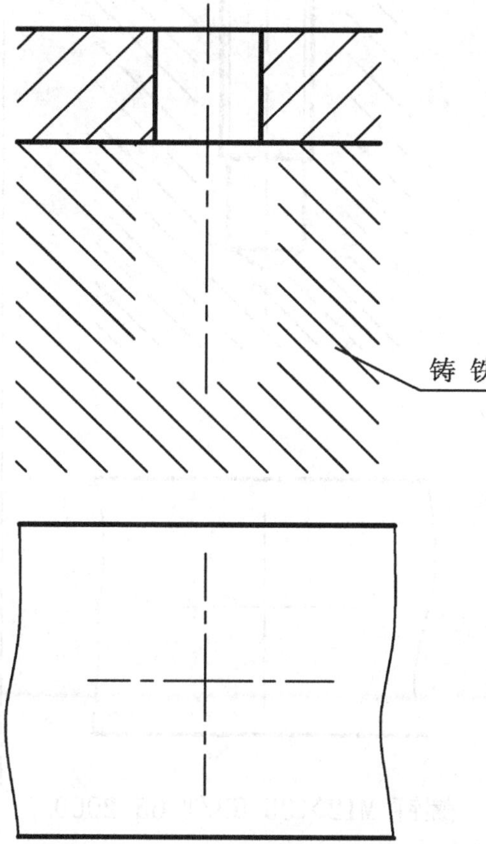

8-4.补画螺钉连接图中的漏线

1.

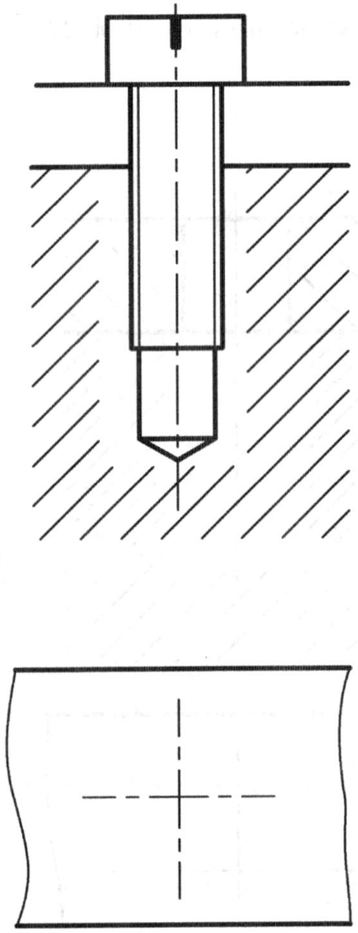

螺钉 M12×35 GB/T 65-2000

2.

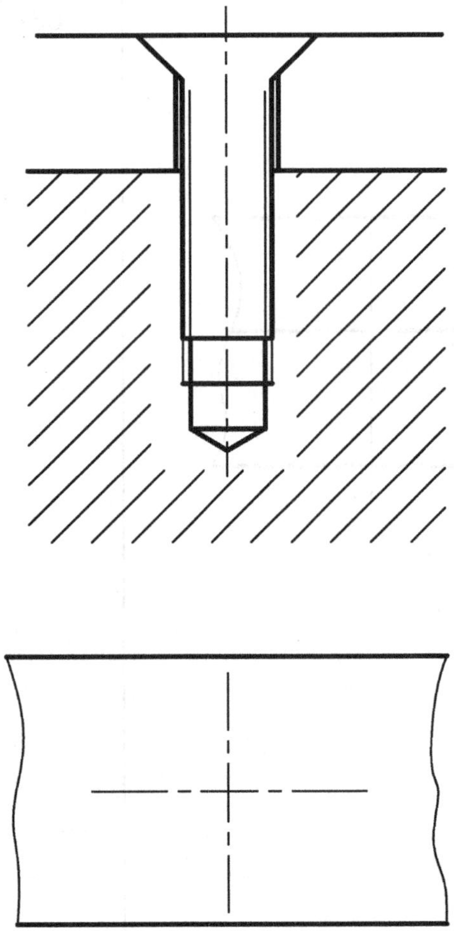

螺钉 M12×40 GB/T 68-2000

3.

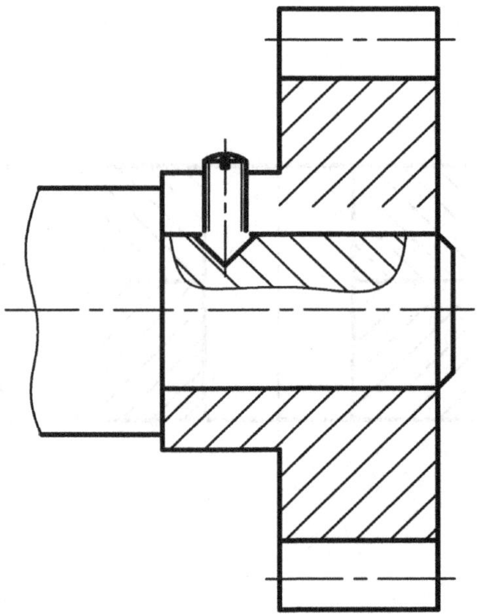

螺钉 M5×12 GB/T 71-2000

班级　　　　姓名　　　　学号

1. 已知轮子孔径$\phi 24$，宽度为35。试查表画出轮子上的键槽，并标注相关尺寸。

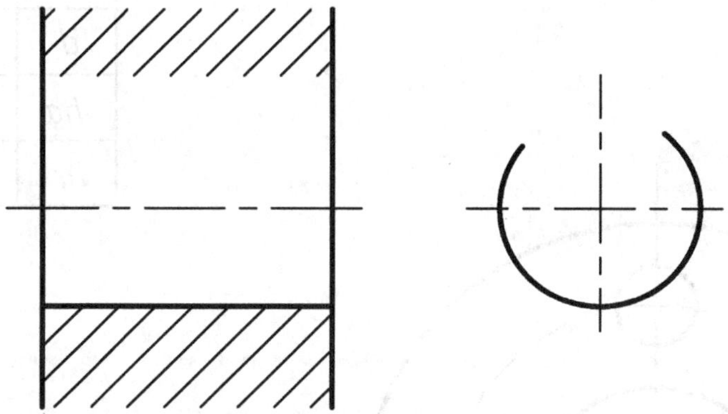

2. 已知轴径$\phi 24$，键槽距离轴肩的尺寸为7，试查表画出该轴上的键槽，并进行相关标注。

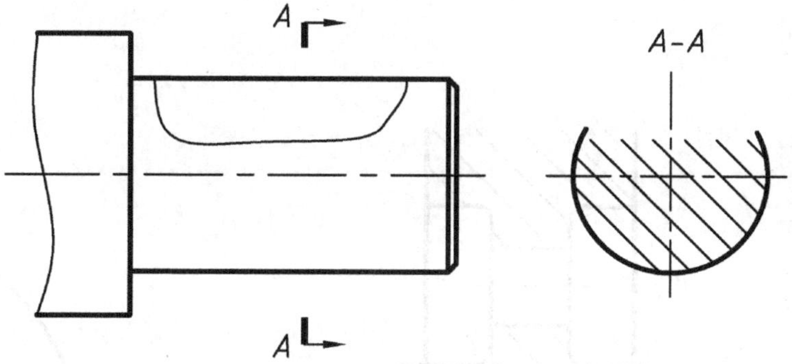

3. 将前两题的轮子与轴用普通平键A型键装配，在下图中完成连接图。

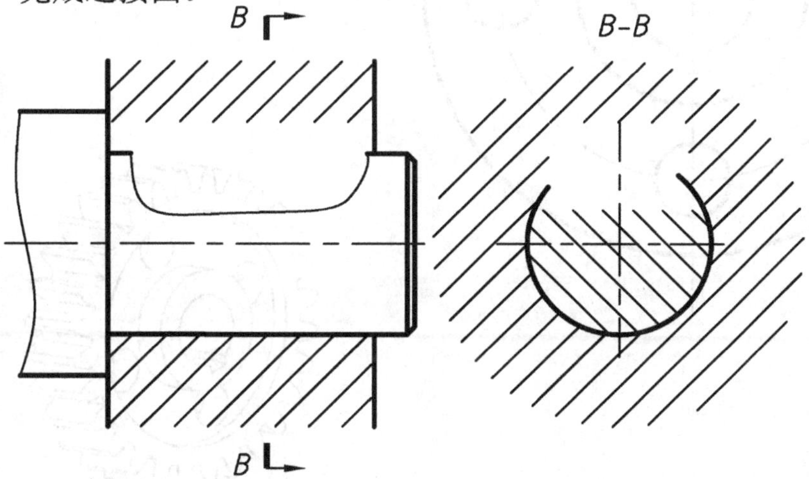

标记 ______________________

4. 根据下图，写出圆柱销的规定标记。

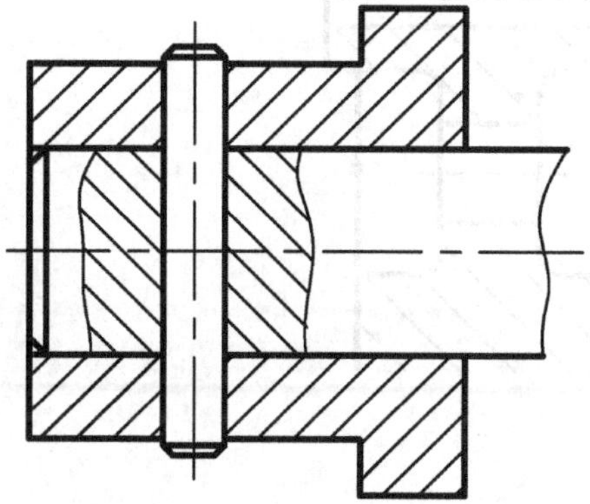

标记 ______________________

已知齿轮 m=2.5，z=40，按规定画法补全齿轮的投影，并标注齿顶圆、齿根圆及分度圆的尺寸。

m	
z	
d	
h_a	
h_f	

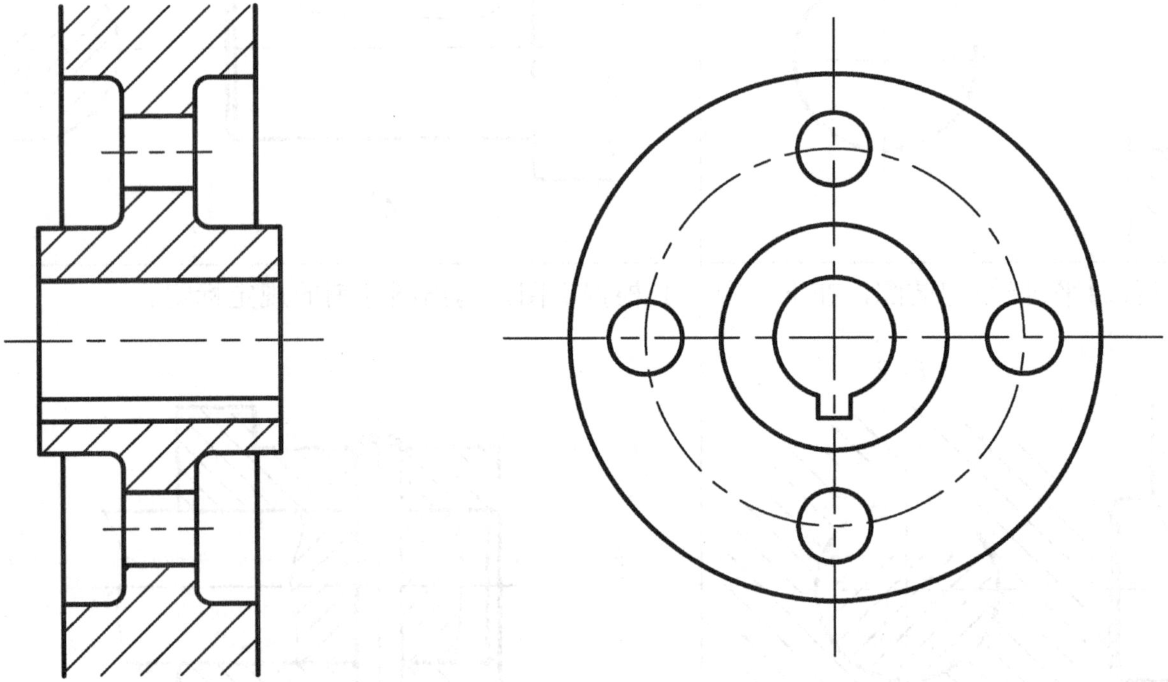

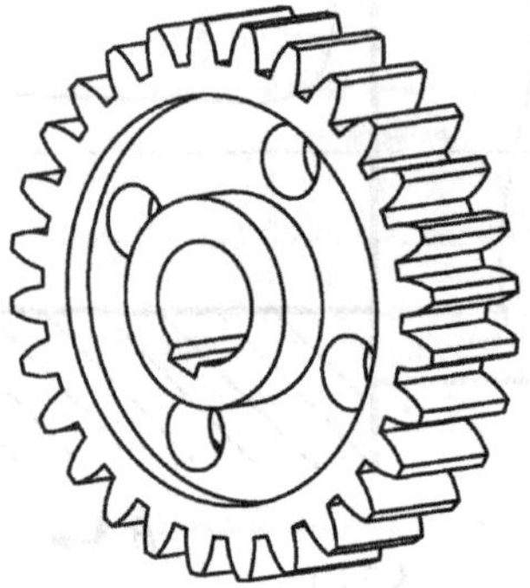

已知大齿轮m_2=2，z_2=40，两轮中心距a=60，试计算有关尺寸填入右表中，并按1：1完成齿轮的啮合图。

z_1	
d_1	
d_{f1}	
d_{a1}	
d_2	
d_{f2}	
d_{a2}	

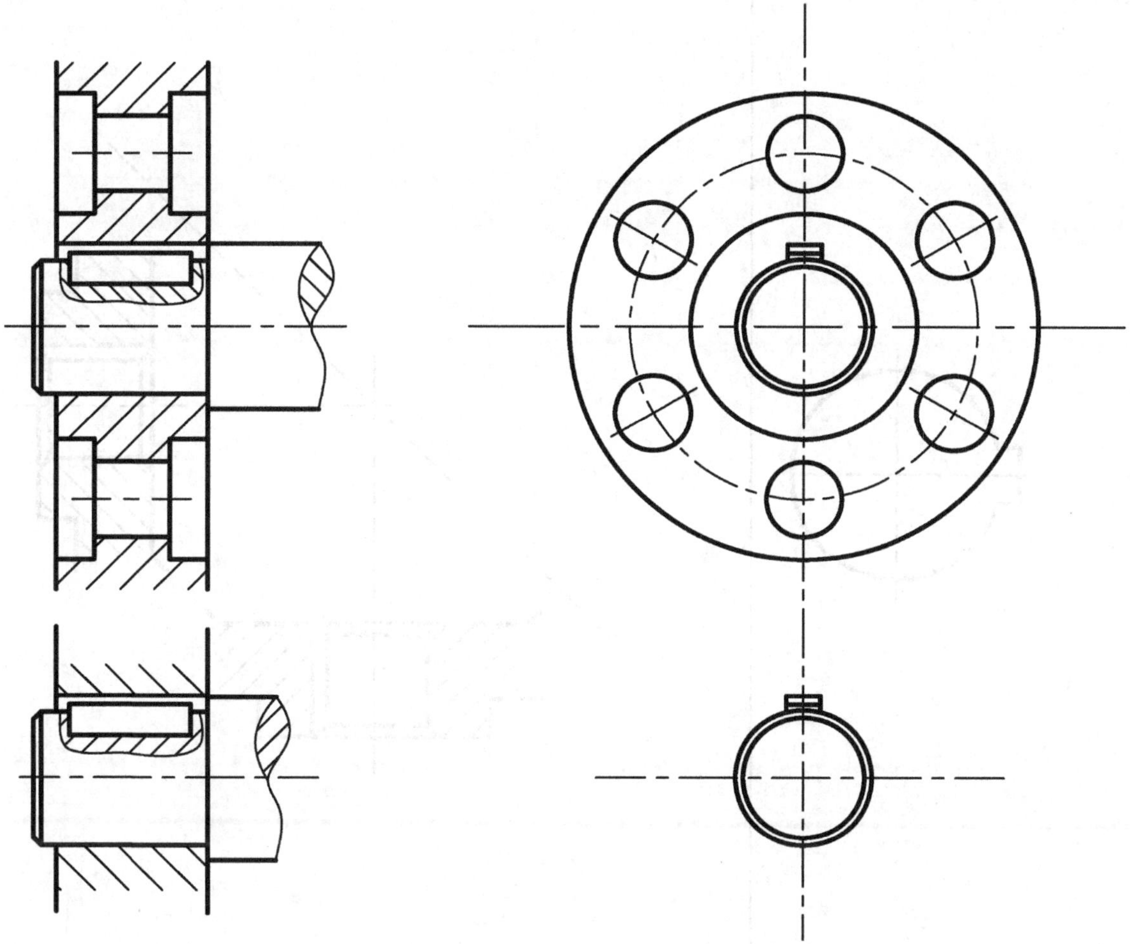

1. 已知直齿圆锥齿轮 m=3, z=25, 分度圆锥角 δ =55° ，补画锥齿轮的主视图投影。

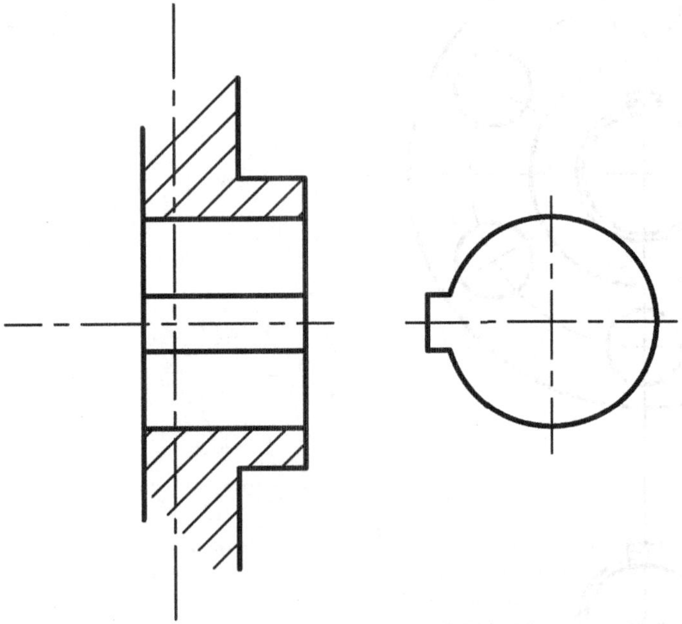

2. 已知一对直齿圆锥齿轮，m=3.5，z_1= z_2=18，δ_1 = δ_2 =45° ，试画出其啮合图。

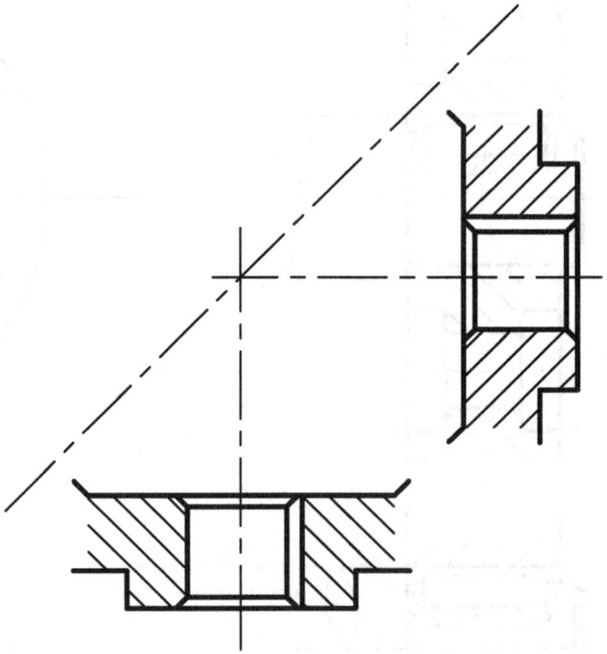

班级　　　　姓名　　　　学号

8-9. 滚动轴承

1. 在轴上安装深沟球轴承（6305），用规定画法画出并写出规定标记。

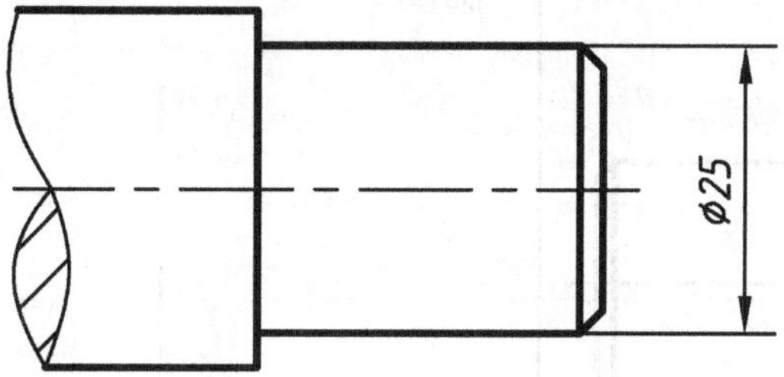

标 记 ________________

2. 在轴上安装圆锥滚子轴承（30306），用规定画法画出并写出其规定标记。

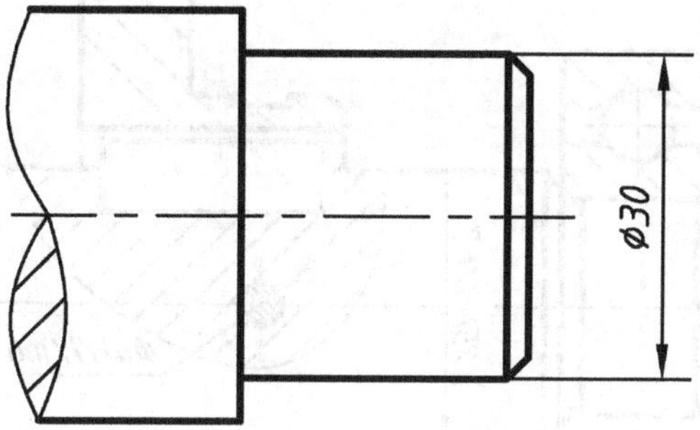

标 记 ________________

3. 解释下列滚动轴承代号的含义。

6307:

内　　径 ________

外　　径 ________

尺寸系列 ________

轴承类型 ________

51210:

内　　径 ________

外　　径 ________

尺寸系列 ________

轴承类型 ________

30311:

内　　径 ________

外　　径 ________

尺寸系列 ________

轴承类型 ________

1. 下图为某部件中的一条装配线，其中轴的支撑点为两个深沟球轴承；齿轮与轴之间用键和圆柱销连接，键起传递动力的作用，而销主要用于齿轮的轴向定位。试结合图上尺寸，确定轴承、键、销的型号及规格，并写出其规定代号。

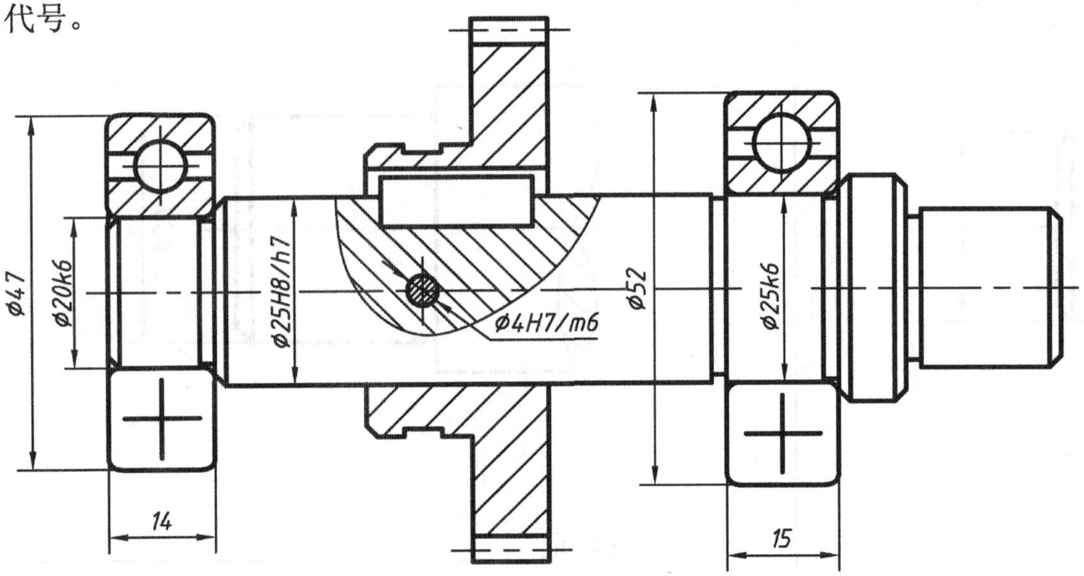

2. 已知圆柱压缩弹簧的簧丝直径 d=5.5 mm，弹簧中径 D=36 mm，节距 t=12 mm，自由高度 H_0=95 mm，有效圈数 n=7，支承圈数 n_2=2.5，右旋。用1：1的比例绘制该弹簧的全剖视图。

 班级 姓名 学号

作业指导书 9

一. 工作任务

根据给定参数，绘制一组螺纹紧固件的连接图（具体包括螺栓连接、螺柱连接及沉头螺钉连接）。

二. 项目数据

1. 螺栓连接：两块连接板的厚度分别为20和25，螺栓直径M20；
2. 螺柱连接：两块连接板的厚度分别为20和60（厚板材料为铝合金），螺柱直径M16；
3. 沉头螺钉连接：两块连接板的厚度分别为20和50（厚板材料为铸铁），螺钉直径M12。

三. 工作要求

1. 比例 1：1，图幅A3。
2. 连接图采用简化画法（即比例画法）。
3. 图样、标准件标记符合机械制图国家标准的要求。

四. 任务指导

1. 根据给定数据选择合适的标准件，注意规格匹配。在选定螺栓、螺柱及螺钉的有效长度时，先估算，然后查表进行标准化处理。如*L*估算值为48，则上靠至规格*L*=50。
2. 六棱柱上的倒角可简化。
3. 右边样图仅作参考。

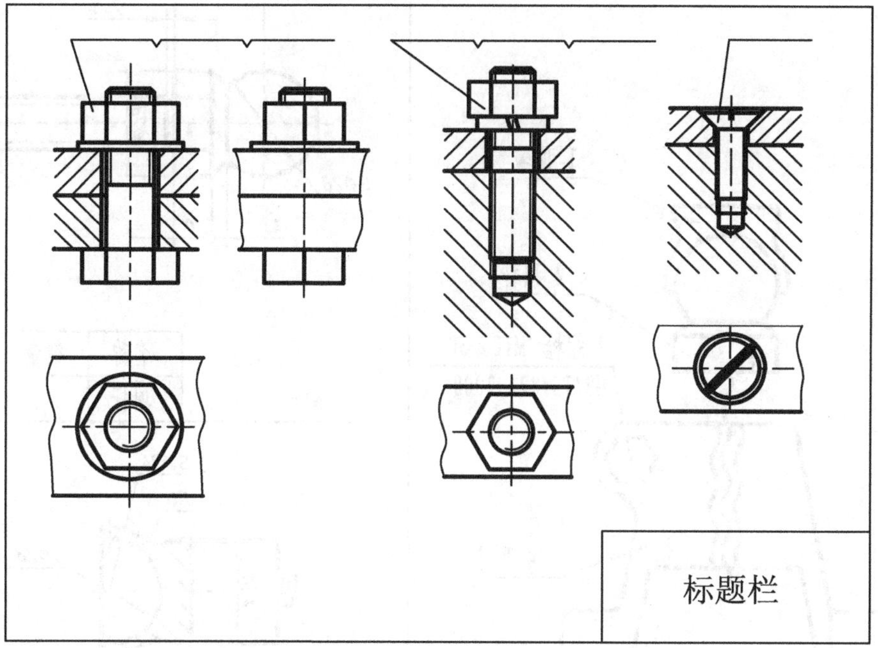

螺纹紧固件连接图的布局（A3 图纸，1:1绘制）

9-1.根据装配示意图和零件图拼绘支顶装配图，并利用AutoCAD软件绘制成套工程图

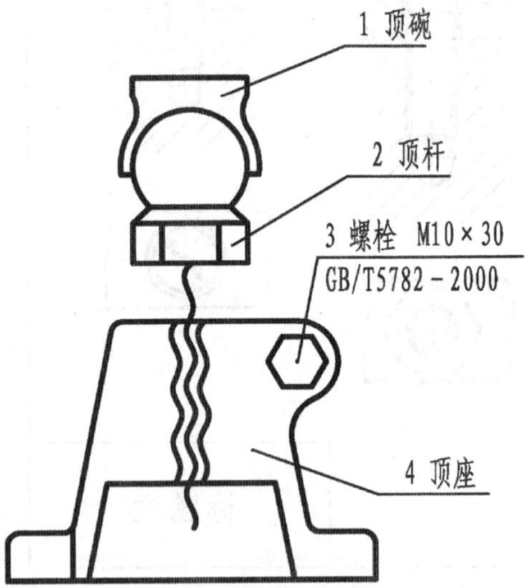

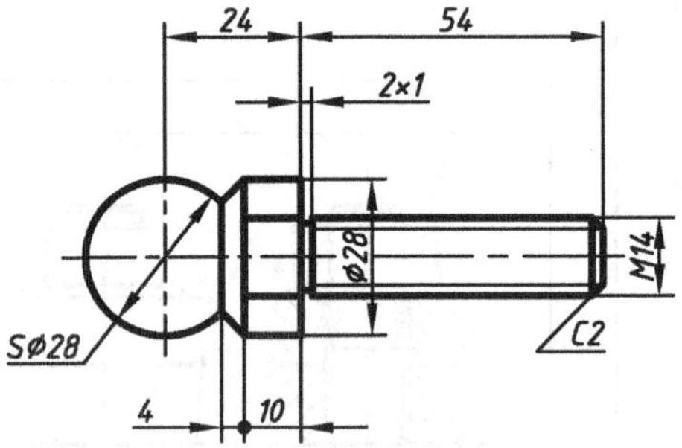

名称	数量	材料
顶杆	1	45

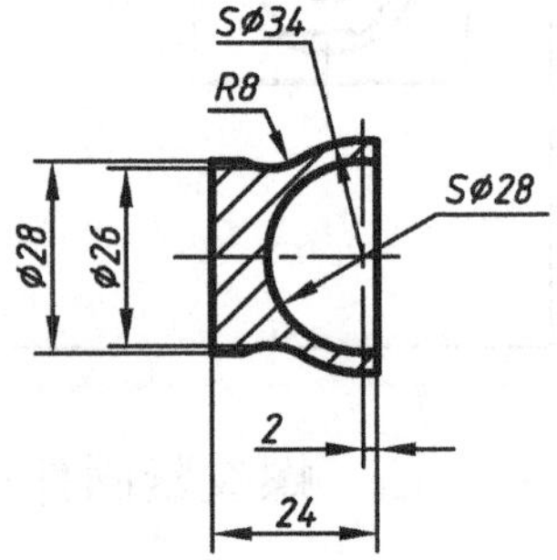

名称	数量	材料
顶碗	1	45

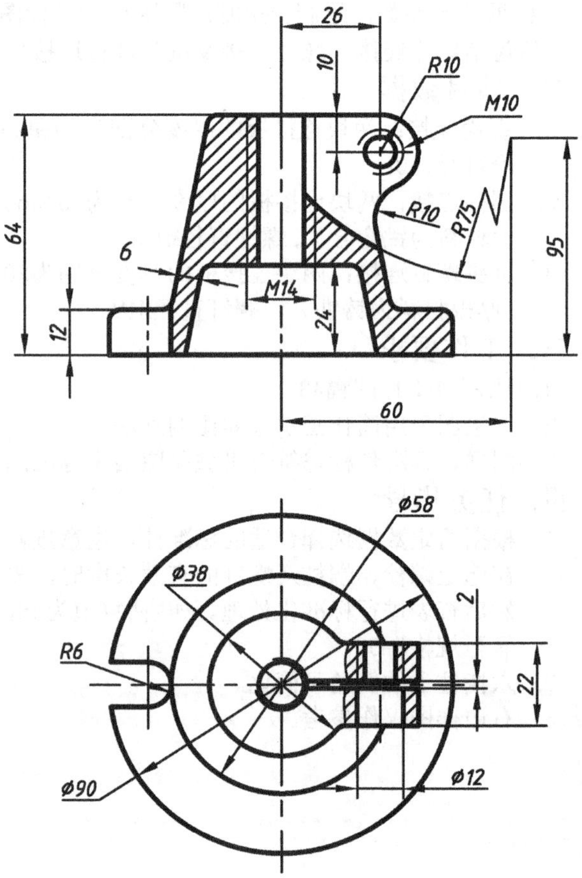

名称	数量	材　料
顶座	1	HT200

班级　　　　　　姓名　　　　　　学号

9-2. 根据装配示意图和零件图拼绘运料指装配图（1）

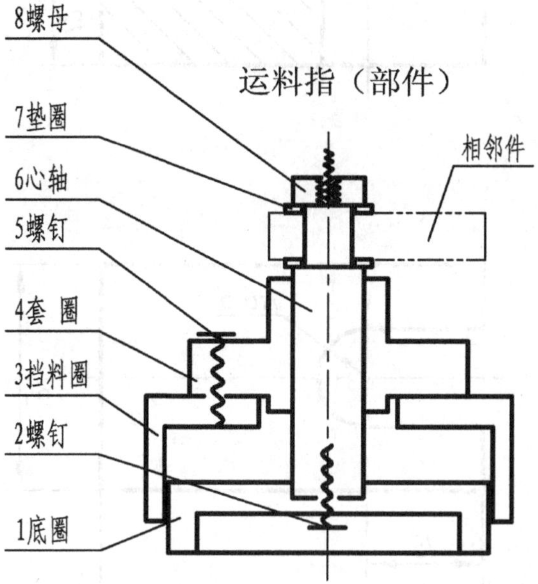

说明：该部件为某自动线的一个上料装置。

标准件清单

序号	名称及规格	数量	标准代号
2	螺钉 M6×12	1	GB/T 67-2000
5	螺钉 M5×16	1	GB/T65-2000
7	垫圈 12	2	GB/T 97.1-2000
8	螺母 M12	1	GB/T6170-2000

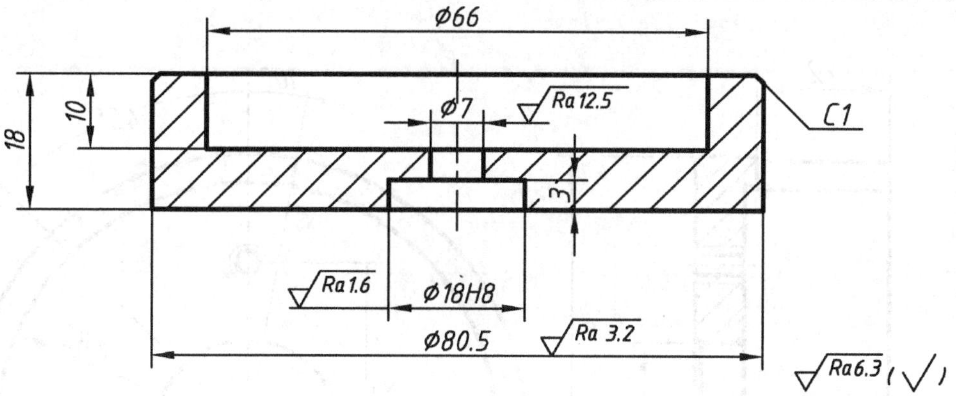

名称	数量	材 料
底 圈	1	45

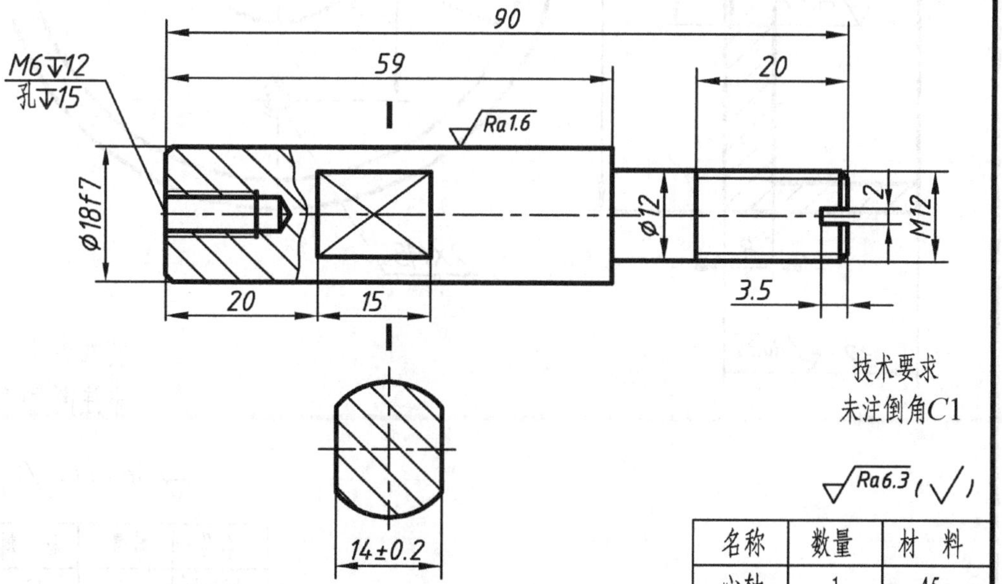

技术要求
未注倒角C1

名称	数量	材 料
心轴	1	45

9-3. 根据装配示意图和零件图拼绘运料指装配图（2）

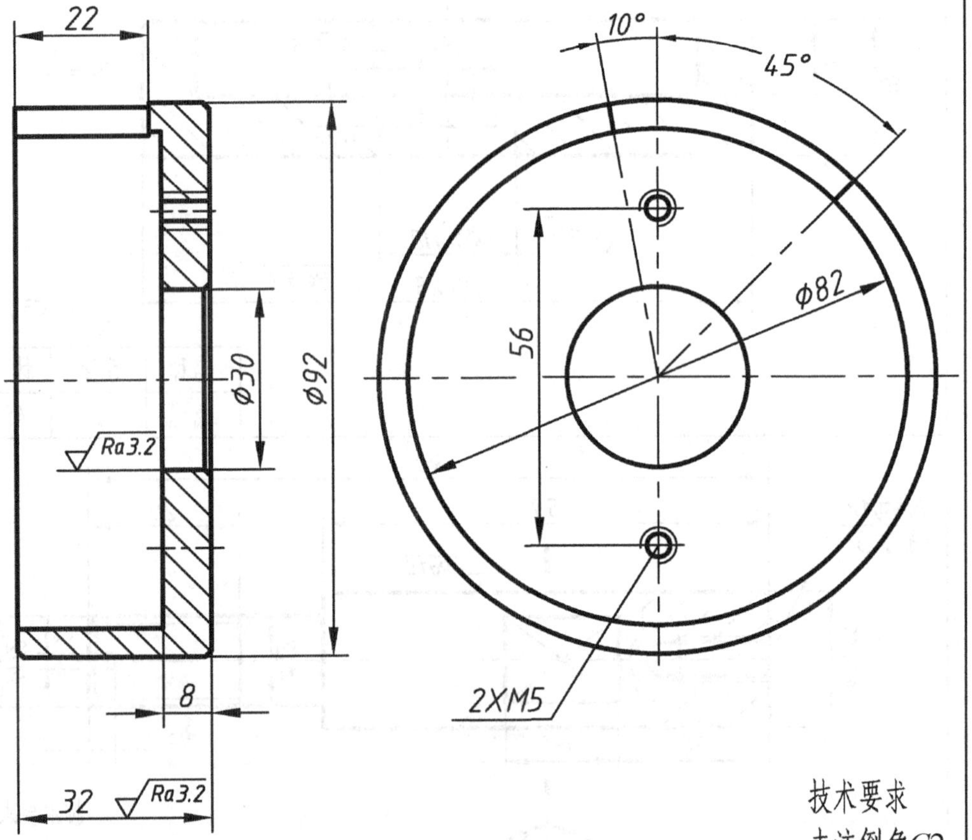

技术要求
未注倒角C2

Ra6.3 (√)

名称	数量	材　料
挡料圈	1	45

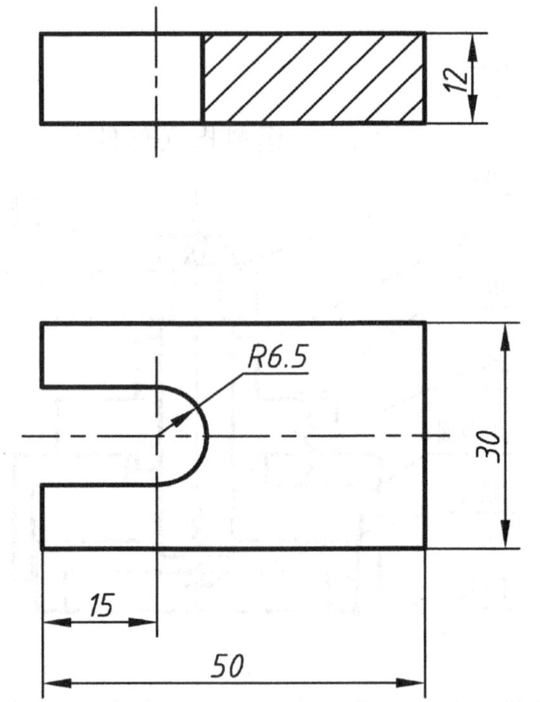

技术要求
锐边倒钝

Ra6.3 (√)

名称	数量	材　料
连接件	1	45

　　班级　　姓名　　学号

9-4. 根据装配示意图和零件图拼绘运料指装配图（3）

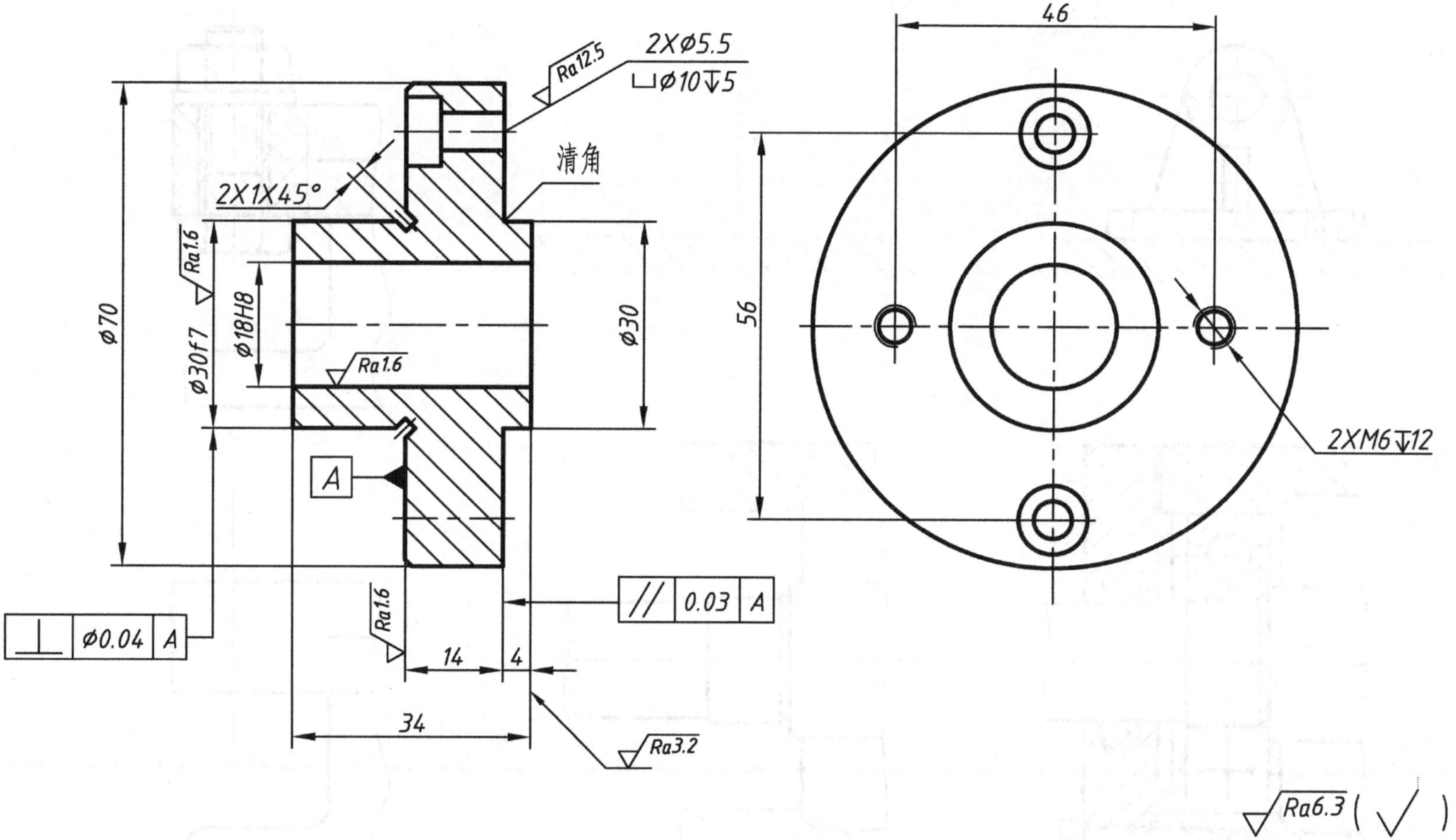

名称	数量	材 料
套圈	1	45

指出下列图中装配结构的不合理处，将优化后的结构徒手勾勒完整。

1.

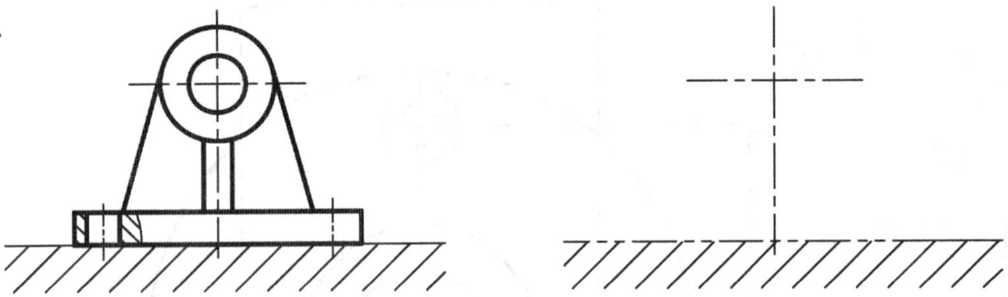

2.

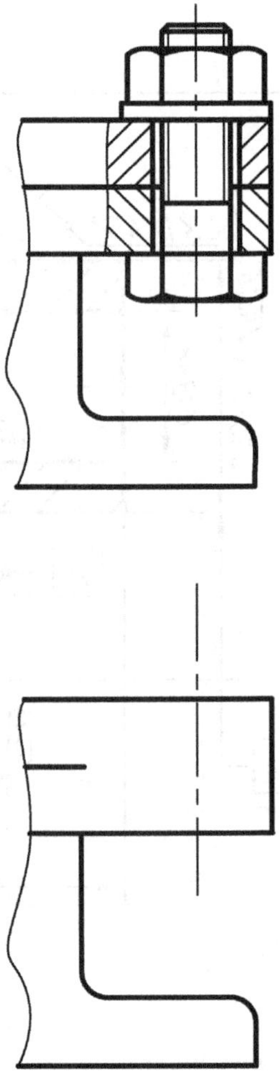

3.

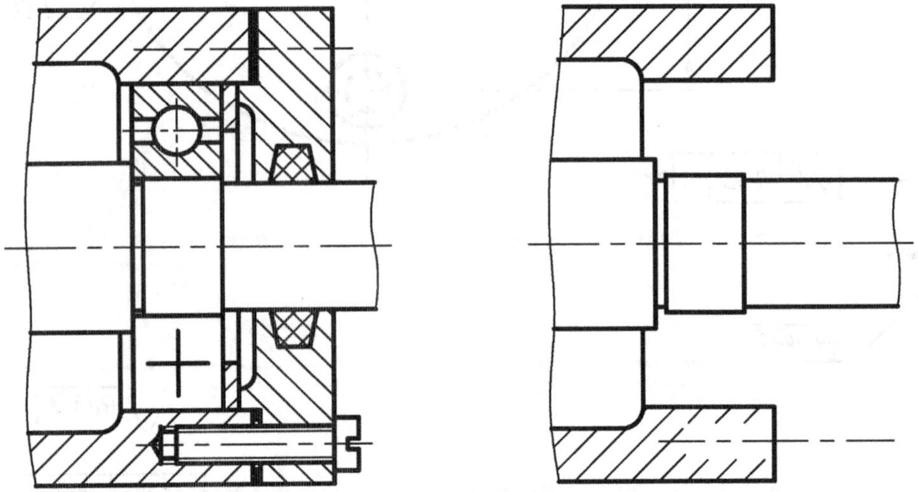

班级　　姓名　　学号

9-6. 拼绘铣刀头装配图（1）

一. 工作任务

根据铣刀头装配示意图及相关零件图，绘制铣刀头装配图(图幅 A2，比例1：1)。

二. 任务指导

1. 仔细阅读装配示意图及相关零件图，熟悉部件的装配、连接关系以及各零件的内外结构 。
2. 选择合理的表达方案，表达装配体。为节省图幅，该装配图的主视图可采取折断画法（轴、座体中间部分可缩短100 mm左右）。
3. 查阅相关表格，获得标准件的有关数据。
4. 合理布图，绘制各视图的基准线。
5. 可先绘制座体主轮廓及轴，注意两者之间的定位关系，然后由里到外依次绘制其他零件。

铣刀头装配示意图

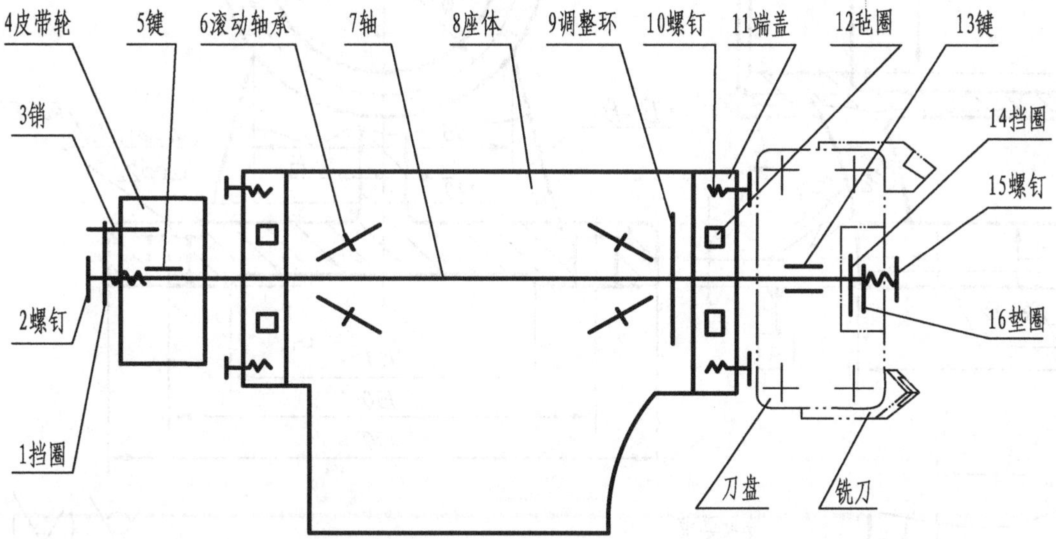

标准件清单

序号	名称及规格	数量	标准代号
1	挡圈A35	1	GB/T891-2000
2	螺钉M6×16	1	GB/T68-2000
3	销A3×12	1	GB/T119.1-2000
5	键8×7×40	1	GB/T1096-2003
6	滚动轴承30307	2	GB/T297-1994
10	螺钉M8×20	12	GB/T70-2000
12	毡 圈	2	FJ314-1981
13	键6×6×20	2	GB/T1096-2003
14	挡圈B32	2	GB/T892-1986
15	螺栓M6×20	1	GB/T5782-2000
16	垫圈6	1	GB/T93-1987

说明：

铣刀盘不属于该装配体，由用户自配，用假想画法绘制。画图时可参照装配示意图，用双点画线在装配图中画出。

9-7.拼绘铣刀头装配图（2）

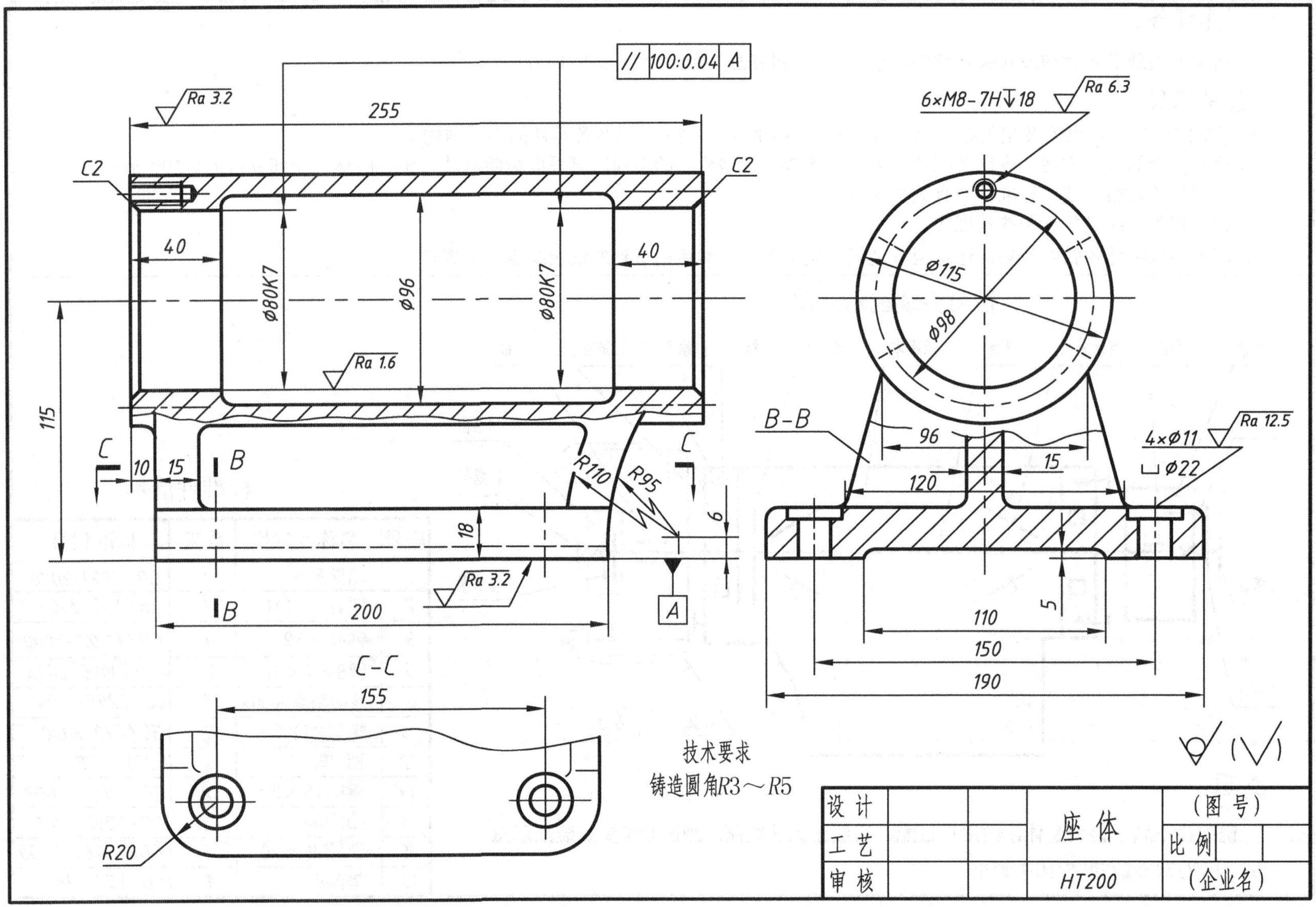

班级 姓名 学号

9-8. 拼绘铣刀头装配图（3）

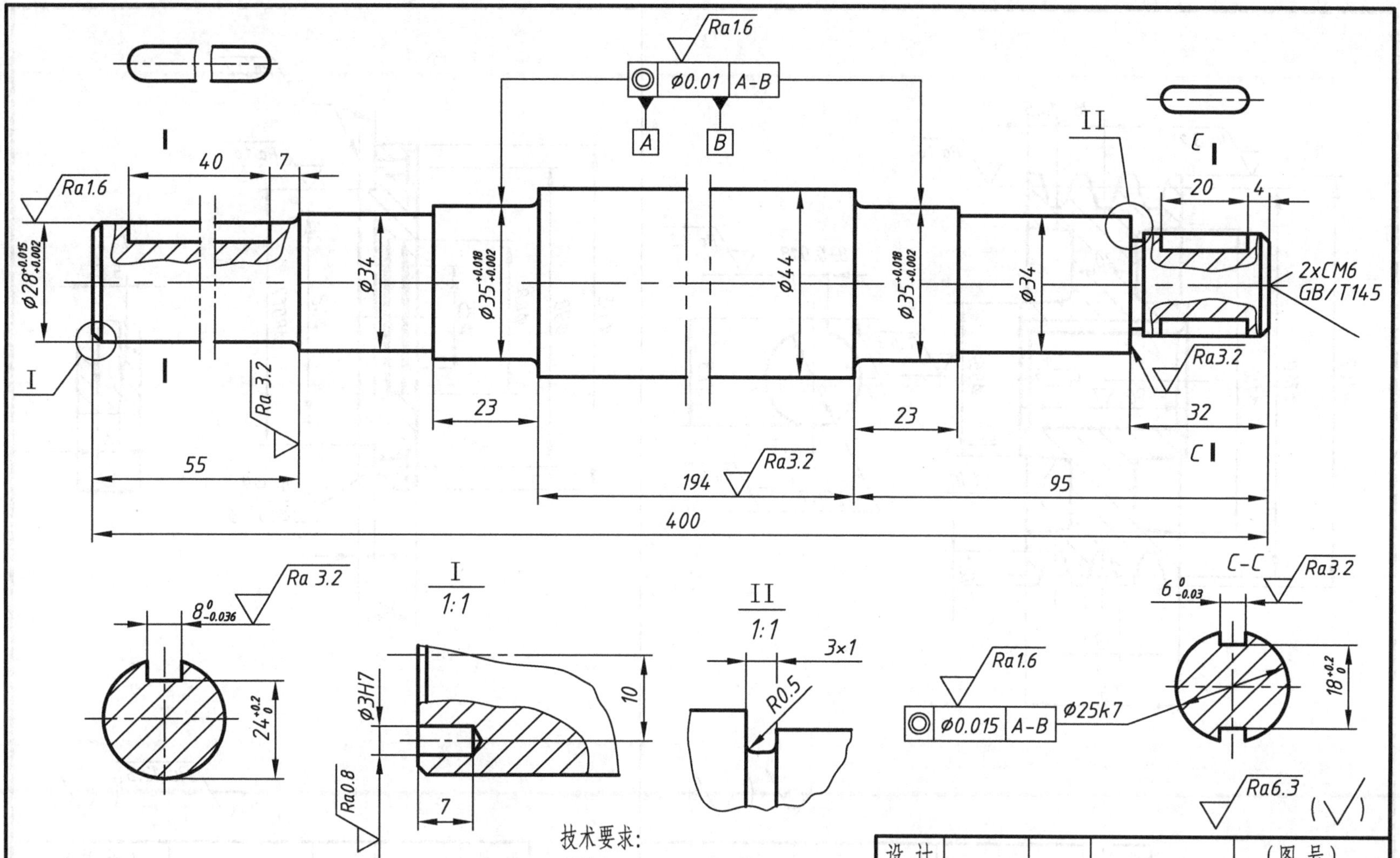

技术要求：

1. 调质T230。
2. 未注倒角$C1$，未注圆角$R1.5$。

设计			轴	（图号）
工艺				比例
审核			45	（企业名）

9-9.拼绘铣刀头装配图（4）

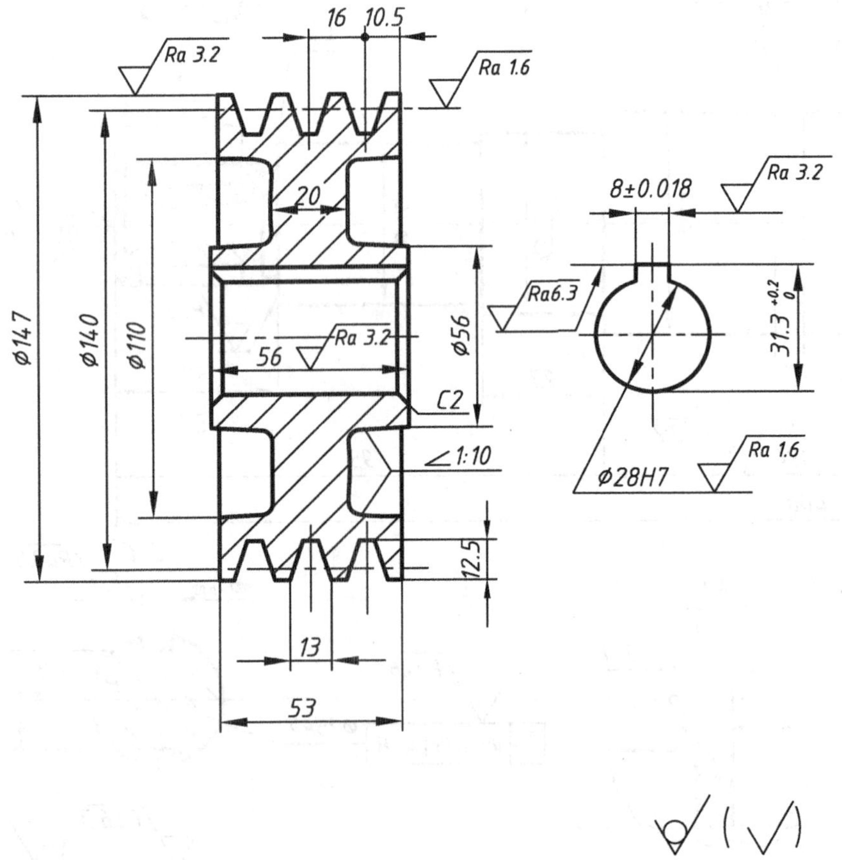

设计			带轮	(图号)	
工艺				比例	
审核			HT150	(企业名)	

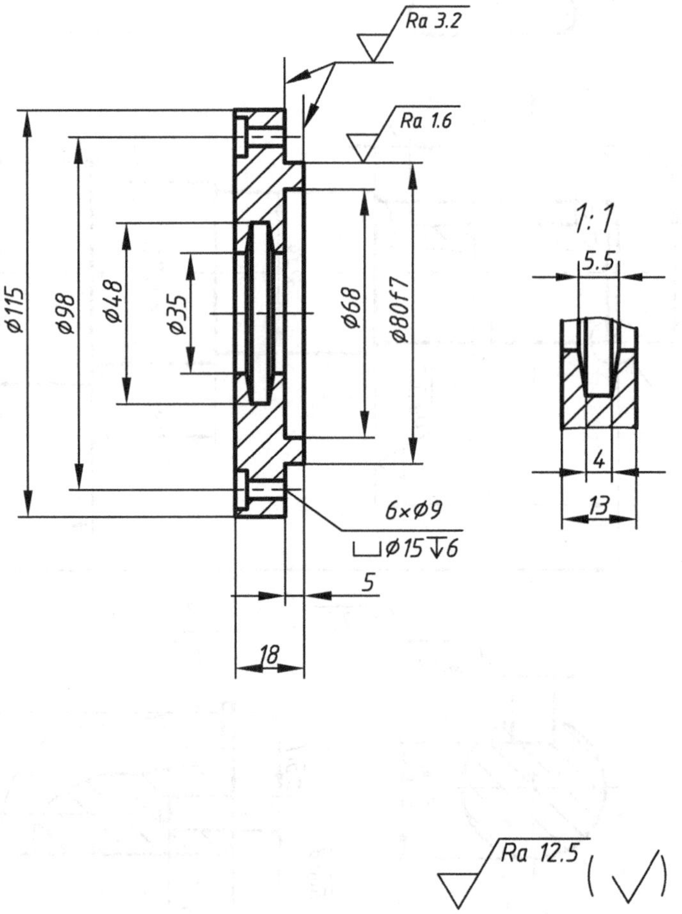

设计			端盖	(图号)	
工艺				比例	1:2
审核			HT200	(企业名)	

 班级 姓名 学号

9-10. 拼绘铣刀头装配图（5）

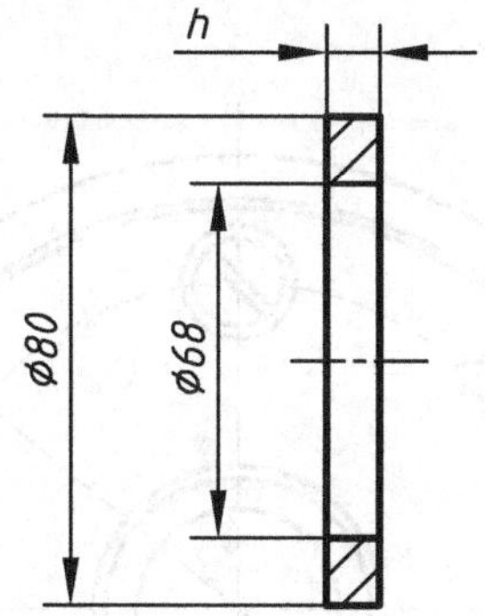

注：装配时由端盖与轴承的间隙而定，画图时可按$h\approx5$绘制。

Ra 12.5 (√)

设计			调整环	（图号）		
工艺				比例		
审核			Q235-A	（企业名）		

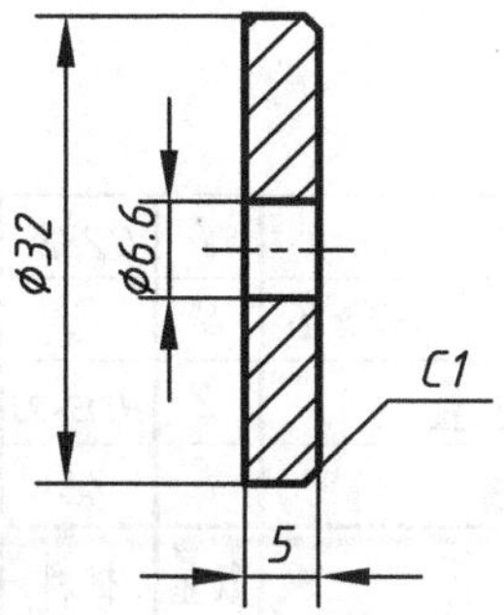

Ra 12.5 (√)

设计			挡圈B32	（图号）		
工艺				比例		
审核			Q235-A	（企业名）		

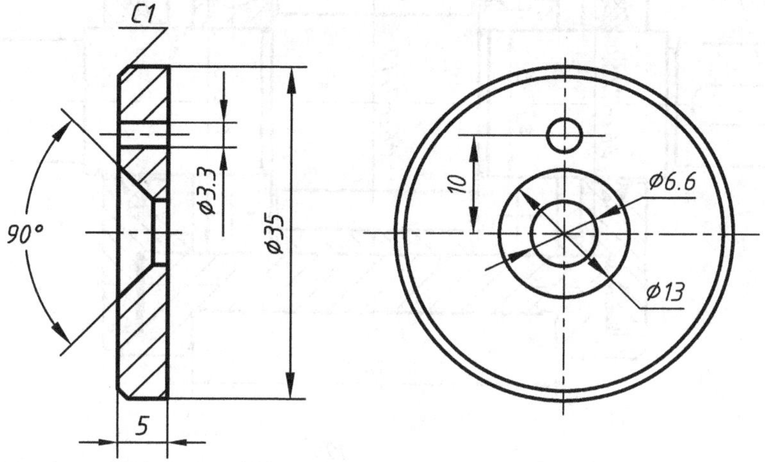

Ra 12.5 (√)

设计			挡圈A35	（图号）		
工艺				比例		
审核			Q235-A	（企业名）		

9-11. 阅读“导轮”装配图(1)

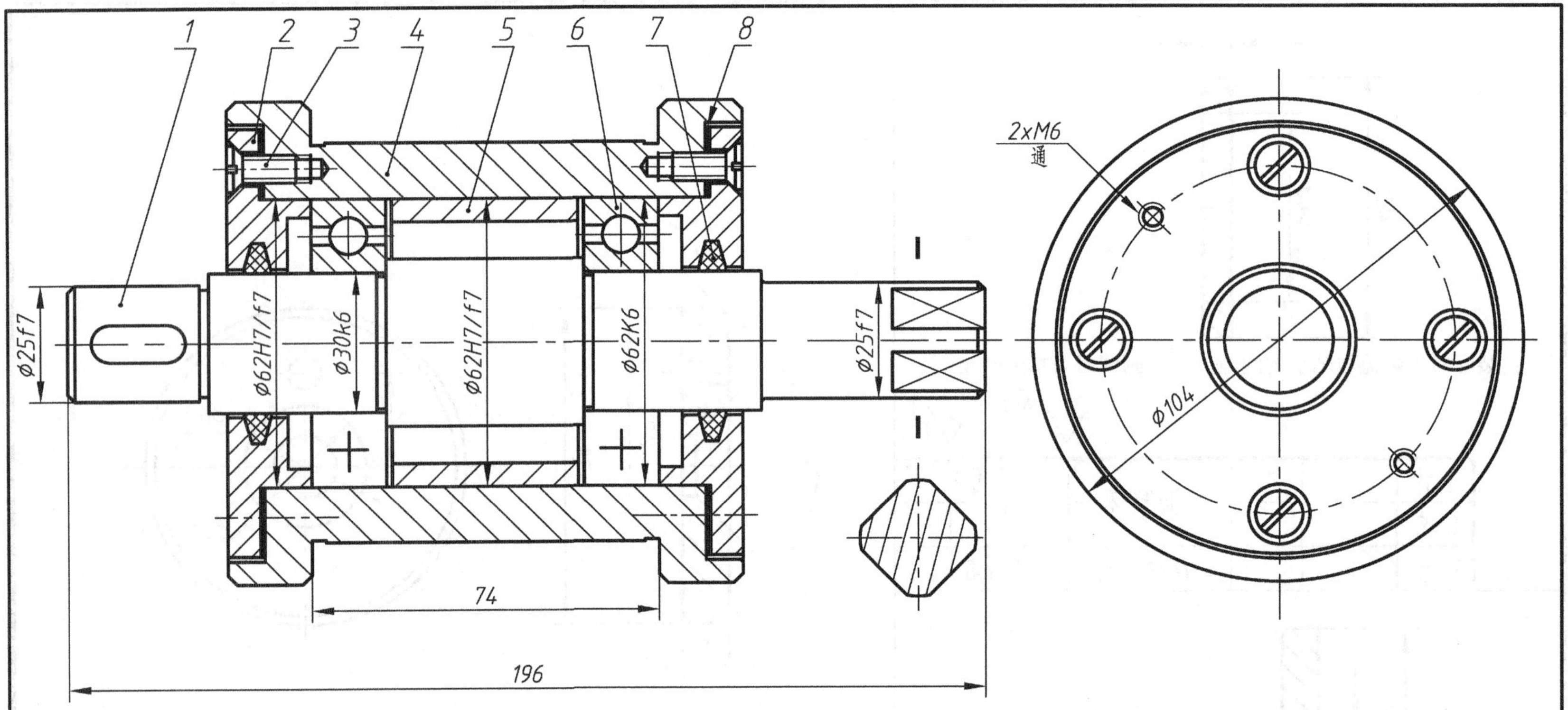

序号	代号	名称	数量	材料	备注
4	321B-4-3-3	轮	1	Q235	
3	GB/T 68-2000	螺钉 M6x16	8		
2	321B-4-3-2	端盖	2	HT15-33	
1	321B-4-3-1	轴	1	45	
8	321B-4-3-5	纸垫片	2	工业用纸	
7		毡圈	2	羊毛毡	
6	GB/T276-1994	轴承 6206	2		
5	321B-4-3-4	套	1	Q235	

标记	处数	分区	更改文件号	签名	年月日			(企业名)
设计			标准化			阶段标记	重量	比例	导轮
审核								1:1	321B-4-3-0
工艺		签名	年月日			共 张		第 张	

班级　　姓名　　学号

9-12. 阅读“导轮”装配图(2)

一. 填空

1. 该装配体由________种零件组成,其中标准件有________种。

2. 该装配体的主视图采用了____________________的表达方法，

左视图表达的重点是____________________________________。

3. 从装配图可看出，件6的作用是_________________________。

它们是靠件_____轴向定位的，其与件_____的配合尺寸是ϕ30k6,

是______________配合。

4. 在该装配体中，件7的作用是____________________________。

件2上两个螺孔（2×M6）的作用是__________________________。

二. 拆画零件图

1. 拆画件1的零件工作图。

2. 拆画件2的一组图形，并抄注相关尺寸。(另附纸）

9-13. 阅读“安全阀”装配图(1)

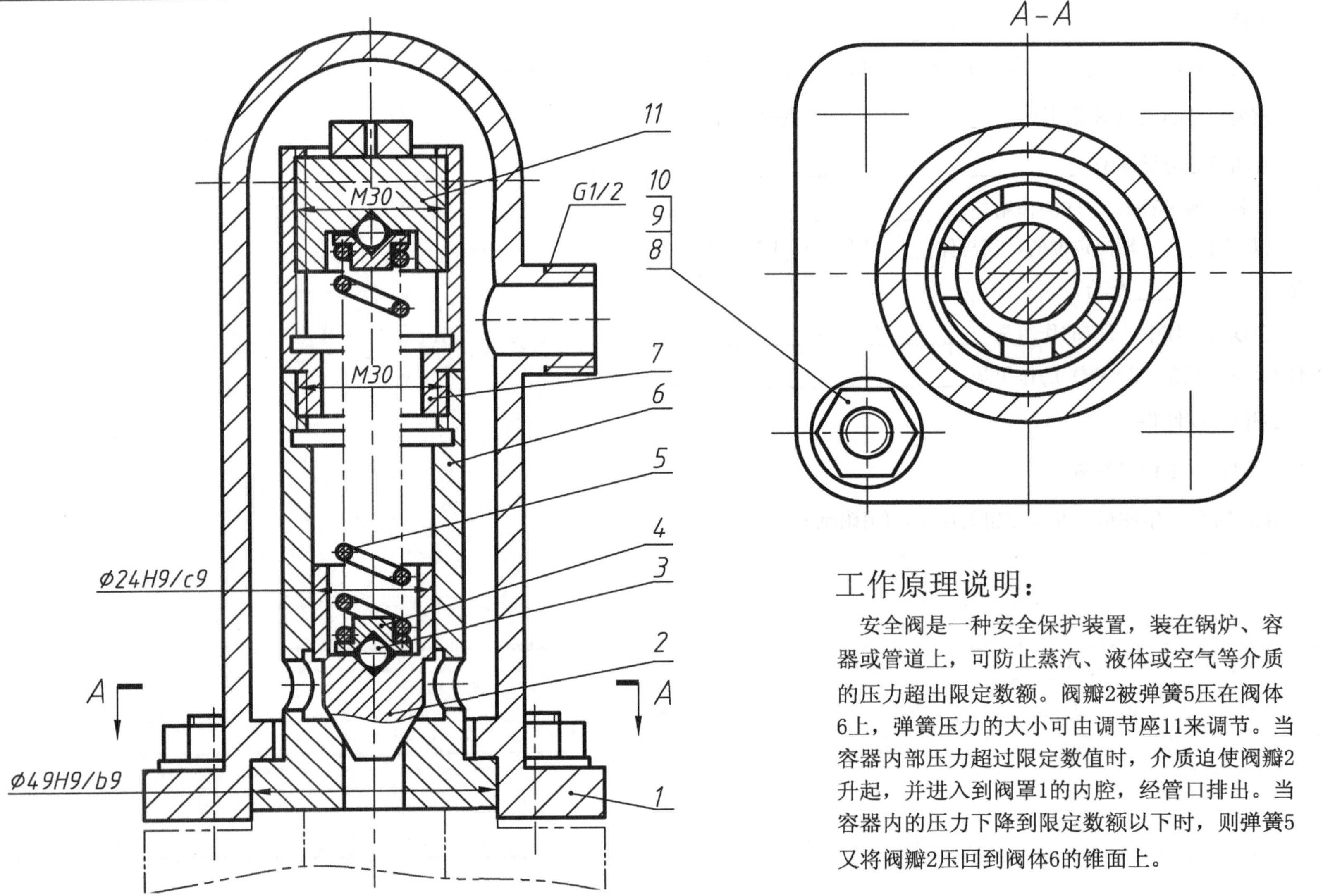

工作原理说明：

安全阀是一种安全保护装置，装在锅炉、容器或管道上，可防止蒸汽、液体或空气等介质的压力超出限定数额。阀瓣2被弹簧5压在阀体6上，弹簧压力的大小可由调节座11来调节。当容器内部压力超过限定数值时，介质迫使阀瓣2升起，并进入到阀罩1的内腔，经管口排出。当容器内的压力下降到限定数额以下时，则弹簧5又将阀瓣2压回到阀体6的锥面上。

 班级 姓名 学号

9-14. 阅读“安全阀”装配图(2)

一. 填空

1. 该装配体由________种零件组成,其中有________种标准件。
2. 该装配体采用了 ________个视图，其中主视图作____________剖、______________剖以及________________画法。
3. ϕ24H9/c9为零件______________和零件__________之间的配合，是__________制的____________配合。
4. 该装配体的装配尺寸有:____。
5. 在该装配体中，弹簧起____________________________________作用。

二. 简要说明该阀的拆卸顺序。

三. 当压力超过限定数值时，在装配图中画出蒸汽从该安全阀排出的路线。

四. 拆画零件图（另附纸）

1. 拆画件6的零件工作图。
2. 拆画件1的一组图形，并抄注相关尺寸。

序号	代号	名称	数量	材料	备注
11	FA-08	调整座	1	15	
10	GB/T97.1	垫圈	4		10
9	GB/T6170	螺母	4		M10
8	GB/T897	螺柱	4		M10x30
7	FA-07	弹簧箱	1	15	
6	FA-06	阀体	1	15Cr	
5	FA-05	弹簧	2	65Mn	
4	FA-04	弹簧座	2	15	
3	FA-03	钢球	2	15Cr	
2	FA-02	阀瓣	1	15Cr	
1	FA-01	阀罩	1	15Cr	

标记 处数 分区 更改文件号 签名 年月日

设计 标准化

审核

工艺 签名 年月日

阶段标记 重量 比例 1:1

共 张 第 张

(企业名)

安全阀

FA-00

9-15. 阅读“齿轮油泵”装配图（1）

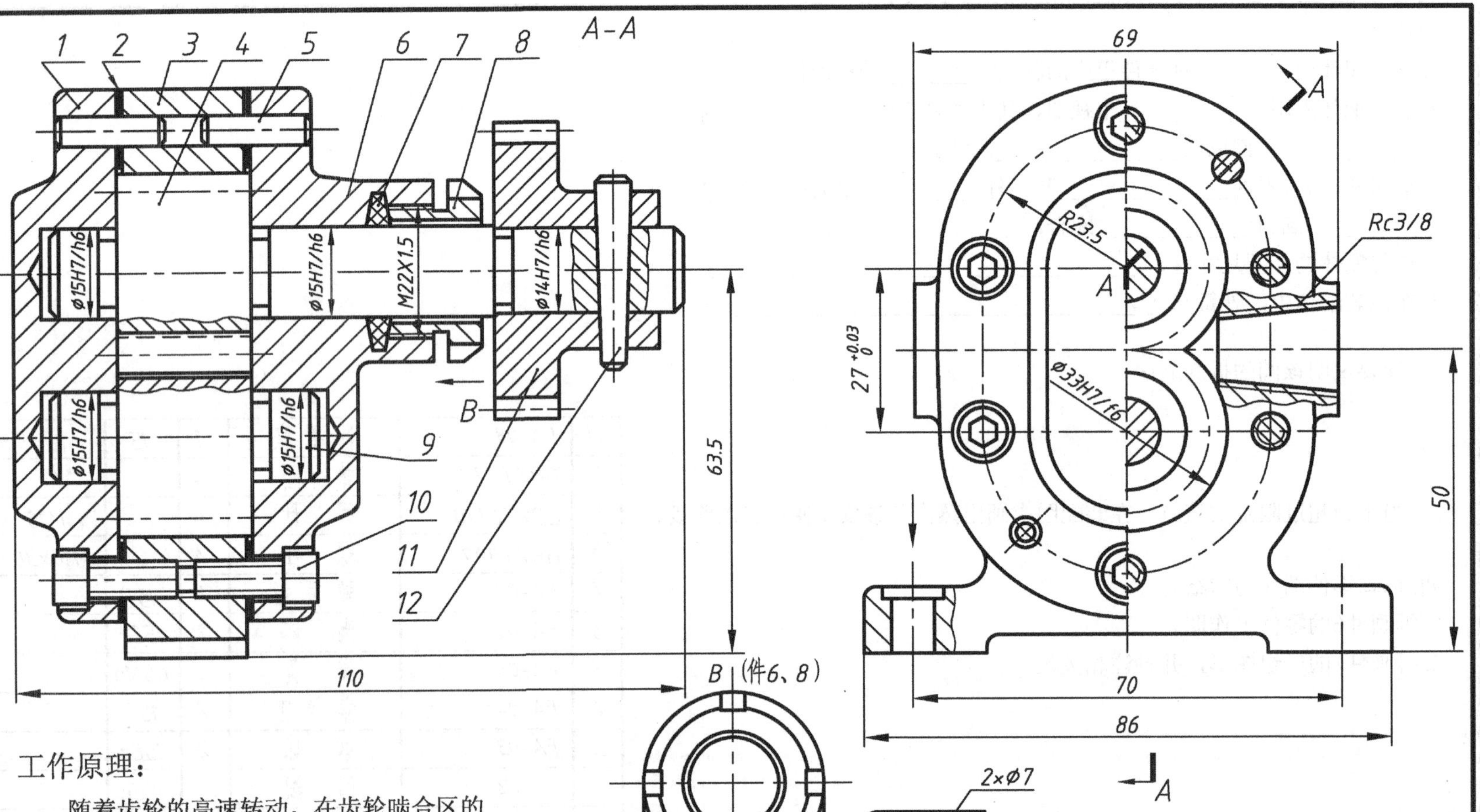

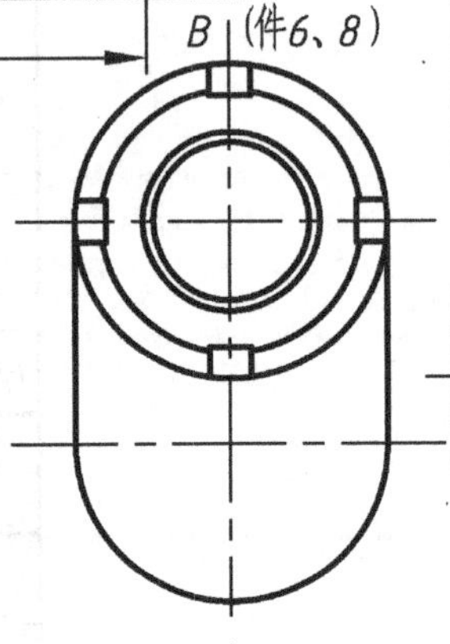

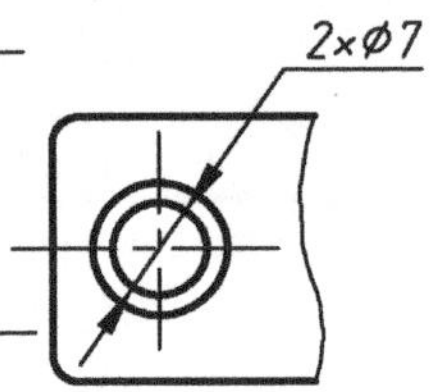

工作原理：

随着齿轮的高速转动，在齿轮啮合区的一端空间急剧变大而使该区域产生负压力，油就被吸进来；而在啮合区的另一端空间急剧变小而使该区域产生正压力，油就被放出去了。

技术要求

两齿轮轮齿的啮合面应占齿长的3/4以上。

 班级 姓名 学号

9-16. 阅读“齿轮油泵”装配图（2）

一. 填空

1. 该装配体由________种零件组成，其中有______种标准件。
2. 齿轮油泵的主视图作__________剖和_________剖，左视图作_____________剖。
   除主、 左视图外，该装配图还采用了___________________________ 的表达方法。
3. 传动齿轮通过____________与齿轮轴连接，油泵共用_________个螺钉。
4. 分析装配图中的尺寸：
   110、86 是_________尺寸，70、2×ϕ7是__________尺寸。
5. ϕ33H7/f6 表示件 _______和件_______之间的__________制_________配合。
6. 件7和件2起______________________________作用。

二. 拆画件1、件3和件4的一组图形，并抄注相关尺寸。（另附纸）

序号	代号	名称	数量	材料	备注
12	GB/T117-2000	圆锥销 ⌀4×32	1		
11	-11	传动齿轮	1	45	
10	GB/T70-2000	螺钉 M6×15	12		
9	-09	齿 轮	1	45	m=3 Z=9
8	-08	螺 塞	1	35	
7	-07	密 封 圈	1	工业橡胶	
6	-06	泵 盖	1	HT200	
5	GB/T119.1-2000	圆柱销 ⌀5×18	4		
4	-04	齿 轮 轴	1	45	m=3 Z=9
3	-03	泵 体	1	HT200	
2	-02	纸 垫 圈	2	工业用纸	
1	CLB-01	泵 盖	1	HT200	

标记	处数	分区	更改文件号	签名	年月日				（企业名）
设计			标准化			阶段标记	重量	比例	齿轮油泵
审核								1:1	
工艺		签名	年月日			共 张	第 张		CLB-00

9-17. 阅读“机用虎钳”装配图（1）

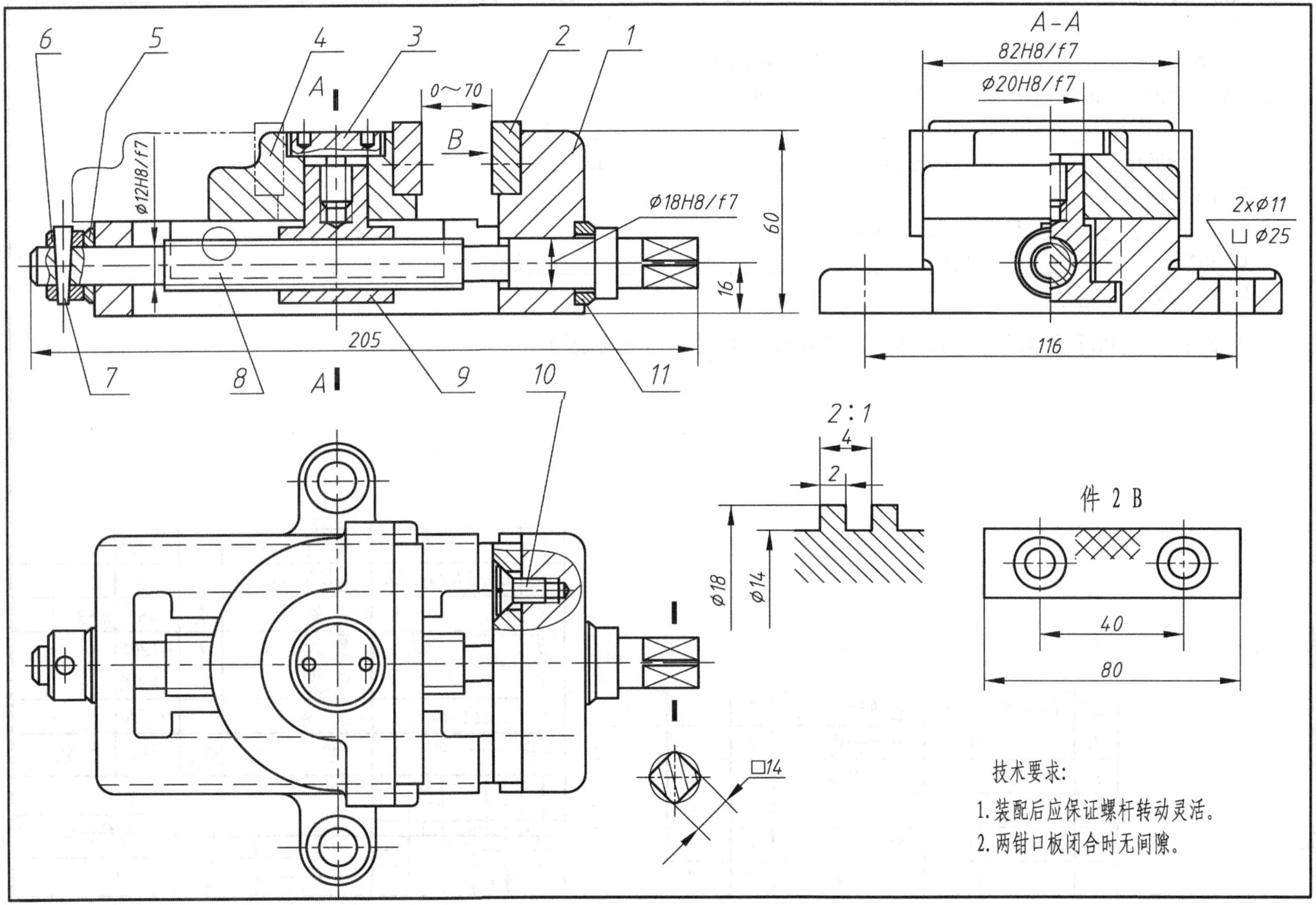

技术要求:

1. 装配后应保证螺杆转动灵活。
2. 两钳口板闭合时无间隙。

班级　　姓名　　学号

9-18. 阅读“机用虎钳”装配图（2）

一. 问答题

1. 说出机用虎钳装配图中各视图的作用。

2. 分析零件间的装配及连接关系，说出件8螺杆的拆卸顺序。

3. 该机用虎钳上哪些表面有配合要求？试说明各配合代号的配合种类。

二. 看懂装配图，拆画以下零件图（另附纸）

1. 绘制螺杆（件8）的零件图。
2. 绘制固定钳身（件1）的一组图形，并且抄注尺寸。
3. 绘制活动钳身（件4）的一组图形。
4. 草绘钳口板（件2）的一组图形。

工作原理：

机用虎钳是用来夹持工件的工具，主要是由固定钳身1和活动钳身4两部分组成。件1固定钳身安装在工作台上，起机座作用。用扳手转动件8螺杆，带动件9螺母运动。由于螺杆被轴向固定只能转动，因此其轴向移动传递给了螺母。螺母带着件3螺钉、件4活动钳身以及件2钳口板作左右移动，起到夹紧或松开工件的作用。

序号	代 号	名 称	数量	材料	备 注
11	HQ-10	垫 圈	1	Q235	
10	GB/T68-2000	螺钉M8×18	4	Q235	
9	HQ-09	螺 母	1	Q235	
8	HQ-08	螺 杆	1	45	
7	GB/T117-2000	销 $\phi4\times20$	1		
6	HQ-06	环	1	Q235	
5	HQ-05	垫 圈	1	Q215	
4	HQ-04	活动钳身	1	HT150	
3	HQ-03	螺 钉	1	Q235	
2	HQ-02	钳口板	2	45	
1	HQ-01	固定钳身	1	HT150	

标记	处数	分区	更改文件号	签名	年月日				（企业名）
设计			标准化			阶段标记	重 量	比 例	机用虎钳
审核								1:1	
工艺		签 名	年月日			共 张	第 张		HQ-00

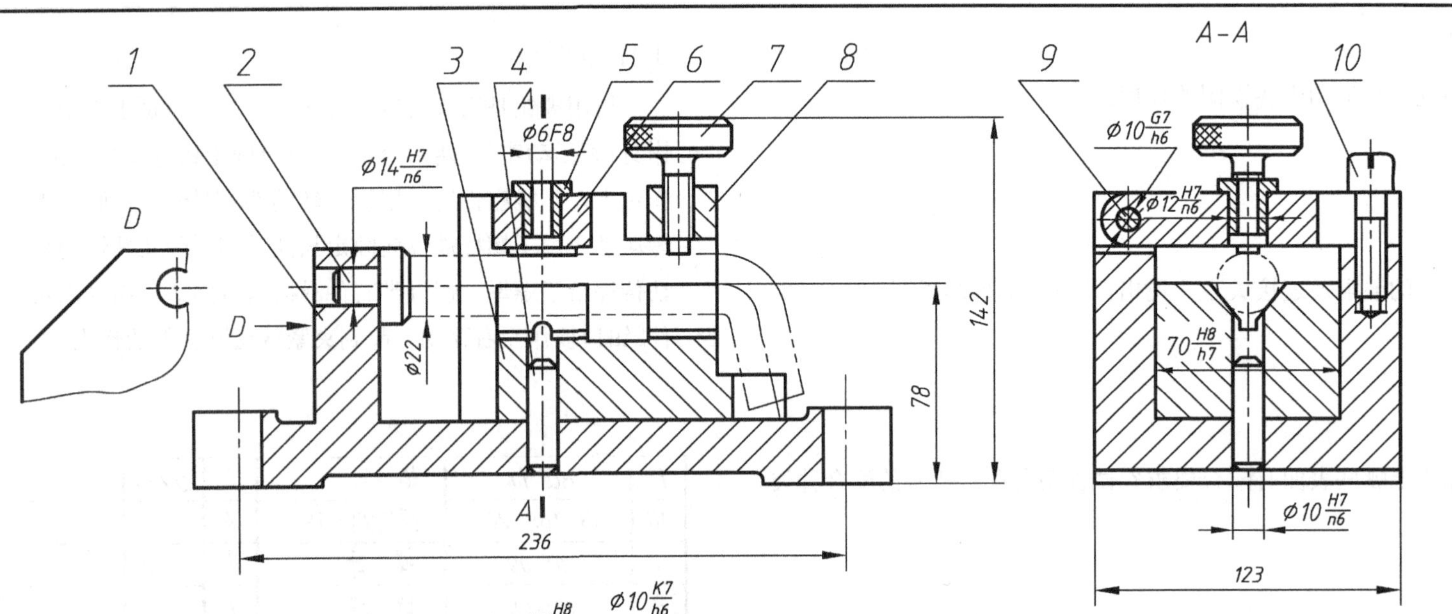

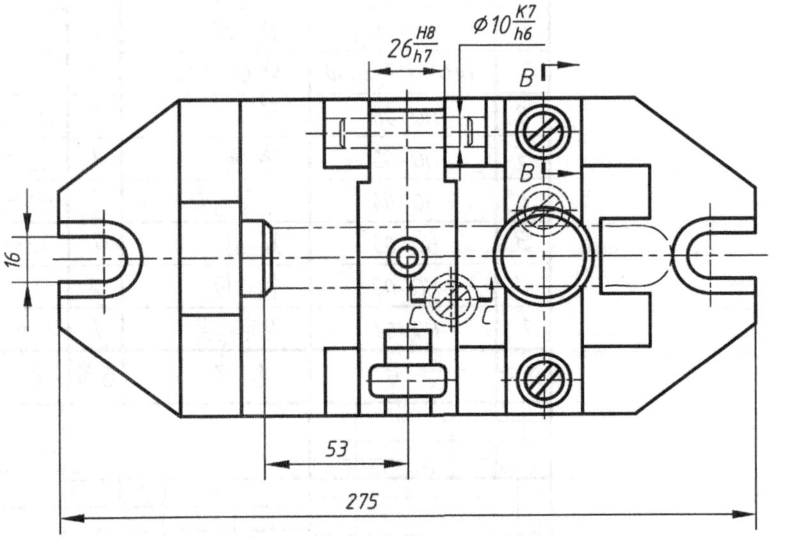

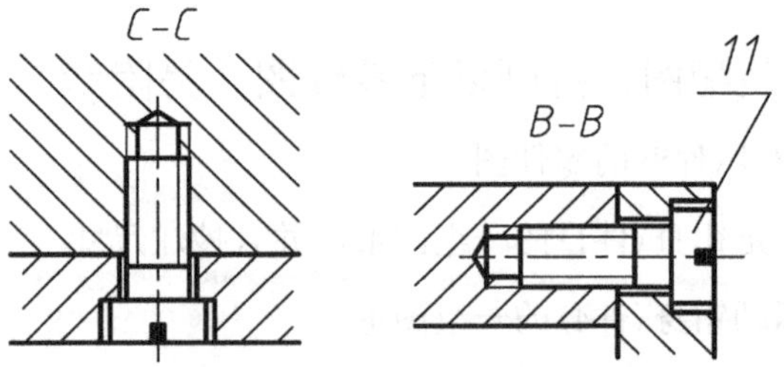

工作原理说明：

旋松压紧螺钉（件7），抓住工件向右取出，再装上待加工件，放在V形块上，向左推靠住定位支承（件2）完成定位，再拧紧压紧螺钉（件7），就可在钻套处钻孔。

　　班级　　姓名　　学号

9-20. 阅读“钻模夹具”装配图（2）

一. 填空

1. 该装配图采用了__________、__________、__________等表达方法。主视图的表达重点是______________；*B-B*视图用于表达____________________；*C-C*视图用于表达______________________________。
2. 件10的头部是__________形状，做成该形状是为了______________。
3. 件3和件1用__________________、__________________来连接。
4. 件5和件6不做成整体的原因是______________________________。
5. 该装配图的性能尺寸是____________，配合尺寸有______________，安装尺寸有______________，总体尺寸有______________。

二. 回答问题

1. 钻套起什么作用？

2. 简述工件的拆卸顺序。

三. 拆画以下零件工作图（另附纸）

1. 件1(夹具体)
2. 件3(V形块)

序号	代号	名称	数量	材料	备注
11	GB/T65	螺钉M12×45	4	Q235A	
10	ZM-09	螺钉	1	Q235A	
9	ZM-08	销轴	1	35	
8	ZM-07	支承板	1	45	
7	ZM-06	压紧螺钉	1	Q235A	
6	ZM-05	转动模板	1	45	
5	ZM-04	钻套	1	20	
4	GB/T119.1	销12 m6×60	1	35	
3	ZM-03	V形块	1	HT200	
2	ZM-02	定位支承	1	45	
1	ZM-01	夹具体	1	HT200	

标记	处数	分区	更改文件号	签名	年月日		（企业名）
设计			标准化		阶段标记	重量	比例	钻模夹具
审核							
工艺			批准		第 张	共 张	ZM-00

作业指导书 10

一. 工作任务

测绘机械部件（圆钻模），绘制装配图及成套零件图。

二. 工作要求

1. 比例 1∶1, 图幅 A2。
2. 表达方案合理。
3. 投影正确。
4. 图线、文字、序号编制、零件明细表格式等符合机械制图国家标准的要求。

三. 任务指导

1. 仔细观察圆钻模的操作过程，在拆卸中熟悉部件的装配及连接关系和相关零件的内外结构。
2. 绘制装配示意图时，用简单图线勾勒零件轮廓特征，并按装配位置放置。
3. 查阅手册，确定标准件的型号及规格大小，并列表。
4. 测绘非标准的零件，按1:1绘制零件草图并标注尺寸。应选用相应的量具测量零件的尺寸，特别要注意零件间尺寸的协调性。
5. 在绘制装配图时，选择合理的表达方案，合理布图，绘制各视图的基准线。先绘制主要轮廓，然后由里到外依次绘制其他零件。
6. 技术要求的标注可参考同类产品的图样和资料类比确定，也可在指导老师的指导下进行。

圆钻模三维造型

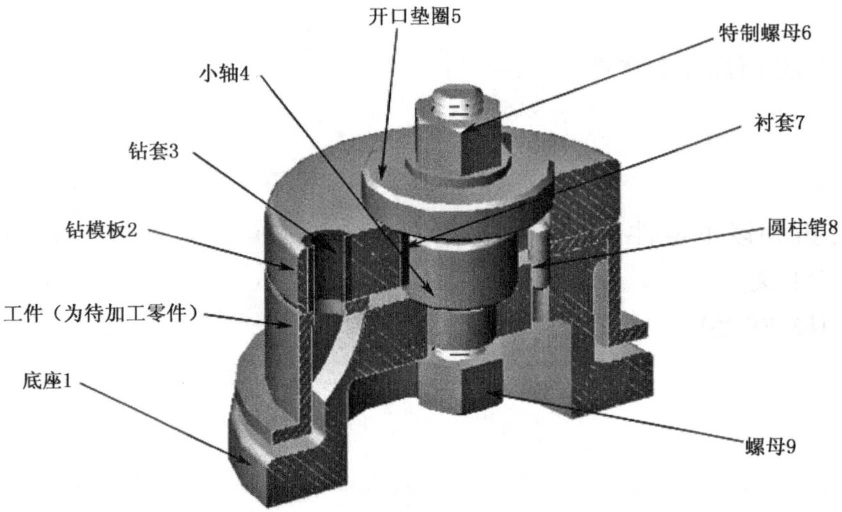

班级　　姓名　　学号

读者意见反馈表

书名：机械制图与零部件测绘习题集（第 2 版）　　**主编：**华红芳　孙燕华　　**策划编辑：**陈健德

谢谢您关注本书！烦请填写该表。您的意见对我们出版优秀教材、服务教学，十分重要。如果您认为本书有助于您的教学工作，请您认真地填写表格并寄回。**我们将定期给您发送我社相关教材的出版资讯或目录，或者寄送相关样书。**

个人资料

姓名________年龄____联系电话________（办）________（宅）________（手机）学校____________

专业________职称/职务____________通信地址____________邮编________E-mail____________

您校开设课程的情况为：

本校是否开设相关专业的课程　□是，课程名称为________________　□否

您所讲授的课程是____________课时____________所用教材____________出版单位____________印刷册数________

本书可否作为您校的教材？

□是，会用于________________课程教学　　□否

影响您选定教材的因素（可复选）：

□内容　□作者　□封面设计　□教材页码　□价格　□出版社

□是否获奖　□上级要求　□广告　□其他________________

您对本书质量满意的方面有（可复选）：

□内容　□封面设计　□价格　□版式设计　□其他____________

您希望本书在哪些方面加以改进？

□内容　□篇幅结构　□封面设计　□增加配套教材　□价格

可详细填写：________________________________

您还希望得到哪些专业方向教材的出版信息？

____

感谢您的配合，可将本表按以下地址反馈给我们。

邮局邮寄：北京市万寿路 173 信箱华信大厦 1104 室　高职理工事业部　邮编：100036

如果您需要了解更详细的信息或有著作计划，请与我们联系。

电话：010-88254585　电子邮件：chenjd@phei.com.cn

反侵权盗版声明